秩序理性与自由个性

张国启 著

ZHIXU LIXING YU ZIYOU GEXING
Xiandai Wenming Xiushen de Huayu Tixi
yu Shijian Jizhi Yanjiu

——现代文明修身的话语体系与实践机制研究

人民出版社

序

郑永廷

改革开放以来，关于中国传统修身理论与方式的研究，受到诸多学科学者的重视，其研究成果丰富多样，不少颇具学理意蕴和时代精神的学术成果相继面世，成为传统文化研究与现代转化的重要内容。党的十七大报告强调："中华文化是中华民族生生不息、团结奋进的不竭动力。要全面认识祖国传统文化，取其精华，去其糟粕，使之与当代社会相适应、与现代文明相协调，保持民族性，体现时代性。"这段论述为修身理论与方法研究指出了明确方向，提出了重要准则，那就是传统文化研究一定要紧跟时代、古为今用，即"与当代社会相适应、与现代文明相协调，保持民族性，体现时代性"。纵观近年来修身理论与方法的研究成果，能体现这一方向与原则的成果不少，但缺乏时代性与现实性的成果也较多。青年学者张国启所著的《秩序理性与自由个性：现代文明修身的话语体系与实践机制研究》一书，则较好的诠释和体现了中国传统文化研究的这一基本精神。

修身理论与方法是中国传统文化尤其是儒家文化的重要内容，也是中国人生哲学思想体系的基本要素。古今中外的任何社会与国家，都会要求其社会成员学习并掌握提高和规范自己、协调他人与社会的理论与方法，我国古代有修身理论与方法，宗教统治的社会有祈祷与忏悔的理论与方法，资本主义社会有心理学的调适理论与方法，我国革命与建设时期有批评与自我批评的理论与方法。各个社会通过各自个体规范的理论与方法，进行个体心境提升、行为制约与关系协调，维护社会的和谐稳定。如果一个社会或国家，缺乏个体规范的理论与方法或这种理论与方法普及程度不高，那么，这个社会和国家势必存在较多缺德失范行为，其社会管理与治理成本无疑会高。因此，从这个意义上可以说，修身理论与方法既是中国古代社会稳定的方式，也是古代中国人的存在方式。因为我国古代提出了修身、齐家、治国、平天下的逻辑公式：古之欲明明德于天下者，先治其国；欲治其国者，先齐其家；欲齐其家者，先修其身；欲修其身者，先正其心；欲正其心者，先诚其意；欲诚其意者，先致其知；致知在格物，[①] 而修身处于中心地位。

"文明修身"作为一个专有名词，是 20 世纪 90 年代出现的，它是文化工作者和思想政治工作者继承我国传统文化成果，根据社会主义精神文明建设的实际与需要提出来的概念。这一概念，既蕴涵了我国传统文化要素，又体现了当今社会的文明要求，还反映了社会主义市场经济体制下人们自我教育、自我规范、自我完善、自我发展的愿望。张国启博士敏锐地抓住这一富有现实性、前沿性的新课题，在主体方面由大学生群体扩展到全体社会成员的研究；在内容方面由日常生活领域的基础文明扩展到对人的道德修养和内在潜能开发研究；在领域方面由高校学生思想政治教育学科领域延伸到人的存在方式的研究；在思路方面由注重个体思想层面的修养转化到大众化的"自由个性"的探讨。总的来看，《秩序理性与自由个性：现代文明修身的话语体系与实践机制研究》一书，是一部从人的存在与发展方式层面，对现代文明修身展开系统研究的学术成果。作者把现代文明修身，作为人们自觉提高精神生活质量、促进精神家园建设、进行能动创造的生活态度和发展方式，体现了作者独特的研究视角和对人存在

---

① 《四书五经·礼记》，浙江文艺出版社 2001 年版，第 102 页。

与发展方式的"中国化"思考，为研究和建构中国特色人的现代化理论，形成人的发展理论的中国话语，作出了有益的探索，值得肯定与祝贺。

《秩序理性与自由个性：现代文明修身的话语体系与实践机制研究》一书，把对人与世界形而上的理性思考与人们的实践相结合，紧密围绕人的自由全面发展所日益增长的精神生活质量和思想道德素质要求与社会成员思想道德水平现实状况之间的矛盾，进行多层面、多视角、多维度探索而形成的理论成果。从书中可以看出，现代文明修身是现代人的文化自觉，绝不是简单地把某种现成的思想外在地灌输或强加于现代人的方式，而是现代人以生活世界的需要为根据，进行自我教育、自我规范、自我完善、自我发展的方式。全书关于现代文明修身的话语体系与实践机制研究，立足于建设社会主义和谐社会的伟大历史进程，以"什么是现代文明修身、如何进行现代文明修身"为文章结构的基本主线展开论述。从本书的价值研究向度来看，作者着眼于中国特色人的发展理论的建构，着眼于中国优秀传统文化价值的现代开发，着眼于人的存在方式的现实思考，并把相关的思考还原到现实生活场域，沿着合规律性与合目的性相统一的向度深化，把研究的最终旨趣定位于现代人"秩序理性"的孕育与"自由个性"的培养。

《秩序理性与自由个性：现代文明修身的话语体系与实践机制研究》一书，从逻辑结构上来看，主要分为理论研究部分、问题研究部分和实践研究部分三大篇章。其中理论研究部分包括前三章，从形而上的视角研究了现代文明修身的科学内涵、源流发展，梳理了其理论资源，形成了现代文明修身研究的话语体系和理论内容。第四章和第五章分别阐述和分析了现代文明修身的实践场域和价值追寻，研究了现代文明修身科学性与价值性的关系问题。现代文明修身应当是一种合规律性与合目的性有机统一的活动形式，这种合规律性应当在现实生活实践中得以检验，书中围绕个体自我的德性存在与利益存在、主导价值与多元价值、内在自然的人化与外在自然的人化、业务素质与道德修养的辩证关系展开研究，逻辑地探讨了现代人在社会主义市场经济体制下发展面临的自主性课题、在社会开放环境中发展面临的选择性课题、在科学技术迅猛发展中面临的适应性课题、在学习型社会中面临的发展性课题。现代文明修身合目的性的研究，则是通过对"秩序理性"建构与"自由个性"培养得以体现的。总的来看，问题部分已经把关于现代文明修身形而上的思考转向形而下的实践领域，但这种转变的完全实现，则是在本书的第三部分即实践部分得以实现的，这一部分的基本内容就是第六章。在第六章中，作者在对现代文明修身实践机制的科学内涵、基本特征、建构原则和建构思路进行逻辑分析的基础上，较为详细地探讨了现代文明修身的目标导向机制、辩证调控机制、优化整合机制、心理调适机制和主体选择机制，为人们开展现代文明修身活动提供了具有一定借鉴意义的方式方法。作为科学研究的成果，我们不可以把现代文明修身理论及其实践活动绝对化，正如作者在书中所述：现代文明修身没有固定的方法模式，也无意为人们提供模式化的建构，一切都应当随社会实践的发展变化而发展变化，现代人的文明修身活动应当反映现实的物质文化生活水平，要与社会主义的制度规范建设相互配合，应当体现历史文化传统与时代精神的契合，个体的文明修身活动要与社会团体的集体活动相结合。只有与人的发展的其他要素及实践形成合力，现代文明修身才能进一步取得良好效果。

《秩序理性与自由个性：现代文明修身的话语体系与实践机制研究》一书，建构了独特的研究体系，形成了富有新意、富有启发的观点与思路，提出了切实可行的现代文明修身的机制与方法。但是，也应当看到，传统修身理论及其现代价值的研究是一个博大精深的系统工程，人的全面发展理论探索是一个不断深化的过程，作者难以对该领域的问题作出全面和深刻的阐述和研究，书中的有些问题尚待进一步探讨，这是年轻学者在开展科学研究中必然要经历的阶段。希望

《秩序理性与自由个性：现代文明修身的话语体系与实践机制研究》一书的出版，能够为学术界开展传统文化及其现代价值研究和中国特色人的发展理论探索起到抛砖引玉之作用！也希望作者在现有研究的基础上进一步深化研究，取得更多高质量的研究成果。

2010 年 8 月 23 日于中山大学康乐园

Contents

目　录

导　论

一、现代文明修身问题的凸显

修身是独具民族特色的话语体系，也是古代中国人提高思想道德素质和促进存在方式文明化的重要机制。在人类生活由野蛮走向文明、从生存走向发展的过程中，人们通过修身不断地进行自我启蒙、自我教育、自我规范、自我发展，修身作为人类文明发展的内在途径与外在的工业文明进程一起，共同促进了人类的社会历史主体地位的生成。当然，人类的其他文明可能没有像中华文明那样使用"修身"这一显在话语（explicit discourse），但是，类似的行为背后必然有相关实践机制的"无声话语"（silent discourse）的存在，只不过表达方式不同而已。近代以来，随着人类社会实践的发展，所谓资本主义文明的社会精神气质（ethos）无形之中在消解着人类自我提升的内在机制，工业文明的历史化进程和市场经济的迅猛发展，引起了人类普遍交往的扩大和"世界历史"真正意义的形成。然而，人类的生存与发展也陷入文明演进的悖论之中。

马克思在《共产党宣言》中就用不同的话语体系描述了这一文明演进的悖论："一句话，它按照自己的面貌为自己创造出一个世界"①，"在它的不到一百年的阶级统治中所创造的生产力，比过去一

---

① 《马克思恩格斯选集》第 1 卷，人民出版社 1995 年版，第 276 页。

切世代创造的全部生产力还要多，还要大"①。但是在资本主义制度下，生产力的高度发展造成的结果是"它使人和人之间除了赤裸裸的利害关系，除了冷酷无情的'现金交易'，就再也没有任何别的联系了"②。在这里，马克思既肯定了资产阶级的历史进步作用，也明确指出了资本主义生产方式的弊端。在资本主义生产方式的影响下，人类日渐成为自然界的主人，同时，征服的欲望与征服性行为无形之中弱化了人们对内在自我的观照，物质文明的繁荣并没有带来精神生活的等量进步，人化自然进程的加速伴随着环境污染、生态恶化，一些人在"占有还是生存"的抉择中迷失自我，陷入生活世界的矛盾冲突与文明发展的悖论之中，人们不禁要追问，我们究竟应该选择和确立什么样的存在方式，才能实现精神生活与物质生活的协调发展？

显然，肇始于西方的文明发展悖论在当代中国也客观存在着。时代主题的转换与社会历史的转型，使人们不停地品评着新旧道德的矛盾冲突和人伦秩序的剧烈动荡，感受着生活世界同质性被打破带来的恐惧和忧伤。"从社会基本结构到社会日常生活层面，从社会文化心理到社会个体或每个国民的道德意识，都发生了巨大的变化。这种整体性变化不仅促动了整个社会的转型，使中国进入了前所未有的现代化转型时期，而且带来了社会文化价值观念和道德伦理的深层变化。"③ 不少人在"我选择，我喜欢"的誓言中重复着古罗马征服者凯撒大帝的名言"我来，我看见，我征服"，主人意识的空前膨胀使有些人忘乎所以，物欲的喧嚣掩饰着内心的落寞，征服欲的充斥打破了心灵的宁静，一些人在快速的生活节奏和多元价值的影响中"沉沦"，古老修身文化中"身与心"、"理与欲"、"义和利"、"灵与肉"之间的矛盾冲突在当下空前尖锐，精神与物质、生理与心理、科技与

---

① 《马克思恩格斯选集》第 1 卷，人民出版社 1995 年版，第 277 页。
② 《马克思恩格斯选集》第 1 卷，人民出版社 1995 年版，第 275 页。
③ 万俊人：《现代性的伦理话语》，黑龙江人民出版社 2002 年版，第 176 页。

人文之间的不平衡引发了人们对存在方式的新思考，如何引导人们自觉地确立与时代发展相适应、与社会进步相协调的新的生活方式、新的生活秩序和新的价值精神，也成为当代中国人关注的焦点。

纵观人类社会发展史我们发现，越向前追溯历史，人类的生存与发展对生产资料中"物的依赖性"越大，越走向未来，人类自身在社会生产诸要素中所占的地位越重要。总的来看，尽管也存在着苏格拉底提出"认识你自己"和普罗泰戈拉提出"人是万物的尺度，是存在的事物存在的尺度，也是不存在的事物不存在的尺度"① 的追问，但人类的文明进步和认识自身的存在还是主要依赖于外在的尺度，即借助科学技术手段和人的体外工具向大自然索取物质、能量和信息，结果造成许多人在享受丰裕的物质生活的同时，品尝着精神生活荒漠化的苦果，并在一定程度上导致主体缺位，忽视自身的开发和利用。正如有的学者所指出："人类不仅应该向外探求，向自然界要宝；而且应该向内探求，向自身要宝。一旦开发出人体内蕴藏着的巨大能量，就会极大地推进人类的文明进程，使社会面貌为之一新。"② 因此，在社会主义和谐社会建设的伟大历史进程中，有效发掘个体内在潜能与促进主体性的开发和涵养这一中心问题，也对以"内求诸己"为基本特征的传统修身理论提出了现代化的新要求，弘扬传统修身理论的优良传统，形成适合现代人发展需要的现代文明修身理论成为时代发展的必然要求。

现代文明修身研究，一个基本的出发点就是从人类自身发展的内在视角寻求人与社会的和谐发展。它以人自身为认识和实践的对象，立足于中华民族文化之根，寻求"尽可能避免西方人现代化所经受的异化、片面发展的曲折，实现人的素质的全面提高和人与社会、自

---

① 北京大学哲学系外国哲学史教研室编译：《古希腊罗马哲学》，商务印书馆1961 年版，第138 页。

② 袁贵仁：《人的哲学》，工人出版社1988 年版，第559 页。

然的协调发展，既努力保持发展现实状态的全面性与协调性，也保证
长远发展过程的全面性与协调性"① 的文明发展进路。儒家思想中的
修身理论，在古代中国就是引导人们自我启蒙、自我教育、自我规
范、自我发展的重要途径，在一定程度上也奠定了古代中国人的存在
方式。它构成了中国文化传统和人生哲学的核心内容，溶化在我们民
族的血液里，在某种意义上铸就了我们的民族文化基因，至今在人们
的生活世界里依然具有重要影响。然而形成于先秦时期的修身理论，
其产生的社会基础是传统小农经济占主导的农业社会生活，具有明显
的历史局限性，其基本内涵、性质、功能、价值及其面临的任务在当
代中国都发生了深刻变化，因此，如何研究和建构一种适应现代人发
展需要的话语体系和实践机制，进而不断提升人的生活质量与促进人
的自我发展，这就需要我们对现代文明修身问题作出新的探索与
研究。

二、现代文明修身话语体系的提出

如前所述，"修身"这一话语体系是中国文化特有的产物，西方
文化中尽管没有"修身"一词，但思想家们从道德人格塑造视角探
索人的自我教育、自我规范、自我发展的努力也客观地存在着。早在
公元前 5 世纪古希腊智者普罗狄库斯（Prodicus）就首次提出了德性
是人生目的的看法，他认为在命运与自主性的冲突中，人们应当自觉
选择美德，努力完善自己，才可以实现人生价值和目的。② 苏格拉底
"认识你自己"的命题和"德性就是知识"的名言反映出他关于知行
合一、真善一体的思考，"未经省察的人生不是真正的人生"的理论
把"修身"的作用提高到一个新的层面。柏拉图也强调"通过德性
的修养，净化灵魂，经过对理念的沉思，在最后阶段，当灵魂达到最

---

① 郑永廷：《人的现代化理论与实践》，人民出版社 2006 年版，第 8 页。
② 参见赵敦华：《西方人学观念史》，北京出版社 2004 年版，第 12—13 页。

高的理念——善的时候，灵魂超越了理智的沉思，最后达到观照的最高境界"①。亚里士多德明确指出："幸福是灵魂的一种合于完满德性的实现活动。"② 人们必须持续不断地完善自身、做合乎德性的事才能获得幸福，这一过程类似于中国传统文化中的修身活动。近代自笛卡儿提出"我思故我在"的命题以来，无论是莱布尼茨（Leibniz）"单子说"与自我和谐、康德的"善良意志自律"、黑格尔关于"道德的观点就是自为地存在的自由"③ 的阐述，还是马斯洛的"自我实现"、马尔库赛"单向度的人"、麦金太尔的"美德追寻"、英格尔斯的现代人特征分析以及鲍曼在《个体化社会》中关于"我们的存在方式"、"我们的思维方式"和"我们的行为方式"的后现代分析，都从不同视角对人的自我发展与自我完善作出了解读，在一定程度上为研究现代文明修身的话语体系与实践机制提供了借鉴视角。

　　在哲学领域以外，西方思想家还从心理学、教育学、社会学等学科领域对人的自我完善与发展作出了探索。日本自 1872 年制定"学制"以来，规定中小学设修身学，强调修身开智，通过寓言趣闻的修身论来追求近代社会的市民涵养。1885 年以儒家思想为指导的修身教科书被废止，开始采用谈话、教师身教和实践的形式进行道德教育和加强学生修养，教育的内容由儒家伦理改为西方市民社会伦理。④ 美国著名心理学家赛利格曼提出了积极心理学理论，他认为拥有乐观性格的人，才能有效地变不利因素为对自身的有利因素，成就一个人的优秀品质和美好心灵。弗洛姆在《健全的社会》中界定了"健全的人"的标准，企望用爱的宗教来促使人们追求高尚道德、抵

---

　　① 赵敦华：《西方人学观念史》，北京出版社 2004 年版，第 44 页。
　　② ［古希腊］亚里士多德：《尼各马可伦理学》，廖申白译注，商务印书馆 2003 年版，第 32 页。
　　③ ［德］黑格尔：《法哲学原理》，范扬、张企泰译，商务印书馆 1982 年版，第 111 页。
　　④ 参见许建良：《论日本德教的价值定位》，《东南大学学报》（哲社版）2004 年第 4 期，第 30—32 页。

制利己主义，促进人与社会的完善与发展。库利的《人类本性与社会秩序》、齐格蒙特·鲍曼的《生活在碎片之中——论后现代道德》等从不同角度阐述人们应注重道德修养、追寻道德生活，并最终形成合理的存在方式。

宗教信仰虽然不提修身，但它采用一定的仪式、活动、禁戒的方式来促使宗教信徒规范自己的生活态度与生活方式。它根据人们的心理、情感所提出的修炼、祈祷方法和礼拜活动，"通过设立神圣与恐惧相结合的目标引导人的追求"[①]，把神和彼岸作为目的，把人和此岸作为手段，鼓励人们修炼、自律，具有很强的神秘性、感染性和迷惑性，例如特洛尔奇在《基督教理论与现代》中阐述了基督教的修炼理论及对现代生活的影响，艾柏林在《神学研究》和利奥·拜克在《犹太教的本质》中强调通过上帝赋予人生以意义世界。总的来看，宗教信仰通过对人"原罪"的预设，引导人们以修炼、祈祷及其他方式来赎罪从而实现拯救与希望，呼吁人们顺从、自律，等待上帝的拯救。宗教理论虽然压抑人的主体性，但不能仅仅把它看做为统治阶级服务的"精神鸦片"，因为"宗教既有对人行'善'的神圣目标引导，又有对人作'恶'的严厉惩罚威慑，正是这种强烈而鲜明的神圣感召与罪恶排斥，容易使教徒产生具有超越性、永恒性神灵的归服心理和对恶劣、残忍行为的恐惧心态，从而形成相对稳定、严肃、认真的信仰"[②]，宗教活动客观上对规范个体行为、促进社会稳定具有一定的积极作用。我们研究宗教的修炼、祈祷理论，一是为了制约它在生活世界的扩散和对人的消极影响；二是为开展现代文明修身的话语体系与实践机制研究寻求启示和借鉴。

中国传统文化中关于修身问题的论述浩如烟海，但修身话语体系

---

① 郑永廷、江传月等：《宗教影响与社会主义意识形态主导研究》，中山大学出版社 2009 年版，第 271 页。

② 郑永廷、江传月等：《宗教影响与社会主义意识形态主导研究》，中山大学出版社 2009 年版，第 272 页。

的初步形成是在春秋战国时期。老子指出"善建者不拔，善抱者不脱，子孙以祭祀不辍。修之于身，其德乃真"①，这是目前查到的涉及修身的较早记载，但将"修身"作为一个专有词汇放在一起的最早文献记录是在《墨子·非儒》中提出的"远施周偏，近以修身"②。毫无疑问，修身话语及其理论体系的形成和修身活动的开展，是人类文明进步的重要标志，应当说，凡是人类所进行的修身活动都可以称为"文明修身"，只不过文明的性质和内容不同。现代意义的"文明修身"作为一个专有名词出现始于 1994 年，北京大学校团委针对大学生基础文明欠缺、责任意识匮乏和集体精神淡漠的现象提出"文明修身"一词，呼吁大学生从身边小事做起，从我做起，实行文明修身以提高自身的文明素质和实践能力。文明修身活动从"一屋不扫，何以扫天下"的讨论开始，之后得到青年学生和社会各界的广泛认同，后来逐渐发展成为波及很多高校的"文明修身运动"，"文明修身"一词在各高校思想政治工作和学生工作中广泛流行，甚至个别高校把文明修身作为校训来提出。③ 与此同时，以季羡林、张岱年等大师为首的一些专家、学者与青年学子纵论文明修身问题，引发了青年学生进行文明修身的热潮，同时也吸引了人们关于现代文明修身话语体系与实践机制探索和研究的目光。

　　目前，关于修身的各种讨论很多，但并没有深入下去，关于现代文明修身理论的研究尚处在起步阶段。关于"文明修身"研究的文章中，比较有理论意义的有：沈全兴等的《实施文明修身工程，提高大学生综合素质》，李冬平的《高校大学生"文明修身"教育初探》，唐静的《提倡文明修身，培养跨世纪人才》，吴志胜的《文明修身——"以德治国"在高校德育教育中的体现》，黄锡平、居然的

---

① 《老子·第五十四章》。
② 辛志凤、蒋玉斌等：《墨子译注》，黑龙江人民出版社 2003 年版，第 226 页。
③ 深圳大学校训：坚定信念，崇尚科学，团结进取，文明修身，奋发成才。

《文明修身浅论》等。此外，曹德本的《中国传统修身文化研究》、荆三隆的《论儒家修身观在大学生思想道德教育中的内容与作用》、邹兰香的《"修身为本"伦理思想在现代德育中的借鉴》和张金桃的《儒家修身观及其现代意义》等文章，虽没有明确使用"文明修身"一词，但从社会现代化与人的发展视角对修身理论的现代价值作了有益探索，一些观点也符合现代文明修身的研究视角。

就话语体系创新而言，现代文明修身话语体系突出了以修身为基本内容，并对中国特色的人的发展理论进行了话语重组。在新的社会历史条件下，现代文明修身话语体系的研究坚持了"内求式发展"的民族文化传统，高扬社会主义、民族主义和集体主义的文化旗帜，坚持了三大基本价值取向，即"一是世界眼光（坚持马克思主义的世界观和方法论），二是时代潮流（现代化建设），三是中国特色（前两者在当代中国的结合）"[1]。其中"中国特色"这一价值取向是现代文明修身话语体系与实践机制研究的核心理念，也是现代文明修身话语体系提出与重组的基本依据。

三、现代文明修身的研究述评

高校发起的文明修身活动主要是引导大学生正确面对和理解社会问题，不再以冲动、呼吁、呐喊的方式参与社会，而是扎扎实实地从自身做起，以自己的有效行动，提高自身素质和能力，引领和推动社会风气的好转。《北京大学文明修身活动宣言》指出："今天的时代不仅需要机敏的头脑、渊博的学识，同样需要高尚的人格和先行者的勇锐，需要他们去完善自己、发展自己，擎起这个世界的依托！正是基于此，我们呼唤北大人，思考起来，行动起来，从小事做起，从点点滴滴做起。"于是，北京大学先后成立"爱心社"、"文明修身协

---

① 侯惠勤：《马克思的意识形态批判与当代中国》，中国社会科学出版社 2010 年版，第 515 页。

会"，提出了"治国平天下，先从修身始"的口号；清华大学则明确发起"从我做起，从现在做起，从小事做起"的修身实践活动。但现代人究竟应当怎样认识、理解和践行文明修身，迄今为止学术界尚无人进行系统研究和科学解答。因此，从理论上对现代文明修身的话语体系及实践机制进行科学系统地阐释和研究，进而从实践上引导社会成员自觉开展现代文明修身活动，就成为时代的要求。从目前来看，学术界关于现代文明修身的研究主要集中在含义探索、活动内容、基本原则、实施途径和基本规律等几个方面。

1. 文明修身的基本含义研究

现代文明修身无论从理论上或实践上，都是从高校学生思想政治教育视角开始的。因此，学者们关于文明修身含义的阐释也主要集中在思想政治教育学科和思想政治工作视角，突出反映了思想政治教育的学科性质，如文明修身是"一种道德教育的连续活动"，就其性质而言是"一种广泛而深刻的传统道德教育"；① "文明修身是一种养成教育，是以大学生的文明素质培养为目标，是一项长期的育人计划"，它要求大学生要从小事做起，能自觉地进行自我教育、自我改造、自我锻炼，从内心出发去观察社会现象、心理现象，去认识理解客观世界，最终逐渐形成完善的自我意识，树立科学的世界观、人生观和价值观；② 文明修身就是"在学校教育的主导作用下，以基础文明作为教育活动的内容，以学生自我判断、自我约束、自我践行等自我教育形式作为活动的基本方法的德育系统工程"，它属于道德教育范畴。③ 进入新世纪以来，一些学者开始尝试着从更广泛的学科领域和视角研究文明修身，对文明修身含义作出了新的界定和探索，主要

---

① 李冬平：《高校大学生"文明修身"教育初探》，《湘潭师范学院学报》（社会科学版）2001 年第 2 期，第 133—134 页。

② 江文涛：《浅谈文明修身在大学生自我意识教育中的作用》，《黔南民族医专学报》1998 年第 1 期，第 64 页。

③ 黄锡平、居然：《文明修身浅论》，《职教通讯》1999 年第 5 期，第 49 页。

观点有：从伦理学视角看，文明修身是人们自觉完善自身德性的过程；从社会学视角看，文明修身是人的社会化过程，是社会成员根据社会进步和时代发展的要求通过内在途径不断提高自身素质的过程；从文化学视角研究，文明修身是人们不断用人类创造的优秀文化提高自身素质、完善自我的过程。当然，这些研究和界定仍然处在起步阶段，观点正确与否有待于进一步商榷和研究，但一提起文明修身，大多数人还主要认为它是一个思想政治教育学科领域的基本概念。

2. 文明修身的活动内容研究

目前，文明修身的活动内容主要集中在高校学生的基础文明与理想信念层面，如"遵守社会公德，养成文明高雅的个人品质和行为规范；培养良好学风，引导学生把全副精力投入到学习中来；正视异性交往，建立正确的爱情观、家庭观和幸福观；强化心理素质，正确处理日常生活中遇到的各种危机；关心母校事业，加强全院学生的爱校意识和大局观念；涵泳民族文化，激发民族自信心、自豪感和爱国热情；认清时代要求，培育与时俱进的现代素质和创新品格"[1]。高校开展的文明修身活动比较注重培养大学生的社会责任感和理想信念，强化社会责任感和理想信念引导，如文明修身的活动内容设置上强调基础文明修养、团队精神、社会责任感和理想信念，另外也有的直接突出"自尊自爱，爱人爱校，爱国及其在前三个层次的基础上实现理想、信念、价值观的完美结合"[2]。高校开展的文明修身活动及相关理论研究立足于大学生的基本思想道德素质培养，从提高群体文明素养的角度出发，努力营造合乎人性发展的环境，同时注重培养学生的社会责任感、历史使命感，将个体自身发展与国家前途、民族

---

① 南阳理工学院党委宣传部：《南阳理工学院文明修身工程活动方案口号》，求索网：《文明修身专栏》。http：//qiusuo. nyist. net/zhuanti/xiushen/xiushen1. htm 2002. 5. 10。

② 张军：《常抓不懈，注重实效——文明修身活动的启示》，《四川教育学院学报》2001 年第 17 卷，第 31 页。

命运紧密结合起来，促使个体在社会进步中实现自身的发展。

3. 文明修身的基本原则研究

目前明确阐述文明修身基本原则的文章仅有一篇，提出了"基础性原则、主体性原则、序列性原则"①。基础性原则主要突出文明修身是一种基础文明，是人的思想道德素质培养的最基本途径，如讲究卫生、纪律观念、敬业精神、公民意识等内容，其基本原则首先立足于"学会做人"，避免目标太高、范围宽泛，脱离学生的认知水平和行为实际。主体性原则强调文明修身活动以增强学生的主动性、自主性、独立性和创造性为基本特征。学生是文明修身活动的主体，他们在自主、自觉、自愿的形式下以及积极理性的思考中进行道德选择和道德实践。序列性原则强调文明修身应当是一个有体系的活动，活动选择要切合学生的道德水准，能够引起学生共鸣，能够在循序渐进中把社会的道德要求逐步转化成个体的道德行为习惯，提升他们的思想道德素质。

4. 文明修身的实施途径研究

就目前的研究成果看，文明修身的基本途径离不开"立志、为学、力行、自觉"，也有学者认为"义情沟通、行为趋同、体验整合"② 才是文明修身的最佳途径。文明修身是在新旧认识和情感体验中提高思想道德素质和文明行为的活动，灌输说教的方法容易引起大学生的逆反心理，"义情沟通"是通过晓之以理、动之以情、导之以行的方式，激起个体行为的道德情感，把社会发展对个体的思想道德素质要求转化为个体的自觉行为；"行为趋同"是义情沟通的结果和体现，反映了基础文明规范要求与学生行为操作的一致性，这不仅仅是文明修身活动所追求的目标和行为操作方法的训练，而且是学生个体道德情操的体验与心灵净化方式；"体验整合"主要是注重发挥文

---

① 黄锡平、居然：《文明修身浅论》，《职教通讯》1999 年第 5 期，第 50 页。
② 黄锡平、居然：《文明修身浅论》，《职教通讯》1999 年第 5 期，第 50 页。

明修身在行为规范形成中的反馈与强化功能，强调个体在积极接受社会反馈信息基础上调整自身行为，并对当前知情意行作出主观的事实分析与价值判断，以实现知情意行的一体化。文明修身活动是一种自觉、自主、自愿的活动，要求人们在比较、辨别、知行整合中完成由思想到行为的转化。进行文明修身，既要继承优良传统，又要充分体现时代特征，在日常生活实践中增强文明道德素质，优化生活环境，净化学生心灵，促使个体自身发展与社会发展要求相一致。

5. 文明修身的活动规律研究

一般说来，文明修身要经过立志、内省、兼听、明辨、笃行几个阶段，言行一致、笃实躬行是文明修身的基本要求，知行统一是文明修身的基本规律，"应该怎么做"到"我要这么做"的自觉实践是文明修身的活动宗旨。文明修身活动应当营造良好的社会氛围，促进社会环境的文明优化，向社会传递爱心和真情，推动社会主义精神文明的深入开展。有的学者认为文明修身活动的开展，要符合党对青年学生的思想道德素质要求，符合时代对社会成员健康生活的要求，符合社会文明进步的客观要求，符合人们良好生活习惯的形成规律。同时，文明修身活动必须围绕社会进步与人的发展的中心问题，引导人们树立科学的世界观、人生观、价值观和社会主义理想信念，自觉进行道德修养和文明行为的锻炼。学者们认为，文明修身是通过人的日常行为引导来体现个体的道德修养、精神境界，这在一定程度上反映了一个社会的文明程度。它是基础文明建设与道德修养相结合的活动，要有助于消除生活中的不文明行为和不健康的价值追求，在细微之处体现人的道德修养、文明程度。文明修身研究不能仅停留在形而上的理论思考，要把文明修身活动与解决人的实际困难和生活需要结合起来，让他们在修身养性、文明行为的同时又能解决学习生活的后顾之忧，在优良环境中提高思想道德素质和文明行为能力，促使个体趋向自由全面发展。

根据上述关于文明修身研究的概览我们发现，现代文明修身研究源于人的现实生活需要，即形而下的实践呼唤形而上的理论研究。人们在现实生活层面首先开始的文明修身活动要求现代文明修身理论的发展与之相适应，并指导人们的文明修身实践。目前学术界关于现代文明修身研究具有明显的局限性，主要表现在以下几个方面：第一，注重日常生活中基础文明层面的研究，忽视文明修身对人的更高层次的道德修养和内在潜能的开发研究；第二，注重大学生群体的文明修身活动，忽视社会其他成员的文明修身活动；第三，所涉及的领域主要局限于高校尤其是思想政治教育学科和思想政治工作，缺乏从当代人存在方式的视角对文明修身理论的深度研究；第四，注重社会道德规范体系和道德观念的外在要求向个体的日常生活习惯的转化，强调遵循和践履这些良好的道德习惯以实现或满足社会对个体的道德规范要求，缺乏从积极道德视角开发和引导个体健康生活和全面发展的生活态度和生活方式；第五，重视文明修身活动形式的研究，缺乏对有效运行的文明修身实践机制研究。

这些研究特点暴露出了过去研究的不足与局限。当然造成这种状况的原因很多，既有历史的、文化的因素，也与现代社会经济的发展和人们的价值取向有关。随着人们对现代文明修身的认识、理解和践履程度的加深，现代文明修身理论会逐步得以完善并对人的自由全面发展以及和谐社会建设进程发挥重要的作用。它给我们进行现代文明修身话语体系与实践机制研究以启示：第一，文明修身是人们所进行的适应社会要求的自我教育、自我规范、自我发展的活动及在活动中呈现的精神状态（或生活态度），是现代存在方式在生活世界的生成。第二，文明修身是人们自觉、自主、自愿的精神性活动及其在活动中呈现出的思想道德状况和精神境界，它以促进人的自由个性发展为旨趣。第三，文明修身的核心问题是塑造理想人格和追求能动创造的生活，体现了个体修身活动与世俗化的群体互感这一集体形式的统一。第四，文明修身是社会层面而非思想层面的，或者说，它是大众化的，而非个人的；是普及的，而非艰深的。第五，文明修身的价值目标是追求秩序理性与自由个性的协调发展，具体来说，塑造宁静的心灵秩序、健康的生活秩序与和谐的生态秩序只是其基本价值，它的终极价值在于通过人的思维方式转变、主体精神涵养与开发促进人们在自我解放中实现"自由个性"。总的来看，文明修身是一个开放性、连续性、长期性的过程，它是以自教自律的形式展开的，具有非强制性。

四、现代文明修身的研究思路

郑永廷教授指出："研究任何一个领域或问题，一般都需要具备三个条件：一是该研究领域或问题的特定对象或矛盾，即实际基础；二是有明确的指导理论与价值导向，即理论基础；三是必须坚持理论与实际相结合的原则开展实际研究，在研究过程中深化对实际的认识并探索新的思想和理论。在这三个条件中，特定对象或矛盾是研究得以进行的内在根据，是区别于其他研究的不同本质之所在。理论基础是否坚实、科学、正确，是研究能否顺利进行并取得有效结果的根本条件。"① 本书关于现代文明修身话语体系与实践机制的研究，也从这三个方面开始。

1. 现代文明修身的基本矛盾

现代文明修身的基本矛盾是人的自由全面发展所日益增长的精神生活质量和思想道德素质要求与社会成员思想道德水平现实状况之间的矛盾。我们认为，从外在的矛盾分析根本无法解决现代人的精神空虚、价值失落和行为失范现象，试图借助上帝的"神秘力量"或经济、科技等外在的强大力量根本无法真正提高人的思想道德素质与精神生活质量。因此，必须寻求一种"内求诸己"的道德格式（moral scheme）把人的主观愿望与现实可能统一起来，引导人们在现实的社会生活中形成良好的生活态度与生活方式，不断彰显自己的德性、丰

---

① 郑永廷：《人的现代化理论与实践》，人民出版社 2006 年版，第 163 页。

富自己的精神生活，形成对生命负责的价值理念，促进身心发展的平衡和良好生活秩序的建立，并通过个体的良好生活态度与生活方式优化而提升良性生态秩序。而现代文明修身正是从人的基础文明行为与道德修养入手，把社会的道德规范要求和个体的内在发展需求转化为生活方式的活动及其在活动中呈现的精神风貌，是一种值得期待的存在方式。

2. 现代文明修身研究的指导理论与价值导向

现代文明修身研究必须以马克思主义为指导，其实践活动应当以塑造人的秩序理性与自由个性为价值导向。以马克思主义人学思想为哲学基础，同时借鉴西方人学思想和身体哲学的相关内容，围绕"什么是现代文明修身，如何进行现代文明修身"这一基本问题展开论述。前一个问题涉及对现代文明修身话语体系的多维解读，后一个问题则涉及文明修身实践机制的建构与运行。要解决人的自由全面发展所日益增长的精神生活质量和思想道德素质要求与社会成员思想道德水平现实状况之间的矛盾，现代文明修身的话语体系与实践机制必须对人的思想道德素质提高与精神家园建构发挥应有作用，在社会成员形成良好生活方式的过程中"实现思想和精神生活的全面发展以及与社会、自然的协调发展"①。换句话说，现代文明修身既要有助于形成个体秩序理性的形成与社会的良性发展，又要以实现人的自由个性为最终旨趣。

在这里，我们有必要对"秩序理性"与"自由个性"的含义作出解释。在学术研究中，"理性"一词经常会用到，一般认为它源于古希腊逻格斯（logos）和努斯（nous）这两个词，基本含义表示对事物的本质与规律的认识能力。"秩序理性"的概念往往并不多见，由于受康德哲学思想的影响，人们更为熟悉的概念是"实践理性"、"纯粹理性"，一个显而易见的事实是："'实践理性'是理性主义传

---

① 郑永廷：《人的现代化理论与实践》，人民出版社 2006 年版，第 20 页。

统下的概念系统和学术话语，不仅在康德整个哲学体系中与'思辨理性'、'纯粹理性'等概念直接而紧密地承接，也与整个西方哲学的理性主义传统一脉相承。"① 在本书中，"秩序理性"是指人们在现代文明修身活动中形成的能够正确认识与把握事物本质和必然过程的特性，并且能够把这种认识特性用来规范和指导自己的存在方式，具体来说，其价值主要体现在对良好健康的心灵秩序、生活秩序与生态秩序的塑造与建构。从严格意义上来说，它不是和认知理性、价值理性、审美理性相并列的概念，而是它们在个体实践活动中的综合表现。

"自由个性"是马克思在谈人的历史发展三阶段时明确提出并使用的一个概念。它也是马克思主义人学中的一个基本概念，不少学者经常把它与人的全面发展混用。在马克思看来，自由个性是指"个人能作为个人且最根据其意愿充分自由地表现和发挥其创造能力，可以自由地实现自己的个人生活与社会生活"②，因为它是"建立在个人全面发展和他们共同的社会生产能力成为他们的社会财富这一基础上的自由个性"。"自由个性"意味着构成人的个性诸要素已得到自由而全面的发展，人已经主导和控制了自己的生存条件与存在方式，它标示着人的个性发展的最高境界和人发展的理想状态，即恩格斯所说的自由的人："人终于成为自己的社会结合的主人，从而也就成为自然界的主人，成为自身的主人——自由的人。"③ 而人的全面发展是指人类整体的全面发展与个体全面发展的统一，它是建立在消灭旧式分工、有充裕的自由时间和劳动的自主性的基础之上。在阶级社会中，个体的全面发展与"类"的全面发展之间总是存在着尖锐的矛盾冲突，"要克服个体与类的矛盾与对立，达到自由个性这一人的发

---

① 樊浩：《道德形而上学体系的精神哲学基础》，中国社会科学出版社 2006 年版，第 3 页。

② 黄楠森：《人学原理》，广西人民出版社 2000 年版，第 419 页。

③ 《马克思恩格斯选集》第 3 卷，人民出版社 1995 年版，第 760 页。

展的理想状态，关键在于实现个人的全面发展"①。换句话来说，人的全面发展是实现"自由个性"的必经阶段，而人的全面发展以实现"自由个性"为目标。马克思认为，人的全面发展是以其自由发展为前提的，人类全面而自由的发展则是社会发展的目标，因此马克思称共产主义社会是"以每个人的全面而自由的发展为基本原则的社会形式"②，而个人全面而自由的发展就意味着人的"自由个性"的实现。本书中也多次涉及人的全面发展、人的自由全面发展和人的"自由个性"问题，不是语义上的混乱与重复，而是根据具体情景和内容需要分别作出的语义表述。

本书认为，"秩序理性"与"自由个性"的辩证统一是现代文明修身实践活动的价值导向。在现实生活中，不少人认为秩序和自由是对立的，尤其是政治秩序严重限制人的自由，实际上，"只有糟糕的社会秩序才是和自由对立的。自由只有通过社会秩序或在社会秩序中才能存在，而且只有当社会秩序得到健康的发展，自由才可能增长。只有在构造较为全面和较为复杂的社会秩序中，较高层次的自由才有可能实现，因为没有别的途径为众多的人提供选择有利于自己和谐发展的机会"③。因此，现代文明修身研究必须关注以下几个方面的问题：从个体的内在完善和自律着手，提高人的生命关怀意识，建构和完善个体和谐宁静的心灵秩序；立足于人的主体性，致力于探寻人的精神世界和行为表现，提高人的生活质量，塑造健康和谐的社会生活秩序；以人与环境的辩证关系为理论依托，优化个体生活方式与良性循环的生态秩序。秩序的构建与秩序理性的培养，最终以实现人的"自由个性"为目标。只要"自由个性"还没有最终实现，现代文明

①　汪信砚：《马克思哲学中的人的全面发展与自由个性》，《社会科学战线》2005年第3期，第34页。
②　《马克思恩格斯全集》第23卷，人民出版社1972年版，第649页。
③　[美]库利：《人类本性与社会秩序》，包凡一、王源译，华夏出版社1999年版，第301页。

修身实践活动就有存在的必要性，只不过是"现代"与"文明"的内容及形式应随着社会的发展变化而发展变化。

3. 解决现代文明修身的基本矛盾，必须以现实的人为出发点

正如有的学者所指出："我们所研究的现实的人，是生活在中国、处于社会主义初级阶段并受中国民族文化影响的人。"① 关于这一问题的研究涉及人的存在方式和对当代中国国情的理解与认识。现实的人的存在方式因社会转型、社会结构和利益格局变化而出现了许多新问题，人们对自我存在方式的科学性、社会性、预见性和终极价值维度不能给予唯物辩证地把握而陷入生存与发展的误区。那么，何为存在方式？人的存在方式是什么？当代中国人究竟应当确立什么样的存在方式？众所周知，任何事物都有自己的存在方式，所谓存在方式，"就是事物的本质的表现和现实化"②。而"人的存在"是马克思主义哲学最基本的研究范畴，它以人的现实表现样态为研究对象，"是人表现和实现现实生活的具体的相对稳定的形式"③。现代文明修身的话语体系与实践机制研究，主要是探讨现代人在社会生活实践中如何积极地感受生活的实际意义及其生存困境扬弃的历史过程。

本书所阐述的"人的存在方式"，主要是指"人在一定社会的具体处境中如何真实地存在或如何对待生存，它涉及人的生活方式和生活态度"④。现代文明修身研究要以马克思主义为指导，直面现代人的生存危机，以人的自由全面发展为主题，从探索当代中国人的生存与发展问题的现状出发，尝试从修身话语体系视角研究这一问题。这

---

① 郑永廷：《人的现代化理论与实践》，人民出版社 2006 年版，第 65 页。
② 万光侠：《市场经济与人的存在方式》，中国人民公安大学出版社 2001 年版，第 10 页。
③ 万光侠：《市场经济与人的存在方式》，中国人民公安大学出版社 2001 年版，第 10 页。
④ 韩庆祥：《思想是时代的声音：从哲学到人学》，新世界出版社 2005 年版，第 221 页。

种研究既离不开中国优秀的传统文化或者说中国人的价值理念和民族心理，也离不开马克思主义人学的当代视界，更离不开社会主义现代化建设所提供的时代氛围。从对传统修身理论的扬弃着手，在社会生活实践中深入理解现代文明修身对人的生活方式与生活态度建构的重要意义和独特价值。从日常生活世界出发，立足以人为本，通过小处着手来实现科学发展的伟大梦想，在历时态和共时态的交汇处建构人的生活世界，引导人们进行历史分析、价值判断和理想构建，以促进现代人存在方式的文明化、健康化、积极化。因此，从某种意义上讲，现代文明修身就是人的本质特性在当代中国的展开模式。①

五、现代文明修身的研究范式

库恩指出，范式是一个学科何以可能的"学科基质"（disciplinary matrix），是"一个专门学科的工作者所共有的财产"②。库恩提出的范式概念和理论主要从自然科学语境中进行研究，带有相对主义色彩，他并没有对范式研究进行集中的本质性分类，而是把它当做"某一特定时代的特定科学共同体所支持的信念"。在库恩那里，范式意味着在科学研究中所运用的特定"符号概括、模型、范例"，它"就是一个公认的模型或模式"，"是一种在新的或更严格的条件下有待进一步澄清和明确的对象"③。我国学者陈忠指出："范式是人们研究问题的根本立足点、出发点、前理解，并具体展现于人们所使用的概念、范畴、原理、理论等具体的叙事方式和话语方式之中。在研究向度、研究目的、研究层次等的具体历史统一中，人文学科的研究范

---

① 王秀敏、张国启：《存在方式视野中现代文明修身的时代内涵》，《广西社会科学》2007 年第 3 期，第 39—42 页。

② ［美］库恩：《科学革命的结构》，金吾伦、胡新和译，北京大学出版社 2003 年版，第 163 页。

③ ［美］库恩：《科学革命的结构》，金吾伦、胡新和译，北京大学出版社 2003 年版，第 21—22 页。

式虽然多种多样，但至少有三种本质性的范式：理想范式、问题范式和规律范式。"① 在他看来，"理想范式"的特点在于根据具体研究领域阐述人文目的、规范行为目标；"问题范式"的特点在于揭示研究对象的问题及其本质；"规律范式"的特点在于揭示研究对象的历史转换趋势。

就现代文明修身研究的基本范式而言，本书是把对人与世界关系的形而上的理性反思与人的日常生活实践相结合，促使人们在生活世界里追寻和确立新的存在方式。现代文明修身研究如欲取得实质性的进展，仅停留在对现实世界的理性反思基础上是不够的，而需要向现实的生活世界回归，把形而上的理性思考与人的日常生活实践有机结合起来，以形成关于现代文明修身话语体系与实践机制的正确认识。因此，进行现代文明修身的过程绝不是简单地把某种现成的思想外在地灌输或强加于现代人，以作为外在地指导人们行动的理论教条，而是以生活世界的内在变化为基础，引导人的自我启蒙、自我教育、自我规范和自我发展，促使理性高尚、能动创造的生活方式和生活态度在生活世界的生成。因此，从本质范式来讲，现代文明修身研究属于问题范式研究，其"问题框架是指一整套设置与思考问题的方式"②，它内在于相关的话语体系之中并限制着现代文明修身问题研究的界限。具体来说，现代文明修身的问题研究范式至少要探究和解决以下几个方面的问题：

1. 现代文明修身的科学内涵

如前所述，现代文明修身的基本矛盾是人的自由全面发展所日益增长的精神生活质量和思想道德素质要求与社会成员思想道德水平现实状况之间的矛盾。在解决这一基本矛盾的过程中，现代文明修身的

---

① 陈忠：《发展伦理的范式研究》，《中国社会科学》2006年第4期，第32页。
② 孟登迎：《意识形态与主体建构：阿尔都塞意识形态理论》，中国社会科学出版社2002年版，第68页。

基本内涵究竟是什么？它是一种生成性活动还是人类应当具有的精神状态？进行现代文明修身是为了培养人服从于现存秩序的理性还是引导人积极追求自由个性？正如人们所熟知，自涂尔干以来，西方许多学者都把人的理性活动目标指向秩序建构，培养人的秩序理性成为西方学术研究的一个中心课题。而儒家传统文化中也蕴涵着秩序至上的基本原理，儒家思想的代表人物一般都有一种根深蒂固的秩序情结，如何建立严格而稳定的社会秩序成为儒家修身理论的基本目标。正如有的学者所指出："儒家伦理千条万条，但归根究底，不外乎从一个害怕动乱、追求秩序的情结（Complex）衍生出来。"① 三纲五常的人伦原理、义利合一的价值逻辑，根本目的是要建立一种以"礼"为总纲的伦理秩序，在肯定社会秩序的基础上，通过个体的修身活动完成对个体的价值引导，进而通过"君臣、父子、夫妇、兄弟、朋友"之间的交往关系实现伦理秩序的扩大化，并实现血缘——伦理——政治三位一体，情、理、法三者贯通的社会秩序，个体的个性在伦理本位、家国一体的整体主义思维下被消融、被泯灭。现代文明修身必然是要打破原有的伦理秩序的，它如何引导人们在实现自由个性的过程中形成正确的秩序理性呢？对于这一问题的科学回答构成了现代文明修身的核心内容。

2. 现代文明修身的话语体系

现代文明修身的话语体系建构，既要凸显中国特色和民族特色，又要彰显时代特色和理论视阈。一提起"修身"一词，许多人下意识地都以文化复古主义的心态去看待，甚至会以虚无主义的态度去消极对待。本书只是借用修身这一重要文化基因及其形式，目的是为了使人们有一种文化亲近感而愿意积极开展这项实践活动，其实，现代文明修身的指导思想、基本理论、逻辑起点、实践场域、实践机制与传统修身相比都截然不同。因此，建构适应时代发展需要和具有民族

---

① 张德胜：《儒家伦理与秩序情结》，台湾巨流出版公司 1993 年版，第 17 页。

特色的现代文明修身话语体系就显得尤为重要。"虽然在'全球化'的时代，我们可以追求学术话语中基本概念的普适性与通约性，但某种文明因子，尤其是那些基本的文明因子，由于在文明生态中的地位不同，其概念本性也有很大的差异。"① 一个基本的事实是，现代文明修身是中国特色文化视阈下的概念系统和话语体系，不仅在语言表述上与中国传统文化中的"修身"、"修养"等概念直接而紧密地承接，也与中华民族文化的"内求"路径一脉相承。在当代中国文化建设的特殊概念体系中，文明修身作为最能体现中华文化特征的基本文明因子之一，其话语体系研究对于弘扬中华文化、建设中华民族共有的精神家园具有重要意义。

3. 现代文明修身的实践机制

现代文明修身作为一种精神性活动，其实践机制的建构对于实现其价值与功能的意义是不言而喻的。现代文明修身的实践机制，本质上是指现代文明修身作为一个复杂的系统结构所具有的全部活动方式及其运行所遵循的基本原则，它反映了主体在文明修身过程中利用各种要素而形成的因果联系和运行方式。研究现代文明修身的实践机制，必须从分析和探究该实践机制的基本含义、本质特征入手，依据时代发展的要求和文明修身活动的内在规律探究实践机制建构的基本原则、构成要素、运行特点和运行方式。本书关于现代文明修身实践机制的研究与探讨，主要是通过对主体在文明修身活动过程中的行为选择、心理结构、自律精神的形塑，对现代文明修身运行方式的规律进行揭示与总结，研究文明修身活动在社会成员个体思想道德素质涵养与社会精神气质孕育过程中的作用与价值。因此，在某种意义上可以说，现代文明修身实践机制建构的科学程度影响和决定着现代文明修身的价值实现程度。

---

① 樊浩：《道德形而上学体系的精神哲学基础》，中国社会科学出版社 2006 年版，第 3 页。

总之，现代文明修身的科学内涵、话语体系与实践机制，三者之间是相互联系、相互影响和有机统一的，三者的有机结合共同构成了现代文明修身研究的核心内容。对这三个方面问题的基本分析和探究，也构成了现代文明修身问题的研究范式与逻辑框架。

六、现代文明修身的研究架构

本书的总体思路及框架是：除导言和结语之外，全书共分 6 章。第一章、第二章和第三章为基础理论，主要论述现代文明修身的科学内涵、历史资源和理论基础，这是本书的基本切入点，是文明修身话语体系的基本表达方式，也是后面关于现代文明修身实践机制研究的理论资源之所在，其中第三章是本书的重点，主要为现代文明修身提供理论指导。这一部分研究的难点是，中国传统文化中修身理论浩如烟海，理清头绪非常困难；而西方社会中的修身理论和修身行为肯定存在，但名称各异，借鉴西方世俗与宗教的相关理论更加困难。结合人的发展与社会发展的客观要求，吸收中国传统文化和西方文化中修身理论的精华，确立适合现代人发展的生活态度、生活方式（尤其是修身模式）并非易事。

第四章主要阐述了现代文明修身的科学性问题。从市场经济、开放环境、科学技术与学习型社会等现实生活场域展开分析，集中探讨了现代文明修身面临的时代课题，分析现代文明修身是现代人健康生活与自由全面发展的内在需求和必然选择，这是本书研究的问题部分，也是理论研究的现实出发点。

第五章集中探讨了现代文明修身的价值性问题。这是本书的重点，也是本书研究中较有新意的理论之所在。在社会转型中旧的价值体系和行为模式已被打破，新的社会生活模式尚未完全确立，一些人的日常生活经常面临自由与秩序的矛盾冲突，价值取向呈现出碎片化、功利化与精神生活荒漠化的趋势，这部分从秩序与自由和谐统一的维度阐述了现代文明修身的价值诉求：既要追求精神家园的和谐宁静、社会生活的良好有序、生态环境的和美优化，又要促进个体思维方式的转变、主体性的涵养与开发及人的自我解放。在本章中，关于秩序理性与自由个性的主题得到最为充分的解读与回应。

第六章探讨了现代文明修身的实践机制问题。这是本书的现实落脚点，研究现代文明修身的话语体系最终是为现实生活实践服务的，与传统修身理论的实践机制相比较，现代文明修身建构的实践机制应当是怎样的？它应当如何有序运行？这些问题的回答关系到"如何进行现代文明修身"的中心课题。因此，现代文明修身的实践机制研究是本书的另一个重点，也是应当具有创新意义的内容之一。

总的来看，现代文明修身的话语体系与实践机制研究，立足于社会主义和谐社会建设的伟大历史进程，从存在方式维度探索引导人们自我启蒙、自我教育、自我规范、自我发展的现实路径，在一定程度上借鉴了西方社会的相关理论与观点，以验证现代文明修身理论在中国的适用性，为研究当代中国人的生存与发展提供一个较为新颖的理论视角和分析框架。本书虽从个体着手，却着眼于整个人类的发展，针对社会转型中"个体发展与社会秩序"这一基本矛盾，强调在生活世界中把握现代文明修身，通过研究现代文明修身的基本内涵、理论体系、价值追寻、实践机制以及文明修身的不可或缺性等问题，对现代人的存在方式进行理性反思。但是，"理论永远是灰色的，只有实践之树常青"，现代文明修身理论形而上的研究最终必须落实到人的生活态度和生活方式上，为人的健康成长与幸福生活服务。应该强调指出的是，本书试图从具有民族特色的修身理论中探求出解决现代人生存困境的基本理路，但无意为人们提供固定的修身模式，而是希望为人们更好的生存与发展提供借鉴的视角。虽然观点仍待进一步商榷，但毕竟是做了新的尝试，以期起到抛砖引玉的作用。

七、现代文明修身的研究方法

毫无疑问，现代文明修身既是一种社会实践活动方式，又体现着人的精神风貌和思想道德素质。我们深知"社会存在决定意识，社会意识能动反映社会存在"的马克思主义基本原理，因此，本书立足于马克思主义唯物史观与人学理论，批判地继承和借鉴了中国传统人学思想和西方人学思想，重视社会生活实践对现代文明修身研究的重要价值。本书内容涉及思想政治教育学、哲学、社会学、人类学、文化学等学科领域，体系繁杂，文献资料的选择和驾驭比较困难，在吸收和借鉴前人研究成果的基础上，主要采取了以下几种方法：

第一，矛盾分析法。矛盾存在于一切事物的发展过程中，现代文明修身正是从当下人的自由全面发展所面临的现实矛盾出发，来研究人的存在方式。科学地认识、分析和解决现代文明修身过程中的基本矛盾，是进行现代文明修身实践的基础，对提高人的生活质量、促进社会生活的和谐有序与人的自由个性发展具有重要价值。随着社会的发展，人的自由全面发展所要求的精神生活质量和思想道德素质与社会成员思想道德水平现实状况之间的矛盾也会发生新的变化，当然现代文明修身的内容与运行机制也会发生相应变化，运用矛盾分析法有利于与时俱进地解决人的发展中所面临的全面与片面、精神与物质、生理与心理、科技与人文之间的矛盾，对建构现代文明修身的话语体系与实践机制具有基础性意义。

第二，历史和逻辑相统一的方法。现代文明修身话语体系与实践机制研究，要结合社会秩序发展要求和人的个性发展需求逻辑地推断和研究人的存在方式，确立与时代发展相适应的文明修身理论。因此，要把握中国传统修身理论体系的精髓，对传统修身理论进行马克思主义的具体分析，研究传统修身理论的历史演变和现代发展，考察修身理论体系产生与发展的社会根源和思想根源，揭示出修身理论作为长期影响中国人存在方式的传统文化基因的逻辑联系和发展规律。同时，要深入考察和分析现实社会生活场域中人们进行现代文明修身面临的时代课题，深入分析和解读传统修身理论产生与发展的历史根源、社会根源和思想根源，尤其是要研究其哲学基础和思想渊源，从本体论与认识论、历史观与价值观相统一的视角把握其历史的逻辑联系及发展规律，在历史与逻辑的统一中揭示现代文明修身的科学内涵、精神实质、逻辑起点和历史必然性。

第三，比较研究法。比较研究法是一种常用的研究方法，没有比较就没有鉴别。现代文明修身话语体系与实践机制研究的基本指导思想是马克思主义，但是，中国传统文化中有丰厚的修身理论资源，国外的宗教理论和世俗社会的节制、自我发展、自我完善、心理调适、行为科学等理论，对现代文明修身理论的形成也具有一定的借鉴意义。从古代中国、西方世俗世界和宗教文化三个维度、历时性和共时性交汇的视角对现代文明修身问题进行比较研究，不仅可以丰富我们的理论视界，也可以避免走弯路，以期形成对现代社会人的生存与发展有实际借鉴意义的现代文明修身理论。

第四，理论与实际相结合的方法。现代文明修身的理论研究来源于现实生活的需求，其成果要在现实生活中生成并接受社会生活实践的检验，最终要回答人的生活方式和行为选择的现实问题。正如阿尔都塞在分析"理论实践"和"知识生产"理论时所指出，任何"理论生产的体系——既是一个物质的又是一个'精神的'体系，其实践被建基于并阐明现存的经济、政治和意识形态的实践，后者直接或间接地提供'原材料'的本质——有一个决定性的客观现实性。这种决定性的现实性是那种限定特定个体'思维'角色和功能的东西，我们只能'思考'实际上已经存在或潜在的'问题'"①。因此，现代文明修身话语体系与实践机制的研究要从现代人的现实生活出发，构建面向实践、面向生活、面向未来的体现民族思想文化精髓的存在方式理论和人的发展理论。

总之，现代文明修身话语体系与实践机制研究主要不是为了建构

---

① Louis Althusser, *Reading Capital*, trans. By Ben Brewster, London: Verso 1979, pp. 15－16.

某种系统的价值理论体系，而是希望借此机制能够促使主体理性高尚、能动创造的生活态度和生活方式的生成与确立。它所追求的最终目标，归根到底是人的自由全面发展，而人的自由全面发展在社会生活层面上一般表现为主导性价值在个体身上的真正确立并逐渐转化为个体的实际行动。主体进行现代文明修身的过程是"实践→认识→再实践"的过程，也是一种"外→内→外"的实践活动模式建构过程，是价值观和历史观的统一过程。这一实践过程应当充分体现时代性、突出主体性、培养创造性，把社会的要求转化为主体内在的发展要求，并在新的层面上使之社会化，以确立适合现代人的自由全面发展所需要的价值理念，引导人们追求精神家园和谐宁静、社会生活秩序良好、生态环境和谐优化的存在方式，并在文明修身过程中转变思维方式、涵养与开发人的主体性、促进人的自我解放，最终在秩序理性的指导下促使人们逐渐实现马克思所阐述的人的"自由个性"。

第 一 章

现代文明修身的话语体系

罗素曾经说过：要了解一个民族，必须了解她的哲学。修身是中国人生哲学的核心概念，在某种意义上它奠定了古代中国人的存在方式，并对现代人的发展产生了深远的影响。改革开放以来，人们秉承"发展才是硬道理"的基本理念，放眼世界、着眼未来，大力发展社会生产力。但是，在物质文明高速发展的时代漩涡中，一些人却成为精神荒原的流浪者。在一定意义上，人的主体存在和生活世界被遗忘，人成了马尔库塞所描述的"单向度的人"。现代文明修身话语体系与实践机制研究，正是以人的自由全面发展为中心，着眼于增强人的道德自觉性，着眼于提高人的精神生活质量，着眼于引导现代人确立新的生活方式和生活态度。为了努力消除传统修身理论给人压抑主体性的感觉，适应社会进步与个体发展要求，解放人、发展人、塑造人，必须科学地研究与建构现代文明修身的话语体系。

第一节 现代文明修身内涵的理性审视[①]

中国以礼仪之邦著称于世，历来讲究修身之道。修身本身承载着

---

① 张国启：《文明修身内涵的理性审视》，《南通大学学报》（社会科学版）2006 年第 6 期，第 30—33 页。

源自中华文化传统的价值规范，可以使人在社会互动中理解不同时代的社会特征和需要，并逐步把时代的要求转化为自我的内在需要和规范要求。从日常生活世界来看，修身不仅是一种自我建构和自我规范的活动形式，同时也是自我取得社会认同的基本过程与普遍方式，是一种自我实现的倾向和需要。修身活动所依据的行为规范，必须是在具体的、历史的生活场景中，通过反复的社会交往和生活实践而被建构的。在不同的社会历史背景中，修身的内涵和所依据的社会道德规范是有很大差别的，进行现代文明修身必须科学建构与理解现代文明修身的话语体系，因为理论建构"以话语体系为物质载体、媒介与传达方式，受意识形态语境、无意识想象和虚构等因素的或隐或显的影响"①。当然，"话语作为一种语言实践活动，必然涉及传话人、受话者、接受语境、活动载体（文本）等因素"②，因此，关于现代文明修身话语体系的理解，则需要从修身内涵的揭示与阐释开始。

一、修身概念的界定与剖析

顾明远教授指出："社会科学概念的实质并非在于它的逻辑形式或主观意义，而是存在于创制和使用它的客观历史过程和社会实践之中。离开了对这种概念创制和使用的客观历史过程的回溯和对相关的社会实践的分析，人们就不可能真正地理解一个社会科学的概念及其所要表达的丰富思想。"③ 因此，修身基本内涵的理解和剖析，我们必须从社会生活实践和民族文化特性入手。

1. 修身的基本含义阐释

"修身"一词是中国文化语境中产生的一个具有民族特色的概

---

① 孟登迎：《意识形态与主体建构：阿尔都塞意识形态理论》，中国社会科学出版社 2002 年版，第 167 页。

② 孟登迎：《意识形态与主体建构：阿尔都塞意识形态理论》，中国社会科学出版社 2002 年版，第 168 页。

③ 顾明远、石中英：《学习型社会：以学习求发展》，《北京师范大学学报》（社会科学版）2006 年第 1 期，第 6 页。

念，在外国的文献中很难看到对该词含义进行科学解释的内容，因此，考察它的含义还必须从中国的文化典籍着手。

从词义上讲，"修"被解释为"饰也"①，"身"被解释为"躯也"②，因此，从字面直译就是"修饰身体"。《辞海》中关于"修"的词义有 8 条解释，其中基本含义有四条，分别为：①修饰，装饰；②修理，整治；③学习，研究，如自修；④善，美好，如《文选·张衡〈思玄赋〉》："伊中情之信修兮。"李善引旧注："修，善也。"③"身"的词义有 7 条解释，基本含义可以从四个方面来理解：①人和动物的躯体；②物的主体部分；③自身，亲自，如以身作则；引申为自称之称，我。《三国志·蜀志·张飞传》："身是张翼德也。"④通指人的身份、品德、才力等，如：修身，出身，立身。④"身"在中国古汉语里还有"我"的含义，如在《尔雅·释诂》中也有这样的解释："身，自谓也"，"今人亦自呼为身"⑤。在古代中国，曾经出现个人以"身"来自称的现象，如《孟子·梁惠王上》中孟子回答梁惠王的问话："王何必曰利？亦有仁义而已矣。王曰'何以利吾国'？大夫曰'何以利吾家'？士庶人曰'何以利吾身'？上下交征利而国危矣。"⑥ 这里的"身"就是指自己，中国传统文化中把"个体"设计成为一个"身"，这在某种意义上反映了个体主体性的缺乏，而主流文化意识则将"利吾身"视为不正当的行为。

在西方文化中，"身"既指人的肉体、躯体，还喻指生命所固有的私有的潜力、欲望和危险。美国自我人格伦理学代表人物霍金

---

① [汉]许慎：《说文解字》，[宋]徐铉校定，王洪源新勘，社会科学文献出版社 2005 年版，第 487 页。
② [汉]许慎：《说文解字》，[宋]徐铉校定，王洪源新勘，社会科学文献出版社 2005 年版，第 447 页。
③ 《辞海》，上海辞书出版社 1999 年版，第 661 页。
④ 《辞海》，上海辞书出版社 1999 年版，第 5278 页。
⑤ 周祖谟：《尔雅校笺》，云南人民出版社 2004 年版，第 9 页。
⑥ 刘鄂培：《孟子选讲》，北京古籍出版社 1990 年版，第 1 页。

（William Ernest Hocking，1873—1966）认为，作为自我存在综合体的"身"，乃是一种"反省——散漫的系统"（reflective—excursive system），即精神（心灵）和肉体的统一体，人作为反省性存在物，自我发展应当体现人类特有的欲望、批判、反省、判断和选择的特性，这是人的精神特性。散漫的自我是一种肉体行为的自我，没有肉体自我的存在，精神自我或心灵自我就失去了存在的基础，精神自我或心灵自我则使人类拥有了"不朽的意义"，肉体自我是有限的，精神自我是无限的，人们正是在不断修饰肉体自我的散漫特质的过程中实现反省自我的存在。为此，霍金提出了"人性再造"理论，指出："再造在很大程度上是人对他自身的工作，即是主要的本能、意志对零碎特殊的冲动的逐步改变。自我意识的存在不可避免的是一种不断变化着的存在；而我们称之为原始本性的道德方面恰恰就是对这种自我建造（self-building）工作承担着一种广泛的宇宙性责任，并使其自身成为一个现存的与人更遥远之命运相伴的同伴之自我意志。"①在霍金看来，"人性再造"就是以心灵或精神对肉体或欲望进行改造，他以自己独特的理论言说方式从身心二元论的视角阐述了西方文化中的修身概念。

在中国传统文化里，"修身"话语体系所表达的既是一种活动方式，又是人们在活动中呈现出的精神境界和道德水平。它与思想道德建设紧密联系在一起，是目的与手段的统一，体现了人对自身存在方式的理性选择，修身活动本身蕴涵着目的，主要体现为道德人格的塑造和精神生活的调节。修身是中国古代文化中重要的道德概念，意为陶冶、锻炼自身的道德品质。② 在中国的权威词典《辞海》中，"修

---

① ［美］霍金：《人的本性及其再造》，耶鲁大学出版社 1923 年英文版，第 171 页。转引自万俊人：《现代西方伦理学史》下卷，北京大学出版社 1992 年版，第 394 页。

② 参见《中国大百科全书·哲学卷》，中国大百科全书出版社 1997 年版，第 1044 页。

身"被解释为"努力提高自己的品德修养"①。其他的相关词典中也多引用此种解释，如《现代汉语词典》（汉英双语）中也是把"修身"解释为"努力提高自己的品德修养"，英文翻译为：cultivate one's moral character。② 有些学者指出："修身，指修养道德情操"③，甚至一些人在翻译"修身"、"修养"时从来不作出明确区分，通通译为 self-cultivation。有的学者则认为："所谓修身，就是自我修养，也就是自教自律。"④ 儒学大师梁漱溟认为，所谓"修身"就是心回到自家身上来，向里用力，"收敛身心"⑤。从总体看，修身是一种面向人、培育人的自觉活动，是建构与调节人的存在方式的精神性活动及在活动中呈现出的道德状况和精神境界。

2. 修身与修养、修行、修炼、批评与自我批评等相关概念的内涵辨析

在古代文献中，"修身"与"修养"的概念经常并用。"修养"通常指人们通过内心反省，培养完善的性格，即所谓"修身养性"之道。在《辞海》中，"修养"的基本含义主要有：①指个人在政治思想、道德品质和知识技能等方面，经过长期的锻炼和培养所达到的一定水平。如政治修养、文学修养等。②特指逐渐养成的待人处世方面的正确态度。如他待人和气有礼貌，显得很有修养。⑥ 还有的词典把"修养"解释为：①指理论、知识、艺术、思想等方面达到的一定水平，英文译为：accomplishment；training；mastery in theory，

---

① 参见《辞海》，上海辞书出版社 1999 年版，第 662 页。

② 参见《现代汉语词典》（汉英双语），外语教学与研究出版社 2002 年版，第2158 页。

③ 李萍、钟明华、刘树谦：《思想道德修养》，广东高等教育出版社 2003 年版，第 2 页。

④ 郑永廷：《现代思想道德教育理论与方法》，广东高等教育出版社 2000 年版，第 237 页。

⑤ 郭齐勇、龚建平：《梁漱溟哲学思想》，湖北人民出版社 1996 年版，第 204 页。

⑥ 参见《辞海》，上海辞书出版社 1999 年版，第 662 页。

knowledge，art，ideology etc。②指养成正确的待人处世的态度，英文译为：accomplishment in self-cultivation；self-possession。① 梁漱溟认为："修养不过是复其本、然此本即不修养。"② 在他看来，修养即恢复心之自然流行、本来状态，在生活本身中去体会"生活的恰好"、意味精神。当然，这种意味精神只是从存在体验中把握生命，显然是一种经验主义，没有反映生活的全部。他中学时代因受梁启超先生编的《德育鉴》的启发，就抱定"要做大事必须有人格修养才行"③的信念，并于1932—1936 年在山东主持乡村建设运动时，每天清晨和学生们朝会，他的讲话多和人生修养有关。近年来关于修养研究比较有代表性的观点有：①"修养通常指人们在社会生活中，尤其是在思维即为人处世方面所表现出来的言行优雅程度"，④ 它是人们追求美的思想、美的言行、美的品性而衍生的反映人的素质的产物；②"修养是指人们在实现人生目标的过程中所自觉付出的努力和在思想精神、学术、技术等文化领域已达到的实际水平。换句话说，修养就是在自我认识、自我要求的基础上，依靠自己的努力，自觉针对自己的身心状态与需要，以真善美为目标，以发展完善自己为契机的一种文化的自我教育、自我充实、自我提高活动及其结果。"⑤ 一般来说，"修身"和"修养"都是人们自觉地进行自我教育、自我规范和自我发展的活动，在某种意义上都是以内化的方式对自我进行思想道德

---

① 参见《现代汉语词典》（汉英双语），外语教学与研究出版社 2002 年版，第2158 页。

② 中国文化书院学术委员会编：《梁漱溟全集》第 1 卷，山东人民出版社 1989年版，第 457 页。

③ 梁漱溟：《我的努力与反省》，第 7 页，转引自韦政通：《梁漱溟的人格特质与生命动力》，《南昌大学学报》（人文社会科学版）1999 年第 2 期。

④ 眭依凡：《大学的理想主义与人才培养》，《教育研究》2006 年第 8 期，第 16页。

⑤ 李萍、钟明华、刘树谦：《思想道德修养》，广东高等教育出版社 2003 年版，第 6 页。

教育。

　　修行（monasticism）与修炼（discipline）本质上都是人们在宗教意义上进行的活动。修行是指宗教团体的成员必须遵守一定的准则以及教诲，但是其中一部分人比一般成员都要更加严格地遵守这种准则和教诲。这种人有他们自己的制度、礼仪和理论体系，这种制度和理论体系，统称为修行。从文化交流的角度看，修行制度曾经促进了宗教或世俗学术机构的建立、经营和发展，增进商品、技艺和专业知识的传播。修行机构也曾在医疗、政治或军事方面发挥作用。① 有的词典干脆就把修行解释为"学佛或学道"②。修炼则主要指道家修养练功、炼丹等活动。③ 但近年来，有的学者在翻译国外学者的著作时，把具有宗教韵味的自我超越活动也称为修炼，如"'自我超越'是个人成长的学习修炼"，"它是一个过程，一种终身的修炼"④。阿尔都塞在谈到基督教的意识形态特征时曾经指出："宗教首先向个体的发出召唤，个体随之从内心进行呼应，并进而通过洗礼、忏悔等物质性的仪式去修炼自我，最终向上帝——居于中心地位的绝对主体（Subject）——臣服并为自我寻找到适当的生活位置。"⑤ 在这里，修炼也体现出其以宗教思想指导个人形成自我观照意识和引领个体的存在方式建构之意。

　　共产党人在扬弃传统修身概念的基础上，提出了批评与自我批评的概念。"批评"就是一种外修途径，"自我批评"就是一种内在的自律和自我修养，它与一般的修身概念有明显的差别。在《论联合

　　① 《简明不列颠百科全书》第8卷，中国大百科全书出版社1986年版，第700页。
　　② 参见《现代汉语词典》，商务印书馆1995年版，第1297页。
　　③ 参见《现代汉语词典》，商务印书馆1995年版，第1297页。
　　④ ［美］彼得·圣吉：《第五项修炼》，郭进隆译，上海三联书店出版社1998年版，第169、170页。
　　⑤ Althusser, *Lenin and Philosophy and Other Essays*, trans. by Ben Brewster, New York：Monthly Review Press 1971, p. 180.

政府》中毛泽东指出：有无认真的自我批评是我们和其他政党相互区别的显著标志之一。他借用古语，阐明新意，强调指出批评与自我批评是共产党人进行"修身"的重要手段之一，他以房子容易粘灰尘、脸上容易起污垢为例，说明共产党人的思想要经常地"打扫"和"洗涤"。要以"富贵不能淫，贫贱不能移，威武不能屈"的骨气，来坚定正确的政治方向，认为"这样的道德，才算是真正的政治道德"，否则的话，就不会有政治上的坚定，就是"无道无德"①。在毛泽东看来，批评和自我批评的最终目标应当是成为"一个高尚的人，一个纯粹的人，一个有道德的人，一个脱离了低级趣味的人，一个有益于人民的人"②。

在中国古代的众多学派中，道家重视修养，尤其是炼养身体素质，注重生命的原始气质，强调自然无为，复归"婴儿"、"赤子"状态。儒家则重修身，侧重人的道德的自我修养，主张"为政以德"，伦理本位，通过修身对人实行道德教化，从而实现人生理想、造就道德上的完美人格。儒家之所以强调修身，是因为他们看到了提高社会成员的道德水准，是维护正常的家国秩序以及社会稳定的需要，修身理论实际上成为古代儒家政治哲学的核心。因此，古代修身理论要求身居社会统治阶层的人们必须以身作则，以其具体行动来感化社会其他成员，并通过强调孝道，由事亲延伸至事君，而以立身行道为大事，这是社会教化的根本。因此，古代修身理论为阶级统治服务的意图非常明显。而修炼与修行作为具有宗教背景的活动，在一个长期缺乏宗教传统的中国文化语境中一直处于边缘位置，尽管在社会生活中也有一定影响，但影响范围和程度与修身理论不可同日而语。

中国共产党成立以来，一直比较重视修养问题。毛泽东曾经提

---

① 参见《毛泽东文集》第二卷，人民出版社1993年版，第81页。
② 《毛泽东选集》第二卷，人民出版社1991年版，第660页。

出："吾人立言，当以身心之修养、学问之研求为主，辅以政事时
务。"① 刘少奇对共产党人的修养理论进行了系统地阐述，他在《论
共产党员的修养》中运用马克思主义基本原理，根据抗日战争形式
的变化和中国共产党加强自身建设的需要，围绕"共产党员为什么
要进行修养和如何进行修养"的中心问题，详细论述了无产阶级的
修养观②，明确指出："我们党员在思想意识上的修养，就是要自觉
地以无产阶级的思想意识、共产主义的世界观，去克服和肃清各种不
正确的非无产阶级的思想意识"③，最终"把自己锻炼成为一个忠诚
纯洁的进步的模范党员和干部"，能够"从马克思列宁主义的理论学
习和革命斗争实践中，来建立自己的共产主义世界观，建立自己的党
和无产阶级立场"，能够"经常采取正确的态度、适当的方式"进行
工作、学习和生活。④ 他批判了古代的修养观，指出："古代许多人
的所谓修养，大都是唯心的、形式的、抽象的、脱离社会实践的东
西。他们片面夸大主观的作用，以为只要保持它们抽象的'善良之
心'，就可以改变现实，改变社会和改变自己。这当然是虚妄的。我
们不能这样去修养。我们是革命的唯物主义者，我们的修养不能脱离
人民群众的革命实践。"⑤ 他以历史唯物论为基础，吸收了中国传统
修养理论的合理内核，结合马克思主义的党性修养，彻底批判了剥削
阶级修养观，最终形成了中国特色的修养理论和马克思主义修养观，
实现了中国优秀传统思想和共产党人高尚情操的和谐统一，刘少奇对
修养理论的阐述，为我们研究现代文明修身理论提供了指导思想和方
法论意义。

　　当下的学术研究，一般不再从严格意义上区分"修养"与"修

---

① 《毛泽东早期文稿》，湖南人民出版社 1990 年版，第 28 页。
② 参见《刘少奇选集》上卷，人民出版社 1981 年版，第 97—167 页。
③ 参见《刘少奇选集》上卷，人民出版社 1981 年版，第 148 页。
④ 参见《刘少奇选集》上卷，人民出版社 1981 年版，第 167 页。
⑤ 参见《刘少奇选集》上卷，人民出版社 1981 年版，第 109 页。

身”的含义，只是根据话语体系和文字表达的需要而对此加以阐述。正如阿尔都塞在批判意识形态的巧妙说服和欺骗功能时，把相关的话语体系称做所用的"文字游戏"，他指出："文字游戏始终指示着一种有待实现的历史现实，又是一种为人们体验到的和希望去解决的疑难。"① 这为研究现代文明修身的话语体系与实践机制提供了一条极富启发性的思维线索，我们可以通过考察现实社会生活中的话语体系表达现象去深入分析现代文明修身的理论体系与实践机制。因此，现代文明修身话语体系研究中的"修身"一词，是立足于当代中国的文化语境，也不再严格区分"修养"和"修身"的内在含义，而是侧重从人的思想道德修养的自觉性来研究当代人的生存与发展。

二、文明含义的现代嬗变

理解文明修身的内涵，有必要对"文明"的含义作出界定和分析。"文明"一词有多种含义和理解，在中国最早见于《周易·乾卦·文言》中的"见龙在田，天下文明"之说，《尚书·尧典》中有"浚哲文明，温恭允塞"的描述，都以文明指称美好的事物和社会发展的繁荣与祥和，也将文明与治国方略和道德建设联系起来。"经天纬地曰文，照临四方曰明。"在中国文化中，文明首先是指文化的进步方面，是一种价值判断，既包括物质技术方面的先进成就，也包括精神方面的先进文化。《辞海》中关于"文明"的含义主要有：①犹言文化，如物质文明、精神文明。②指人类社会的进步状态，与"野蛮"相对，如清代李渔在《闲情偶寄》中有"辟草昧而致文明"。③光明，有文采，唐朝文人孔颖达疏："天下文明者，阳气在田，女生万物，故天下有文章而光明也。"② 在中国古代的文化典籍

① ［法］阿尔都塞：《保卫马克思》，顾良译，商务印书馆1984年版，第204页。

② 《辞海》，上海辞书出版社1999年版，第3512页。

中，"文明"一词总与文雅、光明相联系，文雅指超越野蛮和落后，进入了斯文与质朴的状态；光明指走出蒙昧黑暗，进入了开化与昌明的境界，主要体现了文德教化的意思。近代以来，陈独秀在《法兰西与近世文明》中指出："文明云者，异于蒙昧未开化者之称也。La civilization，汉译为文明，开化，教化诸义。世界各国，无东西今古，但有教化之国，即不得谓之无文明。"① 在这里，他认为文明与蒙昧相对应，而且普遍存在于世界各国。

近些年来，一些学者对文明的含义作了进一步的探讨，概括出了积极成果说、进步程度说和价值体系说，如文明是"人类社会生活的进步状态。从静态的角度看，文明是人类社会创造的一切进步成果；从动态的角度看，文明是人类社会不断进化发展的过程"②。文明"表明人类认识和理解自然规律、社会规律的成就以及通过政治、经济、文化、艺术等社会生活形式对这种成就的认识和应用的程度，简言之，文明即是人类自身进化的内容和尺度"③。文明"不仅可以指一种特定的生活方式及相应的价值体系，也可以指认同于该生活方式和价值体系的人类共同体"④。总之，在古代汉语里"文明"主要指文治教化，近代以来则被赋予了反映社会进步和发展程度的含义。

在西方文化典籍中，"文明"一词来源于拉丁文 civilis，意为公民的，社会的，国家的，后来被引申为人的教养、聪慧及德性。1651年英国启蒙思想家托马斯·霍布斯在《利维坦》中首先提出"文明社会"的概念，用于代指与战争状态相对立的和平状态。福泽谕吉认为"文明是摆脱野蛮状态而逐步前进的东西……是表示人类交际活动逐渐改进的意思，它和野蛮无法的孤立相反"，认为"物质、智

① 陈独秀：《独秀文存》，安徽人民出版社1988年版，第10页。
② 虞崇胜：《政治文明论》，武汉大学出版社2003年版，第51页。
③ 万斌：《论社会主义文明》，群众出版社1986年版，第7页。
④ 阮炜：《文明的表现》，北京大学出版社2001年版，第52页。

德、秩序、人间社会的意义（交际或社会化）是文明内涵的基本层次"①，"归根结蒂，文明可以说是人类智德的进步"②。因此，"文明的真谛在于使天赋的身心才能得以发挥尽致"③。18世纪法国思想家伏尔泰等人针对野蛮状态使用该词来反映人的精神境界，之后被引申为人类不断向高级状态进步的过程和一定时代被物化了的精神状态，赋予"文明"一词现代意义。阿格尼丝·赫勒在区别"文明"与"文化"的概念时，进一步强调了"文明"的进步意义，她明确指出："与文化的概念相比较而言，文明的概念是进步主义的、乐观主义的、未来定向的。"④ 后来，人们在使用"文明"的概念时，一般都带有上述分析的痕迹。

在马克思主义经典著作中，"文明"一词的含义主要体现为：第一，作为与"蒙昧"、"野蛮"相对应的人类社会发展的一个历史阶段。如恩格斯指出："文明时代是学会对天然产物进一步加工的时期，是真正的工业和艺术的时期。"⑤ 第二，人类改造自然和社会的积极成果，表示人类社会物质、精神等方面不断发展和进步的状态。这种成果具有实践性、历史性和发展性特点，恩格斯指出："文明是实践的事情，是一种社会品质。"⑥ 文明是由人的实践活动创造并展现出来的社会品质，说到底是人的实践本质的体现，传统的实践创造传统的文明，现代的实践创造现代的文明，因此，人类文明的本质应该归结为人的本质力量的对象化，从而揭示出文明的实践性特点。而

---

① ［日］福泽谕吉：《文明论概略》，北京编译社译，商务印书馆1997年版，第30页。

② ［日］福泽谕吉：《文明论概略》，北京编译社译，商务印书馆1997年版，第33页。

③ ［日］福泽谕吉：《文明论概略》，北京编译社译，商务印书馆1997年版，第14页。

④ ［匈］阿格尼丝·赫勒：《现代性理论》，李瑞华译，商务印书馆2005年版，第213页。

⑤ 《马克思恩格斯选集》第4卷，人民出版社1995年版，第24页。

⑥ 《马克思恩格斯全集》第1卷，人民出版社1956年版，第666页。

人类的社会实践总是历史的、具体的，因此文明也具有历史性特点。恩格斯在《家庭、私有制和国家的起源》一文中详细阐述了文明的历史性，他在肯定了摩尔根对人类社会从低级向高级发展的历史划分为蒙昧、野蛮和文明三个时期之后指出："文明时代是社会发展的这样一个阶段，在这个阶段上，分工，由分工而产生的个人之间的交换，以及把这两者结合起来的商品生产，得到了充分发展，完全改变了先前的整个社会。"① 其实，恩格斯在阐述文明的历史性的同时，本身就揭示出了文明的第三个特点——发展性。人类文明是阶级社会出现以后才出现的，文明的发展是从低级阶段向高级阶段发展的，因此"资产阶级，由于一切生产工具的迅速改进，由于交通的极其便利，把一切民族甚至最野蛮的民族都卷到文明中来了"②。

研究现代文明修身，既要了解文明的基本内涵，又要把握文明的现代特点。文明的基本内涵是分层次的：从文明的成果来看，文明可分为价值文明、制度文明和器物文明三个层面，其中价值文明是核心，制度文明是价值文明的"道成肉身"，而器物文明离文明的核心含义最远。但无论从何种意义上理解，文明都是人类超越野蛮状态而呈现出的与动物相区别的基本标志；从人类社会发展形态来看，有农业文明、工业文明和信息文明；从社会生活层面来看，有政治文明、精神文明与物质文明；从文明的性质来看，人类文明有先进文明与落后文明、现代文明与传统文明之分。把握文明的现代特点，主要应当注意两点：①文明具有发展性和层次性特点，即文明是一个不断演进的历史过程，是不以人的意志为转移的；同时，文明的历史演进是分层次的，一般来说生产力的发展与生产关系的变革促进物质文明的提升与发展，同时，对精神文明与政治文明建设提出新的要求，精神文明建设也要自觉地随着物质文明发展而发展。②文明具有协调性与统

① 《马克思恩格斯选集》第4卷，人民出版社1995年版，第174页。
② 《马克思恩格斯选集》第1卷，人民出版社1995年版，第26页。

一性的特点，即在一定社会历史时期文明呈现出某一总体性特征，同时，文明本身的发展也要求文明基本内涵的各个层次协调发展，如精神文明的发展程度总体上应当与物质文明、政治文明的发展相协调。

　　现代文明修身的"文明"一词主要指人类社会基于物质和精神的创造而呈现出的开化和进步状态。在这里，"文明"和"修身"之间是"魂"和"形"的关系，即"以文明的标准（内容）修身、以文明的方式修身、修成文明之身"，文明是修身的灵魂和目标，修身是文明的行为和过程，在某种意义上说，文明构成了修身的目的，修身则是达到文明状态的途径。当然，"文明，不仅是社会一定历史阶段的特有现象，具有时空的特定意义，也是普遍性与特殊性的辩证统一，不同的民族和国家有不同的旨意……不过，无论从哪个意义上去考察和分析，文明都是人类认识、改造自然和社会、提高和完善自身的积极成果和进步状态。社会的进步和发展状态即为社会文明，人类自身的进化和提高即为人类义明"①。因此，从广义上说，所有修身都是人类文明的体现，都是文明修身。本书则从狭义上来理解文明修身，它是指在批判继承传统修身理论和吸收现代道德教育及自教自律理论最新成果基础上形成的、与传统修身理论相对应的现代文明修身理论，这一理论体系是在马克思主义时代化、民族化、大众化的视阈下形成的，已深深地打上了时代的烙印。

三、现代文明修身中"现代"一词的界定

　　文明修身研究要正确处理修身理论与方法的现代性与传统性之间的关系。安东尼·吉登斯认为："全球化使在场和缺场纠缠在一起，让远距离的社会事件和社会关系与地方性场景交织在一起。我们应该依据时空分延（time-space distanciation）和地方性环境以及地方性活

---

① 杨海蛟、王琦：《论文明与文化》，《学习与探索》2006 年第 1 期，第 70 页。

动的漫长的变迁之间不断发展的关系，来把握现代性的全球性蔓延。"① 因此，文明修身的话语体系、基本指导思想、修身内容、修身途径、实践机制和目标追求上，要充分体现"脱域"（disembeding）状态下人的现代性转变，同时，进行现代文明修身也必须弘扬我们民族的优良传统。"传统并不等同于过去，尽管在习惯上常常把传统视为过去的东西，但事实上传统总是现在存在的、现实的，是参与形塑现实的东西，如果仅仅是'过去的东西'，那它就没有现实性了。传统是'活'在现实中的，是在人们的社会行为和社会事物中发生作用的。在社会发展中，传统代表了时间的连续性、空间结构的稳定性，时——空特性的同一性。"② 因此，研究现代文明修身，必须研究和界定"现代"一词的含义。

在学术研究中，人们一提起现代，总是有几个词马上就会联系在一起，即"现代"、"现代性"与"现代化"。我们究竟应如何理解现代文明修身中的"现代"一词的含义呢？英文"现代"（modern）一词最早源于公元5世纪的拉丁文"现代"（modernus），本意是对"古典"（ancient）的反动，指已皈依"基督教"的现代社会与仍处于异教（东正教）的罗马社会区别开。后来逐渐演化出许多意义，但最基本的含义有两层："一层是作为时间尺度，它泛指从中世纪（medieval）结束以来一直延续至今的一个'长过程'；一层是作为价值尺度，它指区别于中世纪的新时代精神与特征。"③

"现代性"（modernity）一词从17世纪起在英语中流行，法语"现代性"（modernit-é）则在19世纪前期才使用。其广义内涵意味

① ［英］安东尼·吉登斯：《现代性与自我认同》，赵旭东、方文译，三联书店1998年版，第23页。
② 景天魁：《中国社会发展的时空结构》，中国社会学网（2004—09—24）http://www.xslx.com/htm/zlsh/shrw/2004—09—24—17378.htm。
③ 罗荣渠：《现代化新论：世界与中国的现代化进程》，商务印书馆2004年版，第6页。

着成为现代（being modern），即适应现实及其无可置疑的"新颖性"（newness），它与"传统"（tradition）相对应。1859 年，法国诗人波德莱尔写道："现代性就是短暂、瞬间即逝、偶然"，是"从短暂中抽取永恒"。另一位诗人韩波也写道："必须绝对地现代。"前者道出现代性的变动布局的特性，后者显然是立场态度。① 尤尔根·哈贝马斯（Jüren Habermas）认为，现代性是启蒙运动以来一项在思想、社会和文化三个方面展开的综合工程，包容了人类迄今为止创造的全部正面价值和理想，绘制了一幅关于人类社会逐步发展和完善的理性蓝图。② 安东尼·吉登斯（Anthony Giddens）则认为现代性是现代社会或工业社会的缩略语，表现在世界观上人类能够主宰自然，经济上是工业生产和市场经济，政治上是民族国家和民主自由。③ 当然，国内学者也有不少人阐述了其对现代性的理解，有的学者从文化模式研究视角指出："现代性特指西方理性启蒙运动和现代化历程中形成的文化模式和社会运行机理，它是人类社会从自然的地域关联中'脱域'出来后形成的一种新的'人为的'理性化的运行机制和运行规则。"④ 另一位学者从社会总体视角分析了现代性内涵，他在强调现代性"就是指现代社会整体结构（或广义的秩序）的性质和特征"的同时，指出了现代性的双重意蕴，即"社会结构层面的现代性和文化心理层面的现代性。前者以形式化的理性为原则，后者以感觉或感性为主导；前者表现为社会性形式化制度规范的建构，而后者则呈现为个体刚性欲望的伸张"，因此，他断定"现代性的实质和聚焦

---

① 参见盛邦和、井上聪：《新亚洲文明与现代化》，学林出版社 2003 年版，第 310 页。

② 参见盛邦和、井上聪：《新亚洲文明与现代化》，学林出版社 2003 年版，第 310 页。

③ 参见盛邦和、井上聪：《新亚洲文明与现代化》，学林出版社 2003 年版，第 312—313 页。

④ 衣俊卿：《现代性的维度及其当代命运》，《中国社会科学》2004 年第 4 期，第 13 页。

点，乃是现代人的生存意义问题"①。

"现代化"（modernization）意为 to make modern，即"成为现代的"之意。如马克斯·韦伯（Max Weber，1864—1920）认为，近代资本主义的兴起与发展不仅仅是经济与社会结构方面的问题："归根到底，产生资本主义的因素乃是合理的常设企业、合理的核算、合理的工艺和合理的法律，但也并非仅此而已。合理的精神，一般生活的合理化以及合理的经济道德都是必要的辅助因素。"② 在他看来，现代化是一个涉及社会结构变迁和心理态度、价值观、生活方式的综合过程。塔尔科特·帕森斯（Talcot Parsons，1902—1979）认为，现代化是指所有国家和社会在发展经济过程中所经历过的工业化、城市化、科层化、世俗化和个人主义等。③ 在中国学者中，罗荣渠先生的研究最具有代表性，他指出："广义而言，现代化作为一个世界性的历史过程，是指人类社会从工业革命以来所经历的一场急剧变革，这一变革以工业化为推动力，导致传统的农业社会向现代工业社会的全球性的大转变过程，它使工业主义渗透到经济、政治、文化、思想各个领域，引起深刻的相应变化；狭义而言，现代化又不是一个自然的社会历史演变过程，它是落后国家采取高效率的途径（其中包括可利用的传统因素），通过有计划地经济技术改造和学习世界先进，带动广泛的社会改革，以迅速赶上先进工业国和适应现代世界环境的发展过程。"④

当然，我们在研究现代性的问题时，一定要充分认识和理解现代

---

① 李佑新：《现代性问题与中国现代性的建构》，《北京大学学报》（哲学社会科学版）2005 年第 2 期，第 35—42 页。

② ［德］马克斯·韦伯：《世界经济通史》，姚曾广译，上海译文出版社 1981 年版，第 301 页。

③ 参见盛邦和、井上聪：《新亚洲文明与现代化》，学林出版社 2003 年版，第 310—311 页。

④ 罗荣渠：《现代化新论：世界与中国的现代化进程》，商务印书馆 2004 年版，第 6 页。

性所蕴涵的生存悖论。正如有的学者所指出："现代性所蕴涵的反面特征经过了 19 世纪的充分发展才渐渐露出其真实的面孔，到了 20 世纪初期当现代性的生活出现了根本性的总危机，市场的规则和理性的计算侵入了人们的日常生活，极端性的后果就是两次世界大战的爆发和集权国家的出现时，人们才真正认识到现代性本身所蕴涵的深层悖论。"① 那么，现代文明修身中的"现代"一词有何含义呢？本书认为它是这样一个概念：既强调文明修身理论与实践所处的"现代生活场域"，又突出了作为人的"现代化"的过程及在这一过程中呈现出的"现代性"。具体来讲，其基本含义类似欧阳康教授在《哲学视野中的现代性问题》② 中所界定的，主要包括以下几个方面内容：

第一，"现代"首先是个时间概念。但它不是一个凝固的时间概念，而是动态中发展变化着的时间意识，是一个具有很强的时代性的概念。从世界历史的角度看，现代意味着 1917 年以来的人类历史，而在我国则是从 1919 年以来的社会历史阶段。在本书中现代是指 1949 年新中国成立尤其是改革开放以来以及向未来发展的社会历史阶段。

第二，"现代"从其性质而言，是一个与"传统"相区别的不断地批判与超越历史传统的过程。"传统是指过去的某一时间范围，是由过去的物质条件和制度、过去的社会心理意识、思想观念、生活方式决定的。而现代，则是指现在和未来的某一时限范围，它是传统的延续，也是传统的发展，是传统的转换和再生。"③ 现代意味着对传统的不断超越，表达着一种"后传统的秩序"。同时，它又与"现实

---

① 王秀敏：《阿格妮丝·赫勒的生存选择理论及当代意义》，《世界哲学》2010年第 2 期，第 53 页。

② 参见欧阳康：《哲学视野中的现代性问题》，《社会科学战线》2005 年第 3 期，第 30—31 页。

③ 郑永廷：《现代思想道德教育理论与方法》，广东高等教育出版社 2000 年版，第 2 页。

性"直接相关，在本质上又是一个不断延展的历史进程，只有在历时性和共时性的统一中才能更好地理解现代。

第三，"现代"还是一个价值概念，代表了一种价值取向，标示着文明修身所追求的基本目标。这里主要指区别于传统农业文明时期和我国计划经济体制时期的、符合现代社会发展要求与人的自由全面发展要求的新时代精神与特征，是对现代化运动所倡导的那些最为基本和重要的价值的提炼、概括和张扬。要在关注现代化进程基础上把握其蕴涵的价值引力和价值导向，在事实性和价值性的统一中全面把握现代。

第四，"现代"是一种社会理念，不是自发形成的，而是一种自觉的社会功能，是对现代化进程中那些有利于人类文明进步的要素与特性的一种整合、概括和提升。其社会理念通过人们的自我认同而转化为一种公共意识和共同意识，进而建立起现代化与自我认同之间的一种新机制，要在关注社会理想的实现机制和社会现实的提升机制中把握"现代"。

第五，"现代"还体现为一种不断革命、不断批判、不断超越的精神气质。它的本质精神是革命性、开放性、批判性和建设性的，个体主体性的革命性高扬的是"现代"的重要内容，对个体来说，理解"现代"，就是要科学理解、认同和发扬主体的革命性品格。

根据以上分析我们可以得知，《现代文明修身的话语体系与实践机制研究》一书中的"现代"一词，侧重于从时间和性质相结合的视角探讨现代文明修身与人的精神生活、人与对象性世界的关系。恩格斯曾经指出："人只需要了解自己本身，使自己成为衡量一切生活关系的尺度，按照自己的本质去估价这些关系，真正依照人的方式，根据自己本性的需要，来安排世界，这样的话，他就会猜中现代的谜了。"[1] 因此，人们进行现代文明修身的过程，实质上就是人的现代

---

① 《马克思恩格斯全集》第 1 卷，人民出版社 1956 年版，第 651 页。

特性在生活世界逐步生成的过程，本身就是人的现代化的重要体现和
话语体系。

四、现代文明修身含义及其本质特征

根据前面我们对"现代"、"文明"、"修身"等词汇内涵的分
析，我们可以推导出现代文明修身的基本内涵：现代文明修身是现代
人自觉提高精神生活质量和促使理性高尚、能动创造的生活态度和生
活方式在生活世界生成的活动。它是修身主体"与当代社会相适应、
与现代文明相协调，保持民族性，体现时代性"的存在方式在生活
世界生成的活动，反映了现代人对道德自觉性、人性尊严和社会责任
感的自觉追求，也反映了现代人对塑造理想人格的渴望，这种渴望是
合乎个人健康成长和幸福之目的的，它从人的现实生活出发，以促进
人的自我成长、自由和幸福为基本目标。从价值尺度视角来看，反映
了人们对生命的珍视，对现实生活的热爱。依据现代文明修身的基本
含义，我们认为，现代文明修身的本质特征是：

第一，现代文明修身是现代人社会生活的基本态度和生活方式的
直接体现。从静态上看，它是人的修身体验和精神境界的反映，回答
了生活的意境，人不但要生活，而且要生活得更有意义，即人们对文
明修身的感受、体验以及生活意义的展现问题，它体现了个体的思想
道德水平和精神状态；当与传统修身理论并列谈论时，它还代表了一
种思想理论体系；从动态过程上看，现代文明修身回答了人"应当
怎样生活、为什么这样生活"的问题，这涉及人的生命本质和存在
方式等问题。从时间维度上说，它与古代中国人的传统修身活动相对
应，传统修身活动主要强调服从阶级统治的需要而对自我生活方式的
内在约束和调整，而现代文明修身则强调对人的价值关怀，突出人在
发展中的主体性和自觉能动性，肯定它是人的一种自觉自愿的活动。
从呈现的意义上说，它与非文明的修身相对应，现代文明修身是对人
的发展与社会发展呈现出的积极意义，非文明的修身虽然也把修身诉

诸内在途径，但指导思想和产生效果不符合人的发展规律和社会的发展规律，甚至会阻碍人的发展和社会进步。当然，本书采用"现代文明修身"的表述而不是"文明修身"，还有与仅局限于高校学生工作中的"文明修身"活动相区别之意，尽管高校学生的文明修身活动也是现代文明修身的表现形式和基本内容之一。

第二，现代文明修身过程实质就是人的现代化过程，是人的现代特性发生、发展的过程。它是以自我为对象认识和追寻生命意义和提高生活质量的过程。现代文明修身要求社会成员在遵循社会发展规律的前提下，通过自觉的、有意识的活动来建构人的精神家园、提高人的生活质量，从而不断满足人的发展需要和社会发展需要。现代文明修身的目的是为了解放人、发展人和塑造人，而不是从遵循秩序理性的视角压抑人的主体性，它的现实关切是不断增强人的主体性，根本目的在于促进人的自由全面发展，实现人的自由个性。

第三，现代文明修身研究要突出人的发展面对的中国特性问题，即"中国特色"。社会主义市场经济体制的确立和我国社会转型的历史进程，使中国思想文化的传统性与现代性之间出现了前所未有的大冲撞、大综合。现代文明修身就是要人们在思想文化的冲突中形成理想人格、和谐的人际关系和社会生活秩序，形成有利于人的自由全面发展的创新机制与实践机制，使个体的发展既不脱离世界文明大道，又适合中国的国情。当然，必须根据社会的变化和个人的成长要求适时地调整现代文明修身的目标、模式和价值追求，确立中华文化传统的那种与自然和谐共生的价值观，在中国式新型的人与自然相协调的关系中促进个体潜能的开发与主体性的涵养。因此，现代文明修身话语体系与实践机制的研究必须立足于当代中国的现实国情，在中国特色的文化语境中加以研究，而不是置于西方文明的语境和国度。

第二节 现代文明修身研究的基本维度

现代文明修身的系统研究维度，主要侧重于其内容体系及层次结构。修身理论经过数千年的发展，已经形成较为完备的理论体系，但是，修身理论的历史性从另一个侧面揭示了修身理论的不完善性，正如恩格斯在谈到费尔巴哈打破了黑格尔的哲学体系后就简单地把它抛置在一旁时所指出："像对民族的精神发展有过如此巨大影响的黑格尔哲学这样的伟大创造，是不能用干脆置之不理的办法来消除的。必须从它的本来意义上'扬弃'它，就是说，要批判地消灭它的形式，但是要救出通过这个形式获得的新内容。"① 现代文明修身理论就是要采取传统修身理论的"外壳"，吸收时代精神和人的发展要求相适应的"合理内核"，形成适合现代人发展要求的文明修身理论，用来指导人们的精神活动和实践行为。现代文明修身活动的基本问题是"我应成为什么样的人"、"我应具有什么样的道德、理想和生活"以及"如何才能具有这样的道德、理想和生活"。这关系到人的生活质量、生命意义与社会和谐，渗透到人的内心深处和社会的各个方面。本节依据系统科学的基本原理，主要从过程规定性、目的规定性、要素规定性和关系规定性等基本维度研究和分析现代文明修身的理论体系。

一、现代文明修身的过程规定性维度

现代文明修身是马克思主义理论指导下的修身，是提高人的精神生活需要的实践活动。从个体自我教育、自我规范、自我完善的实践过程来看，现代文明修身实践与传统修身实践的过程一般都分为外修

①《马克思恩格斯选集》第4卷，人民出版社1995年版，第223页。

和内省两个层次。

所谓外修，主要是个体通过对人生种种窘困的磨炼而从中体悟出的道德愉悦与精神满足。外修强调外部环境与实践对个体道德人格建构的重要意义，以重视修身活动对人的规范性价值。在传统修身理论中，外修的基本命题是"化性起伪"（荀子），主张以"礼"等为基本内容进行自我教育、自我规范、自我完善的个体活动方式予以修身。孟子明确指出："富贵不能淫，贫贱不能移，威武不能屈。"① 他对外修作了较为详尽的阐述："故天将降大任于斯人也，必先苦其心志，劳其筋骨，饿其体肤，空乏其身，行拂乱其所为，所以动心忍性，曾益其所不能。"② 在这里"身"不再是以自身为目的的自在之物，而是圣人践行成圣的工具。在孟子看来，寡欲养心、从善尽心、凝聚浩然之气的人才是圣人，也只有这样的人才能够控制好"身"，达到践行的境界。司马迁在《报任安书》中对外修成圣的人备加称赞："文王拘而演周易，仲尼厄而作春秋。屈原放逐，乃赋离骚。左丘失明，厥有国语。孙子膑脚，兵法修列。不韦迁蜀，世传吕览。韩非囚秦，说难孤愤。诗三百篇，大抵贤圣发愤之所为作也。"③ 从孔子开创的儒学分支来看，荀子似乎要把修身理论发展成规范伦理学，从外修的视角甚至强制的方式对人们的修身行为进行引导和规劝。而现代文明修身实践活动所强调的外修过程，主要指人们在现实社会生活中接受生活实践的锻炼，无论是顺境还是逆境，都要以符合社会发展与个体发展的高尚道德来指导和引领生活。

所谓内省，主要是通过个体的自我反省而获得的道德感悟与意义提升。与外修重视外部环境与实践的特点相比较，内省一般强调突出修身主体的内在自觉性。在传统修身理论中，内省的基本命题是

---

① 《孟子·滕文公下》。
② 《孟子·告子下》。
③ 《毛泽东著作选读》下册，人民出版社 1986 年版，第 817 页。

"为仁由己"（孔子）和"反求诸己"（孟子），认为个体是否能成为"君子"、"圣人"，主要取决于自身能否自觉地、能动地进行自我道德修养。以孔子为代表的儒家，十分强调从自我出发、推己及人的自我意识观，即首先客观地审视自己"以己安人"、"以济天下"。孔子说："君子求诸己，小人求诸人。"①　曾子则说："吾日三省吾身：为人谋而不忠乎？与朋友交而不信乎？传不习乎？"②《孟子·离娄上》指出："行有不得者，借反求诸己，其身正而天下归之。"

内省的具体环节一般主要体现在以下诸方面：一是自省，就是进行自我认识，自我警示，其底蕴是"见贤思齐，见不贤而内自省也"③。二是自制，当与他人或社会发生矛盾冲突时，要"反求诸己"，"躬自后而薄责于人"④。三是自明，对他人的合理批评，要"毋意、毋必、毋固、毋我"⑤，即不凭空猜想，不绝对肯定，不固执己见，不自以为是。要经过内心反省，认为言行都是对的，就应坚持，错误的就改正。四是自讼。人是一种生成性存在，"金无足赤，人无完人"，人都有可能犯错误，关键是对自己过错和闪失的态度，因为"君子之过也，如日月之食焉：过也，人皆见之；更也，人皆仰之"⑥。从内省的修身实践过程来看，孟子试图把它发展成为示范伦理学（应当属于德性伦理学的分支），强调从"尽心"、"知性"、"寡欲"、"养浩然之气"等个体自身层面进行自我认识、自我评价、自我调控，以达到成就君子、圣贤人格的修身目的，当然，具备这种人格之后，要"得志，泽加于民；不得志，修身见于世"⑦。现代文

---

① 《论语·卫灵公》。
② 《论语·学而》。
③ 《论语·里仁》。
④ 《论语·卫灵公》。
⑤ 《论语·子罕》。
⑥ 《论语·子张》。
⑦ 《孟子·尽心上》。

明修身实践也强调通过高尚的生活态度与文明行为为别人作出示范，起到榜样作用，从而为社会风气的好转作出自身的实质性努力。

在深刻理解现代文明修身实践过程的基础上，现代人应当综合利用外修和内省的基本路径进行文明修身。扬弃传统的修身理论与方法中不合时宜的部分，吸收其合理外壳，把握外修和内省两种基本过程与途径的精髓，把它引向现代人的生活世界。"人类进化的历史特别是迅速变化着的现代人的实际生活状况都证明：人的各种现实需要的产生，包括它的具体内容和实现方式，都是由他的现实的实践活动和社会关系决定的。"① 现实的人总是生活在一定的社会关系之中，不可能离群索居孤立存在，人们既有满足自身生存、发展和自我实现的强烈愿望，也有参与社会生活、满足他人和社会发展的愿望与追求，在物质生活需要普遍得到满足的情况下，各种精神生活需要就会相对地突出，越来越成为人们追求的主要目标。现代文明修身理论的提出及其实践活动的开展，是现代人的社会实践变化发展的结果，是为了实现人的"自由个性"而自觉进行的活动。它在提高人的精神生活质量的同时，又反过来成为刺激和推动人们进行新的实践活动和交往活动的动力，促使个体进行自我教育、自我规范、自我发展。现代文明修身实践过程中，强调人的自我完善或生活本性并不仅仅是物质功利性的，文化精神和超越性价值理想总是人类不可或缺的生活内容，因而真正完整的人生理想也不应局限于一种工具合理性价值的范畴。② 因此，现代文明修身实践应当立足于现实生活土壤，从外修和内省的辩证统一中去实施。

二、现代文明修身的目的规定性维度

修身理论的目的规定性制约着修身理论的发展和实践机制的形

---

① 陈志尚：《人学原理》，北京出版社 2004 年版，第 201 页。
② 参见万俊人：《现代性的伦理话语》，黑龙江人民出版社 2002 年版，第 121页。

成。儒家传统修身理论提出了由"修身"到"齐家、治国、平天下"的经世致用的目的结构网。北宋二程对此又进行了进一步的阐释，在他们看来，"忠者，天理"，"礼即理也"，他们所谓的"理"就是封建伦理纲常，要把"天理"变成人们自觉的行为，关键在于修身。理学大师朱熹亲自制定的《白鹿洞学规》一共五条：第一条是"五教之目"，即"父子有亲，君臣有义，夫妇有别，长幼有序，朋友有信"，这是伦理道德。第二条是"为学之序"，即"博学之，审问之，慎思之，明辨之，笃行之"。第三条是"修身之要"，即"言忠信，行笃敬，惩忿窒欲，迁善改过"。第四条是"处事之要"，即"正其义，不谋其利；明其道，不计其功"。第五条是"接物之要"，即"己所不欲，勿施于人；行有不得，反求诸己"。后四条都不仅仅是伦理道德的教化，它们涉及人的思想和行为的各个方面。当然这不可避免地带有封建性糟粕，但其对修身理论的概括及对提高人的素质的重视值得借鉴与发扬。总的来看，传统修身理论结合了儒家的积极入世思想、道家的无为和佛学的静心修养思想，强调积极入世，要端正自己的思想和态度——"正心"，不能三心二意——"诚意"，然后才能"格物致知"，在此基础上，维护"天理"，发展"仁义"，为建构阶级统治需要的相关秩序服务，达到"齐家、治国、平天下"的目的。这一目的结构网鲜明地反映了儒家修身理论"经世致用"的特点，治国目的明显，而且更具体化、逻辑结构更严密。

中国特色社会主义理想目标的确立，为现代文明修身实践提供了目标指向性，同时也要求个体自身的教育与发展与之相适应。从建设社会主义和谐社会的视野来看，现代文明修身的目的的实现，主要通过基础文明和道德修养两个层次得以实现。

作为基础文明，现代文明修身是人们在社会生活中能够接受和遵守的、符合时代发展要求的、有利于实现个人发展和社会发展有机统一的基本状态和生活方式，从某种意义上说，基础文明是一个社会文明程度的基本标志。这一层次的现代文明修身活动，一方面强调内敛和自我约束的必要性，要求人把自身的发展放在社会发展的宏观背景中，人的生活世界和外在行为受道德准则的约束；另一方面文明修身的主要目的在于使外在的道德规范内化为主体能动的道德修养，在发挥人的主体性前提下，确立适应和谐社会发展需要的存在方式。"穷则独善其身，达则兼济天下"、"吾日三省吾身"的修身原则，在个体生活方式和修养方式方面为我们提供了方案，但具有明显的历史局限性。社会主义和谐社会是建立在人的发展和社会进步的基础之上，它要求现代文明修身的目标取向建立在对社会实践和人的身心发展规律的科学认识之上，我们应从最基本的社会公德和道德行为做起，将现代文明修身置于合规律的基础之上，并在活动中增强自主性和自觉性，通过自觉的有意识的活动去实现和谐社会建设的价值目标。从某种意义上可以说，作为基础文明的文明修身实践的基本目标，在于寻求和确立一种人与社会和谐发展的良性秩序。

就道德修养的层次而言，现代文明修身体现了目的与手段的统一，其目的与人的自由全面发展的需要相适应、相一致。从动态的角度理解，现代文明修身的过程是人们逐步摆脱现代自发状态而进入现代自觉发展状态的过程；从静态的角度理解，它是人们在社会生活过程中呈现出的道德品质和精神状态，是一个涉及人的思想和行为的复杂系统，在不同的历史背景和社会条件下，其涵盖的内容和形式是不同的，需要做与时俱进的解读。现代文明修身是克服人的现代自发性的重要途径之一，以自我约束、自我教育、自我践行为基本形式，通过修身活动，使人的思想和行为、生理和心理、精神需求和物质需求逐渐达到平衡。现代文明修身是人的自由自觉的活动形式的反映，其基本功能在于解放人、发展人、塑造人，最终目的在于实现人的自由个性。要想在建设和谐社会的伟大历史进程中充分发展和发挥人的本质力量，就必须客观分析现实生活中导致人的实践活动与思维方式片面化、依附性的根源，培养人的高尚道德和引领时代发展的才能，增强人的主体性。

三、现代文明修身的要素规定性维度

根据不同的视角，我们可以把现代文明修身的内容作出不同的界定。就现代文明修身的要素规定性而言，文明修身的基本内容主要涉及观念文明、语言文明、行为文明、能力创新等要素。当然，从文明修身的历史规定性来看，文明修身的内容和标准总是随着时代和实践的发展变化而发展变化的，但它的基本主线都是反映人们不断超越历史束缚而推进人的解放的基本要求。从活动形式上说，现代文明修身作为现代人的一种自教自律的活动，其核心内容应当是社会成员自我教育、自我规范、自我完善过程中的相关标准性规定。

观念文明是现代文明修身的基本要求。这里的观念文明是指人们在文明修身过程中呈现出的对真、善、美追求的价值理想和精神境界。爱因斯坦指出："每个人都有一定的理想，这种理想决定着他的努力和判断的方向。就在这个意义上，我从来不把安逸和享乐看做是生活目的本身——这种伦理基础，我叫它猪栏的理想。照亮我的道路，并且不断地给我新的勇气去愉快地正视生活的理想，是善、美和真。要是没有志同道合者之间的亲切感情，要不是全神贯注于客观世界——那个在艺术和科学工作领域里永远达不到的对象，那么在我看来，生活就会是空虚的。"① 现代文明修身引导人们追求生命的意义、生活的质量，而高尚的人生价值和对生命的现实关怀，从来都不可能由物质生活的丰裕独自完成，价值观念的超越性、生命意义的崇高性则对人们生活目的和存在方式具有不容置疑的净化和升华价值，追求观念文明是人们进行现代文明修身的基本动力，也是人们道德生活的现实需要。

语言文明是现代文明修身的重要内容和具体体现。语言是日常生活中最主要的交流沟通媒介，它既是人类"意识"的产物，同时又体现着意识的"非纯粹性"，马克思指出："'精神'一开始就很倒

---

① 《爱因斯坦文集》第3卷，许良英等编译，商务印书馆1979年版，第43页。

霉，受到'物质'的纠缠，物质在这里表现为震动着的空气、声音，简言之，即语言。语言和意识具有同样久的历史；语言是一种实践的、既为别人存在因而也为我自身而存在的、现实的意识。语言也和意识一样，只是由于需要，由于和他人交往的迫切需要才产生的。"①马克思在这里的分析说明，语言的实质是物质的、实践的，但内容是人类"意识"的反映，语言是人类精神生活状况表达的重要形式，是人类现实生活需要的产物。米歇尔·佩舒（Michel Pecheux）从语言的主体效应和意义的可能性视角把语言实践的意义分为交互话语（interdiscourse）效应和内话语（intradiscourse）效应两种，前者"存在于主体之间，即在发出话语召唤之前已经预设了传达意义的向度（认为语言是透明的、自明的，以排斥多重理解的可能）和主体认同的向度"，后者指"个体对召唤话语的阐释和认同（即自我身份的确认）"②。佩舒关于话语效应的分类实际上从语言层面具体揭示了主体自我建构与话语体系的辩证关系和运行过程，使人更易于理解语言与主体发展的内在关系。个体现代文明修身状况如何，也可以通过语言交流和语言实践看出其素质，因此，"语言美"是现代文明修身的重要内容，也是现代文明修身状况的基本体现。

行为文明是社会成员在社会生活实践中所体现出的个体主体价值与社会发展所需的社会价值相适应、相一致的状况。人们在进行现代文明修身时，自己已经有比较明确的、科学的道德标准和价值理想，关键是如何把它转化为实际行动，而且能够化为行为习惯和存在方式。马克思在《青年在选择职业时的考虑》中指出："在选择职业时，我们应该遵循的主要指针是人类的幸福和我们自身的完美。不应认为，这两种利益是敌对的，互相冲突的，一种利益必须消灭另一种

---

① 《马克思恩格斯选集》第 1 卷，人民出版社 1995 年版，第 81 页。
② 参见孟登迎：《意识形态与主体建构：阿尔都塞意识形态理论》，中国社会科学出版社 2002 年版，第 169—170 页。

的；人类的天性本来就是这样的：人们只有为同时代人的完美、为他们的幸福而工作，才能使自己达到完美。"① 现代文明修身作为一种社会生活实践活动，它引导人们的生活态度与生活方式不断趋向科学化、合理化、高尚化。

能力创新是要素规定性视角下现代文明修身的最高层次内容。能力是人的综合素质的外化表现，开发人的潜能是现代文明修身的应有内涵。江泽民指出："创新是一个民族进步的灵魂，是一个国家兴旺发达的不竭动力。整个人类历史，就是一个不断创新、不断进步的过程。没有创新，就没有人类的进步，就没有人类的未来。"② 知识经济和信息文明的出现不断加速着社会信息的更替，创新着生活世界的相关内容，对人才的创新精神和创新能力的要求越来越高，无论是作为思想道德教育的重要途径，还是作为人的现代化的现实体现，现代文明修身实践活动都要努力促进人的创新能力的涵养与形成。马克思主义"劳动创造人本身"的论断充分肯定了人的创新性，马克思在《资本论》中进一定指出："蜘蛛的活动与织工的活动相似，蜜蜂建筑蜂房的本领使人间的许多建筑师感到惭愧。但是，最蹩脚的建筑师从一开始就比最灵巧的蜜蜂高明的地方，是他在用蜂蜡建筑蜂房以前，已经在自己的头脑中把它建成了。"③ 在马克思看来，人的创新性、前瞻性和实践性，正是人与动物最显著的区别。现代文明修身活动把涵养人的创新精神作为开发人的创新能力的基础，而创新能力的形成及其运用则是培养创新人才的现实标准，现代文明修身活动要把能力创新作为一项重要内容。

总之，从要素规定性维度来看，现代文明修身体现了知与行的辩证统一。说到底，现代文明修身是要人们在文明理念的确立、文明习

---

① 《马克思恩格斯全集》第40卷，人民出版社1982年版，第7页。
② 《江泽民文选》第三卷，人民出版社2006年版，第36页。
③ 《马克思恩格斯选集》第2卷，人民出版社1995年版，第178页。

惯的养成、文明素质的提高与文明形象塑造上取得与时代发展相适应的突破，以理性高尚的生活态度和能动创造的生活方式生成为主要内容，以心灵美、语言美、行为美为主要标志，不断增强社会成员的文明意识，引导人们树立文明新风尚，真正使人们自觉践履"说文明话、践文明行、做文明人"的存在要求，不断促进个体存在方式的优化。

四、现代文明修身的关系规定性维度

从人与对象性世界的关系来看，现代文明修身理论体现了一种自下而上的立体教育模式，在某种意义上说，它是一项系统工程。季羡林先生指出："人类自从成为人类以来，最重要的是要处理好三个关系：一，人与自然的关系；二，人与人的关系，也就是社会关系；三，个人内心思想、感情的平衡与不平衡的关系。"① 毫无疑问，现代文明修身实践活动也必须处理好三者之间的关系，从而确立了现代文明修身活动的内涵层次结构，以实现个体与环境和谐发展的目标向度。

第一层次就个人内心思想、感情的平衡与不平衡的关系而言，现代文明修身应当引导人们确立正确的自我意识。这属于最核心的自我教育层次，传统修身理论也主要强调这个层次。卡西尔在《人论》中开篇第一句话就指出："认识自我乃是哲学探究的最高目标——这看来是众所公认的。在各种不同哲学流派之间的一切争论中，这个目标始终未被改变和动摇过。它已被证明是阿基米德点，是一切思潮的牢固而不可动摇的中心。即使连最极端的怀疑论思想家也从不否认认识自我的可能性和必要性。"② 卡西尔的论述从形而上的视角阐述了

---

① 季羡林：《走向天人合：〈人与自然丛书〉总序》，东北林业大学出版社 1996 年版，第 3 页。

② ［德］恩斯特·卡西尔：《人论》，甘阳译，上海译文出版社 1985 年版，第 3 页。

认识自我的重要性，现代文明修身理论把人自身作为认识、改造、利用和发展的对象，更应该注重对自我的认识。正确认识自我是现代文明修身实践的起点，它意味着人的自尊自爱的文明修养和基本素质，寻求自我身心发展的平衡。在现实社会生活实践中反观自照，在社会关系的比较中和社会实践的检验下形成自我意识观，这种自我意识观是社会生活实践和个体理性反思相统一而形成的个体自我评价，它为个体文明修身提供基本的精神动力和价值倾向。确立正确的自我意识，使个体思想和行为既符合社会发展的规范性要求，又体现个体自身的修养与风度，为其成才奠定了重要的思想基础。在生活中具体表现为个体自觉消除自身的不文明行为，树立正确的行为规范标准，养成举止文明、言行得体的良好习惯，体现人的自由全面发展要求与发展趋势。

第二层次是从人与人的关系，也就是社会关系的视角而言，正确处理人与之间的关系，是现代文明修身理论建构的重要意义所在。人的存在是一种社会性存在、关系性存在，现代文明修身的目的绝不是单单为了提高个人的精神生活质量，确立个体的自我意识，它应该关注群体的思想道德发展。要从提高群体文明风气的角度出发，在正确的自我意识基础上，培养人们之间的协作精神与良好的社会风气。通过人的生活实践活动，实现人与人之间的沟通理解，树立正确的人际关系观念和集体观念，培养人的主人翁精神和责任感，努力营造高质量、高品位的社会文化氛围，实现文明修身主体的理想、信念与价值观的完美结合，引导、教育人们将自身的发展与祖国的前途、民族的命运紧密结合起来，把个体思想道德修养与提高整个民族的整体文明素质相结合，培养每一位公民的社会责任感、历史使命感，推动社会主义精神文明建设与和谐社会建设。

第三层次是从人与自然的关系出发，确立人与自然和谐共生的发展理念。这是关系规定性维度下现代文明修身内涵的最高层次。社会主义和谐社会的建设必须以科学发展观为指导，坚持以人为本，实行全面、协调、可持续发展。然而,"在我国实现现代化的过程中,也出现了人与自然的矛盾与冲突,如一些人在利用科学技术时,为追求自身利益而过分开发稀有资源并造成污染和环境恶化;一些人物欲膨胀,无节制地享用自然珍惜资源和现代物质条件,加速物种灭绝和垃圾遗弃,破坏生态平衡;一些人为了眼前利益,对自然资源进行盲目甚至掠夺性开发,已经并还将遭受自然的严厉报复和惩罚。人与自然的这些矛盾与冲突,已经威胁到人的生存与发展,如果不在价值观上予以正视和引导,人的发展就会陷于片面,根本利益将遭受损害"①。因此,现代文明修身活动要动员和引导人们科学认识人与自然的关系,提高认识和开发自然的自觉性。

总之,现代文明修身实践应当是从社会成员个体自身的基础文明和道德修养着手,自觉关注和追寻文明、健康、积极的存在方式的态度与行为。英格尔斯曾经指出:"如果一个国家的人民缺乏一种能赋予这些制度以真实生命力的广泛的现代心理基础,如果执行和运用着这些现代制度的人,自身还没有从心理、思想、态度和行为方式上都经历一个向现代化的转变,失败和畸形发展的结局是不可避免的。再完美的现代制度和管理方式,再先进的技术工艺,也会在一群传统人手中变成废纸一堆。"② 现代文明修身话语体系与实践机制研究,就是要在社会成员自觉提高自身素质的过程中促进良好社会风气的形成,良好的社会风气是社会文明程度的重要标志和社会价值导向的集中体现,又在新的基础上促进现代人的文明修身与发展,二者是一种相互依赖、相互转化的关系。人们在良好社会风气下进行文明修身,就会逐渐在潜移默化中形成现代心理结构,这既有利于人们确立文明、健康、积极的存在方式,也有利于人们在社会主义和谐社会的构

---

① 郑永廷、张国启:《论思想政治教育学科建设与发展》,《思想教育研究》2006 年第 2 期,第 7 页。

② [美] 阿历克斯·英格尔斯:《人的现代化》,殷陆君编译,四川人民出版社1985 年版,第 4 页。

建中促进自身的自由全面发展。

第三节　现代文明修身研究的逻辑起点

现代文明修身作为人的自我启蒙、自我教育、自我规范、自我发展的基本方式，是人们提高生活质量和追求生命意义的体现，其研究的逻辑起点当然是现实的人与现实的生活世界。在导论中已经谈到现实的人的问题，这里不再赘述。现实生活世界是通过生命活动、生活质量以及人与自然的互动而不断发展变化的，因此，从现实的生活世界出发，现代文明修身研究将这一逻辑起点——人的生活世界分解成个体生命、社会生活与人化生态这三个层次来阐述，这主要是从价值层面来考虑的。现代文明修身研究立足于现实人的内心自觉，避免知易行难。不仅要突破知识体系说教的传统思路，而且要通过实践机制将相关的行为活动效果转变为人的精神品质。当然，如果从生活世界所呈现出的基本特征来讲，市场经济、开放环境、科学技术和学习型社会则对现代文明修身研究提出新的课题，这些问题将在第四章予以研究和回答。

一、现代文明修身研究体现了生命关怀意识

生命关怀，不仅意味着对个体自然生命的关切，更意味着对生命价值和人生态度的引导和提升。身体健康是我们进行现代化事业的基本保证，然而，现代社会个体生存的压力很大，在利益、金钱、毒品等的诱惑下，许多人过早地失去了健康，甚至是年轻的生命。爱惜身体，关注健康，追寻价值，战胜诱惑，是进行现代文明修身的基本要求和前提条件。现代文明修身实践以尊重生命及个人自尊为起点，尊重生命活动中表现出来的规律性和各种样态，运用生命资源来陶冶与涵养人的道德，从而提高人的生命质量。人自身

就是人类不断奋斗的最重要的创造物和文明成就，其记录便称之为历史，现代文明修身的研究基点也要从生命意识的涵养与提升开始。

现代文明修身研究要突出生命关怀意识，就要研究个体的生命活动。马克思指出："动物和自己的生命活动是直接统一的。动物不把自己同自己的生命活动区别开来。它就是自己的生命活动。人则使自己的生命活动本身变成自己意志的和自己意识的对象。"① 在这段话里，马克思从生活世界出发，肯定了人的存在是一种价值性存在、意义性存在，追求生命的价值和意义，是人与非生命物质及动物性存在的根本性区别："在与非生命物质相区别的意义上，人类的存在是一种生物性的存在即'生存'；而在于其他生物相区别的意义上，人类的存在则是一种特殊的人类性存在即生活。生存与生活都是人类的存在方式，二者的根本区别在于'生活'是创造'生存'意义的生命活动。"② 动物在它的生命中形成的是"生存世界"，人类在生命活动中形成的是"生活世界"，当然，这里的生活世界含义有别于胡塞尔、哈贝马斯"日常生活世界"理论中的"生活世界"。在生活世界中，引导个体的生命活动走向文明化、高尚化，这是任何社会形态都存在的普遍性问题，只不过文明和高尚的性质不同而已。现代文明修身强调的生命关怀意识，正是从提升个体生命存在意义和追求精神生活质量视角而言的。

现代文明修身研究要突出生命关怀意识，就要研究人的自由全面发展问题。现代社会的发展归根结底取决于人才，综合国力的竞争最后还是要落到人才的竞争上，发展说到底还是人的发展。康德说过："每个人都必须不仅仅当做手段来对待自己和所有其他人，而是在每

① 《马克思恩格斯选集》第 1 卷，人民出版社 1995 年版，第 46 页。
② 孙正聿：《寻找"意义"：哲学的生活价值》，《中国社会科学》1996 年第 3 期，第 116 页。

种情况下都同时当做自身就是目的。"① 现代文明修身作为以自身为认识和实践对象的精神性活动，一方面要遵循社会发展规律，为社会的发展提供精神动力和智力支持；另一方面要能够活跃与丰富人的精神家园，使人的生命活动在身心愉悦的情景中促进自我发展、自我超越、创造新的生活，要在开发人的潜能、提高人的素质、追求理想人格的过程中开发人力资源，增强人的主体性。这既是落实科学发展观和构建和谐社会的必然要求，也是个体自由全面发展的内涵之意。

二、现代文明修身研究关注人的精神生活

现代文明修身作为精神性活动，关注生活世界，就要关注人的精神生活。马克思指出："在思辨终止的地方，在现实生活面前，正是描述人们实践活动和实际发展的真正的实证科学开始的地方。"② 现代文明修身研究必须关注现实生活，而当前现实生活的一个重要表征是，人的精神生活发展与物质文明的发展不相适应。现实生活是具体的，而不是抽象的，一方面，总体小康表征着我们这个时代已取得了前所未有的进步，然而这只是低水平的、不全面的、发展很不平衡的小康，我国生产力水平和科技教育水平还比较低，地区差距扩大的趋势尚未扭转，贫困人口还为数不少，民主法治建设和思想道德建设等方面还存在一些不容忽视的问题；另一方面，一些人在市场经济与全球化的浪潮中迷失自我，成为精神荒原的流浪者，道德生活的功利化、片面化、碎片化倾向日益明显。正如有的学者所指出："'上帝死了、诸神隐退'的时代，曾经固有的很多秩序失去了其原来的作用和力量，道德领域也不例外。现代人对金钱、财富的过分狂热追求与对道德情感的淡漠形成了鲜明的对比，无论是对于已经完成现代化

---

① ［德］康德：《道德形而上学原理》，载郑保华主编：《康德文集》，刘克苏等译，改革出版社1997年版，第96页。

② 《马克思恩格斯选集》第1卷，人民出版社1995年版，第47页。

转型的西方，还是对于正在进行现代化转型的中国来说，现实世界的道德缺失问题都很严重。"① 因此，现代文明修身研究不能离开人的现实生活，去鼓励人们追求片面抽象、绝对高尚的道德，更不能缺乏对个体生活的现实关切，它应当开发个性化的道德生活和实践新的幸福观。

现代文明修身研究要关注人的精神生活质量的提升。马克思在谈到人的生活活动与动物的生命活动时指出："动物只是按照它所属的那个种的尺度和需要来建造，而人懂得按照任何一个种的尺度来进行生产，并且懂得处处都把内在的尺度运用到对象上去；因此，人也按照美的规律来构造。"② 在这里，马克思对动物的生命活动与人的生活活动作了区别，动物的生命活动只有一个尺度，即所属的那个种的尺度，按照所属种的尺度一代一代复制自己，没有自己的"历史"和"发展"，更谈不上生活。而人的"生活活动"则有两种尺度："任何一个种的尺度"和人的"内在的尺度"，人类的生活活动则是在不停地发展自己，谱写新的历史篇章，创造着自己的生活世界。而且，"按照美的规律来构造"，不断地实现人的自我发展，是人的"生活活动"及其所创造的"生活世界"的意义所在，也是现代文明修身形成的理论基础以及个体践履文明修身理论的行为依据。

现代文明修身研究关注人的精神生活，主要体现在它关注现代人的生活活动的两个基本维度：其一，把对象性世界作为活动内容的"对象意识"；其二，把自身作为认识、把握和反思生活世界意义的"自我意识"。现代文明修身反映了个体对自我生活意义的自觉，是一种具有特殊自我意义的人类自觉。面对社会转型时期复杂多变的生活世界，个体自觉追寻生活的意义，"把人的非现实性（目的性要求

---

① 王秀敏：《阿格妮丝·赫勒的生存选择理论及当代意义》，《世界哲学》2010年第2期，第55页。
② 《马克思恩格斯选集》第1卷，人民出版社1995年版，第47页。

及其所构成的世界图景）转化为现实性（人的生活世界），而把世界
的现实性（自在的或者说自然的存在）转化为非现实性（满足人的
需要的世界）"，这体现了现代文明修身对人与对象性世界矛盾的调
节。现代文明修身的过程是"把人的生存变成人所追求和向往的生
活的过程，也就是把非现实的理想变成理想现实的过程"，这体现了
现代文明修身对人的理想与现实矛盾的调节。现代文明修身作为现代
人自我启蒙、自我教育、自我规范、自我发展的过程，"既是个体的
独立化过程，又是个体的社会化过程，既是社会规范个人的过程，又
是社会解放个人的过程"，这是现代文明修身对个体与社会矛盾的调
节。"人的个体生命是短暂有限的，面对死亡这个人所自觉到的归
宿，人又力图以生命的某种追求去超越死亡，实现人生的最大意义与
最高价值，这是人的生命的有限性与无限性的矛盾，也是现实存在与
终极关怀之间的矛盾。"①

三、现代文明修身研究关注生态环境的优化

现代文明修身研究本身是人类生命活动与社会发展规律之间张力
扩大的产物，反映了人的自由全面发展所日益增长的精神生活质量和
思想道德素质要求与社会成员思想道德水平现实状况之间的矛盾。没
有这一矛盾，现代文明修身的研究就失去现实意义，当然这一矛盾的
展开，不仅涉及人与自身、人与人、人与社会之间的关系，还涉及人
与自然之间的关系。马克思指出："自然界，就它自身不是人的身体
而言，是人的无机身体。人靠自然界生活。这就是说，自然界是人为
了不致死亡而必须与之处于持续不断的交互作用过程的、人的身体。
所谓人的肉体生活和精神生活同自然界相联系，不外乎是说自然界同

① 孙正聿：《寻找"意义"：哲学的生活价值》，《中国社会科学》1996年第3
期，第118—119页。

自身相联系，因为人是自然界的一部分。"① 人们关爱自然环境，文明行为、文明生活，本身就是对人类自身的关爱，现代文明修身话语体系与实践机制的建构。目的就是要引导人们创造一个更合乎人性健康发展的环境，当然这里的环境即包括硬环境，也包括软环境。

近代以来，科学技术的迅猛发展与主体精神的不断高扬，几乎全面肯定了人的行为和各种欲望，人类在征服自然的豪迈誓言与改造世界的实践行动中宣布"上帝死了"。曾经长久地统治和支配人类思想和行为的传统道德与价值体系已经破灭，新的道德体系在工业文明的强势推进中难以真正确立，人类为了自身的生存和发展，不断向自然进军和进行掠夺式开发，强化了主人意识，在"重估一切价值"② 思想的指导下，盲目地坚持"人类中心论"，一些人甚至认为控制、征服就是主体性的体现，这事实上是对主体性的误解。社会上陆续出现了一些道德滑坡乃至道德沦丧的现象与行为，甚至不符合最起码的做人的资格，更谈不上什么主体性。马克思主义认为，人的存在方式分类主要有：自在自发的存在、异化受动的存在和自由自觉的存在，而只有反映人的自由自觉存在的活动或状态才是主体性的体现。现代人的征服性行为对生态环境造成极大的破坏，人类最终不得不品尝着自己酿造的苦果。因此，现代文明修身的话语体系与实践机制研究，既要着眼于规范人的行为，又要注重人的生活质量和生命意义的提升，促使人们由自在自发的存在和异化受动的存在走向自由自觉的存在状态，避免人类活动所导致生态环境的进一步恶化。

现代文明修身研究关注生态环境优化的发端，源于对人类生存环境、对人类文明未来发展命运的关注。工业革命以来，机器化大生产取代了手工作坊式生产，社会生产力水平的迅速发展推动了人类文明

---

① 马克思：《1844 年经济学哲学手稿》，人民出版社 2000 年版，第 56—57 页。
② ［德］尼采：《看哪这人：尼采自述》，张念东、凌素心译，中央编译出版社 2000 年版，第 23 页。

进步的步伐，然而生态环境的恶化也给人类的发展方式敲响了警钟。1962 年美国女作家卡逊出版了震惊整个西方世界的《寂静的春天》一书，生态学的研究开始由纯粹关注自然界逐步转变到关注人的生活世界，人类的生态意识得到逐步提升，正如我国学者樊浩所指出："如果对上个世纪人类文明的历史发展作一整体的鸟瞰，作出这样的结论也许是恰当的：20 世纪人类文明的最重要、最深刻的觉悟之一，就是生态觉悟。"① 现代文明修身是提升人的思想道德素质、塑造健全人格的一种精神性实践活动，提升人的生态觉悟是此项活动的基本内容，关于现代文明修身话语体系与实践机制的研究，必须关注人的生态觉悟提升状况及其在生态环境优化过程中的表现，否则，引起背离文明修身的宗旨而不能称之为"现代""文明"修身。

雅斯贝斯（Karl Jaspers，1883—1969）在谈到社会可能会继续存在权威的社会阶层时指出："这样的贵族不能超然出世，不能通过由对过去的浪漫的爱所激发的个人修身来实现自己的真实自我。如果它没有自觉地、以充分贯彻的自觉意志加入到时代的生命状况中去（事实上，它的存在就根植于这些状况的），那么，它就仅仅是人为地脱离出来、提出没有理由的权利要求的一个集团而已。"② 在雅斯贝斯看来，人的高贵性问题在于如何救出真正的优秀者。现实生活是充满矛盾、困惑与纷争的复杂过程，既面临理想的冲突与价值的扬弃及重建，也存在着生活意义的色彩斑斓和扑朔迷离。寻求和反思生活的意义，既是每个个体发展的需要，也是社会进步的需要。因此，现代文明修身研究的逻辑起点要立足于现实的人与现实的生活世界，通过引导现代人的生活实践，促使人们形成理性高尚、能动创造的生活态度与生活方式，进而调节人与对象性世界、理想与现实、个体与社

---

① 樊浩：《伦理精神的价值生态》，中国社会科学出版社 2001 年版，第 13 页。
② ［德］雅斯贝斯：《时代的精神状况》，王德峰译，上海译文出版社 2005 年版，第 149 页。

会、现实存在与终极关怀之间的矛盾，使生命活动向意义世界聚焦，力图实现对生命价值的超越与升华，追寻生活意义的最大化与最优化。我们希望人们进行现代文明修身而达到新的文明状态，关怀生命、关注生活、关切生态，在珍爱生命健康、注重生活质量与优化生态环境中实现自由全面发展。

第 二 章

儒家传统修身理论的源流发展

　　任何民族的进步与发展总是建立在对本民族的思想文化资源批判继承的基础上进行的。毛泽东曾经指出："今天的中国是历史的中国的一个发展；我们是马克思主义的历史主义者，我们不应当割断历史。从孔夫子到孙中山，我们应当给以总结，承继这一份珍贵的遗产。"① 社会主义和谐社会建设与马克思主义中国化的伟大历史进程，要求我们必须"全面认识祖国传统文化，取其精华，去其糟粕，使之与当代社会相适应、与现代文明相协调，保持民族性，体现时代性。加强中华优秀文化传统教育，运用现代科技手段开发利用民族文化丰厚资源"。同时，如何批判地继承中国优秀的传统文化，也关系到当代中国人如何结合我们的民族文化基因以形成"自由个性"的问题。因为"马克思主义必须和我国的具体特点相结合并通过一定的民族形式才能实现"，"带着必须有的中国的特性"，"以新鲜活泼的、为中国老百姓所喜闻乐见的中国作风和中国气派"。② 修身理论是中国传统文化中关于秩序理性培养和思想道德素质提高的重要途径，刘少奇在《论共产党员的修养》一书中，也把"学习我国历代

---

　　① 《毛泽东著作选读》上册，人民出版社 1986 年版，第 287 页。
　　② 《毛泽东著作选读》上册，人民出版社 1986 年版，第 288 页。

圣贤优美的对我们有用的遗教"与"学习马列主义"相提并论，因此，研究现代文明修身的话语体系与实践机制，必须系统研究和梳理我国传统文化尤其是儒家文化中的修身理论资源，开发其当代价值，为建构和谐社会的良性秩序和实现人的"自由个性"服务。

第一节　儒家传统修身理论的发展脉络

中国传统文化的主体是以儒家德性伦理为基本内核的伦理文化，修身理论更是儒家德性伦理的具体体现。浩如烟海的修身理论，构成中国人生哲学和传统文化的重要内容，本书研究所涉及的传统修身理论，主要是指儒家修身理论的基本内容。因此，本书中所引证的观点，主要来自于儒家思想代表人物及其经典文献，尤其是《礼记·大学篇》，更是中国传统文化中系统阐述修身的经典文献，其主导思想是"修身为本"，并提出了"修身、齐家、治国、平天下"的系统思想主张。此外，儒家其他经典文献如《论语》、《中庸》、《孟子》、《荀子·修身》、西汉扬雄的《法言》、东汉徐干的《中论》、南北朝时期潘尼的《安身论》以及宋代朱熹、张载等人的经典文献等，这些关于修身理论论述的相关文献流传于世，对塑造我们的民族性格具有重要意义，甚至今天依然在我们的生活中发挥重要影响，其经典论述构成了中国传统修身思想的话语体系和理论来源，进而影响着人们的社会生活实践和道德养成方式。因此，对儒家传统修身理论的脉略梳理，不仅仅是为了总结和借鉴其话语体系，更重要的是为人们探索社会主义道德在日常生活中养成的实践机制提供思考维度。

一、儒家传统修身理论形成的社会土壤

修身理论的原创形态，是先秦时期以儒家、道家、墨家为代表的哲学思想的重要内容。"修身"的概念较早地出现在老子和墨子的著

作中，在此之前虽然有相关理论论述，但没有系统化，如管仲提出："一年之计，莫如树谷；十年之计，莫如树木；终身之计，莫如树人"①，至于如何树人管仲则没有给予详细地解答。道家思想中蕴涵着丰富的修身理论资源，如《老子·修观》（第五十四章）中指出："善建者不拔，善抱者不脱，子孙以祭祀不辍。修之于身，其德乃真；修之于家，其德乃余；修之于乡，其德乃长；修之于邦，其德乃丰；修之于天下，其德乃普。故以身观身，以家观家，以乡观乡，以邦观邦，以天下观天下。吾何以知天下然哉。"在这里，老子提出了"修身"的概念，而且指出"修身"之道乃在"不拔"、"不脱"，并提出了"以身观身"的思想。② 后来，以庄子为代表的道家学派对修身理论的发展主要体现为"养生"，通过"心斋"、"坐忘"和"见独"等修养方式，修养身心，存心养性，炼养身体素质，使之不受外界功名利禄的干扰和礼乐仁义的束缚，忘记身外之物，"同于大通"，通过激发人的内在潜质、升华精神境界，自然而然达到"真知"和"大知"。与道家相比，墨家在《墨子·非儒》中明确提出："远施周偏，近以修身"，这是迄今为止所能查到的文献中，明确将"修身"作为一个专有词汇放在一起的最早的文献记录。在《墨子·修身》中还详细阐述了墨家的修身理论："君子查迩而迩修者也；见不修行见毁，而反之身者也，此以怨省而行修矣。"③ 与儒家的差等之爱相比，墨家主张人人平等，提出"兼相爱，交相利"的理论，但随着墨家学派的分裂和在中国历史长河中的消失，墨家的修身思想也没有很好地得以发扬和流传下来。儒家主张通过修身提高人的思想道德修养，培养道德上的理想人格，营造社会生活的伦理秩序，在秦汉以后的各种思想流派交融、渗透的历史长河中，逐渐形成了以儒家

---

① 《管子·权修》。
② 参见葛红兵、宋耕：《身体政治》，上海三联书店2005年版，第8页。
③ 辛志凤、蒋玉斌等：《墨子译注》，黑龙江人民出版社2003年版，第226页。

思想为核心内容的修身理论体系，并通过"内求诸己"和道德教化的方式，影响和奠定了古代中国人的存在方式，促使我国形成了为政以德、伦理本位的社会传统。

就其根源而言，儒家传统修身理论的形而上基础，与我国农业文明基础上形成的"家国一体、身国同构"的宗法制度有极大的关系。所谓"家国一体、身国同构"，主要是强调"国"是"家"的放大，人的身体所承载着的不仅仅是个体，而且也是国家和社会。换句话来说，"家国一体的基本原理是，将家的原理扩展为国的法则，国建立在家的基础之上"①，身国同构强调从身体出发推演社会伦理和国家运行法则，即孟子所提出的"天下之本在国，国之本在家，家之本在身"②。总的来看，"家国一体、身国同构"的封建宗法制度，在血缘关系的基础上，把身、家、国、天下连为一体，进而形成了"家国一体"的秩序理性，"身国同构"的价值体系，由身及家、由家及国的结构方式，第次依存的等级关系，其核心是将个体生活与家族血缘关系上升到国家政治的高度，以此为自然基础和自然原理建立一套社会制度和国家制度。在这样的社会生活与文化土壤中形成的儒家修身文化理论，其特有的伦理意蕴和德性关怀不言而喻。

春秋战国时期的社会土壤决定了儒家修身理论一经产生就带有一种挥之不去的"秩序理性情结"。正如我们所熟知，面对社会转型、周室衰微、礼乐崩坏所导致的社会失序、行为失范、道德失调，当时的思想家们从各自的立场出发，阐述了自己对社会稳定和秩序理性的渴望与向往。儒家创始人孔子秉承着"为仁由己"③ 和"唯仁者能好人"④ 的信念，高擎起"吾从周"⑤ 的大旗，他主张"志于道，据

---

① 樊浩：《文化与安身立命》，福建教育出版社 2009 年版，第 70 页。
② 《孟子·离娄上》
③ 《论语·颜渊》。
④ 《论语·里仁》。
⑤ 《论语·八佾》。

于德，依于仁，游于艺"①，强调"夫仁者，己欲立而立人，己欲达而达人"②，在人本主义的关怀和自身榜样示范的情况下去探寻生命的意义和价值，希望人们做到"见利思义，见危受命，久要不忘平生之言，亦可以为成人矣"③。力图按照自己的理解去建构"均无贫，和无寡，安无倾"④ 的社会秩序。孟子立足于性善论的人性基础和儒家文化土壤，进一步探索和阐发了儒家修身理论关于"父子有亲，君臣有义，夫妇有别，长幼有序，朋友有信"⑤ 的伦理思想，形成了独特的"善端"发掘话语体系和"人皆可以为尧舜"⑥ 的修身引导思想。孟子明确提出了"仁也者，人也。合而言之，道也"⑦ 的理论，即"仁，也就是说人与人之间的关系。总的来说，这就是道"，孟子关于"仁"的解释成为儒家思想中确立自身存在方式的基本理论依据，因此，催生了修身立命的儒家道德法则。它以人的内在自觉性作为道德建构之基础，坚持走"非由外铄"的道路，充满了理想主义的色彩。⑧ 儒家的伦理学说和话语体系经董仲舒"三纲五常"系统阐释后，逐渐主导了中国传统文化的"主旋律"和发展方向，两千多年来，一直影响和形塑着中国人的生活态度和生活方式，而儒家修身立命的道德法则也成为人们建功立业、"齐家、治国、平天下"的不二法门。

因此，在一定意义上，我们可以说"人总是文化的人，换言之，人总是生活在文化之中。从衣食住行等日常生活到各种社会活动和历

---

① 《论语·述而》。
② 《论语·雍也》。
③ 《论语·宪问》。
④ 《论语·季氏》。
⑤ 《孟子·滕文公上》。
⑥ 《孟子·告子下》。
⑦ 《孟子·尽心下》。
⑧ 参见景海峰：《儒家伦理的形而上追寻》，《学术月刊》2006 年第 9 期，第 47 页。

史运动，都显示出明确无误的文化内涵"①。在儒家文化主导人们认识自我和世界的古代中国，逐渐形成了伦理本位的德治社会，具有道德政治化、政治道德化的传统，道德生活对国家政治生活、精神生活和社会生活的影响和制约不言而喻，修身理论在提高人的思想道德素质的同时，在一定程度上奠定了古代中国人的存在方式。无论是统治者还是一般社会成员，都高度重视修身问题，希望通过修身促进理想人格形成和个体价值实现，希望用占统治地位的思想和道德约束社会成员，进而形成维护阶级统治的社会秩序。

二、儒家传统修身理论发展的历史脉络

追溯传统修身理论发展的历史脉络，必须研究古代中国历史发展尤其是文化史的发展。"因为历史里面有意义的成分，就是对'普遍'的关系和联系。而看见了这个'普遍'，也就认识了它的意义。"② 德国哲学家雅斯贝尔斯（Karl Jaspers, 1883—1969）在 1949 年出版的《历史的起源与目标》中提出，公元前 800 年至公元前 200 年，是人类文明发展的轴心时期（Axial Period），人类不仅意识到自身作为整体的存在，也意识到了自身的局限。在这一时期不仅人类文明取得巨大突破，而且产生了许多影响世界历史和各民族发展的文化巨人，古希腊诞生了苏格拉底、柏拉图、亚里士多德，以色列则有犹太教的先知们，印度有释迦牟尼，中国则产生了老子、孔子、墨子、孟子、荀子等诸子百家的代表人物，他们提出的思想原则和道德理想塑造着不同民族、不同国度的文化传统，也一直影响着后人的生活方式和社会的运行秩序，中国儒家文化中修身话语体系的提出和理论体系的初步形成也在这一时期显现。

---

① 衣俊卿：《文化哲学：理论理性和实践理性交汇处的文化批判》，云南人民出版社 2001 年版，第 3 页。

② ［德］黑格尔：《哲学史讲演录》第 1 卷，贺麟、王太庆译，商务印书馆 1981 年版，第 11 页。

本书所阐述的传统修身理论主要是指儒家代表人物提出的修身话语体系和理论体系。从总体上讲，儒家修身理论是中华传统文化的重要组成部分，它贯穿于儒家形成之后的前社会主义时期的各个时代，但就其发展的重要历史阶段来看，主要有三个突出发展的社会历史时期，即"子学时代"（冯友兰语）、宋明时期和明清之际。

"子学时代"主要指我国历史上的春秋末期到战国时代。这一时期是我国由奴隶社会向封建社会的逐步过渡时期，随着井田制的推行和生产力的发展，处于割据状态的各诸侯国实力此消彼长，社会动荡不安、"礼乐崩坏"，人民生活虽有所改善但渴望国家统一，许多知识分子从各自的立场出发，宣扬治国安邦之术、修身齐家之道，迎来了我国历史上修身理论发展的第一个黄金时期。这一时期是儒家修身理论话语体系提出和修身理论的初步形成时期，后世的儒家修身理论框架主要是在这一时期形成的理论体系基础上阐发和延伸的，这一时期儒家主要代表人物是孔子、孟子和荀子。孔子意识到修身的重要性，强调"德之不修，学之不讲，闻义不能徙，不善不能改，是吾忧也"①。孟子则提出："夭寿不贰，修身以俟之，所以立命也。"②荀子则强调"以修身自强，则名配尧禹"，并著《修身篇》。儒家学派修身理论的形成与发展，对我国的文化传统和礼仪之邦的形成起到了奠基性作用。

宋明时期是儒家修身理论发展的鼎盛与繁荣时期，也是修身目标与个体发展的矛盾尖锐化时期。这一时期修身理论的主要代表人物是程颢、程颐和朱熹。这里所说的鼎盛与繁荣，并不是指修身理论的科学化、合理性和先进程度而言，而是指对人的生活方式的影响程度和对社会思想观念的主导状况。程颐开创的学派被朱熹发扬光大后称为程朱理学，程朱理学在宋朝以后700多年的中国历史上，一直占主导

---

① 《论语·述而》。
② 《孟子·尽心上》。

地位，从家庭生活、个体行为到社会伦理、国家政治无不打上"理学"的烙印。程颢的思想被陆九渊继承，最后由王守仁完成，成为陆王心学，对近代人的思想和行为也产生很大影响。许多学者把程朱理学和陆王心学合称为宋明理学，以"存天理，灭人欲"为指导思想的封建伦理纲常就是由朱熹提出和概括的，这一时期的儒家修身理论强化了对人的行为约束和思想钳制，修身目标越来越背离个体发展的要求，不折不扣地成为阶级统治的工具，修身理论主导了人的社会生活，但又背离了人的生活情趣。

儒家修身理论大发展的第三个时期在明清之际，即明朝末年到清朝前中期。这一时期是封建社会由高度成熟走向衰落的时期，民族矛盾、阶级矛盾日益激化并交织在一起，官僚机构日益强化对人的统治和控制，进步的思想家开始在反对程朱理学"存天理，灭人欲"的斗争中，提出更贴近生活、贴近实际的修身理论，形成了蕴涵于实学之中的修身理论，主张"经世致用"，强调人的个性自由和个人利益，肯定自我的价值。从总体上讲，这时期的修身理论是对程朱理学修身理论的反思与批判时期，主要代表人物是王夫之、颜元和戴震。明清之际的实学所倡导的修身思想，在批判传统理学"天理人欲观"的基础上强调天理与人欲的统一，肯定了人类的欲望和生命追求是人类自身发展的基本动力和前提，如王夫之提出"吾惧夫薄于欲者之亦薄于理，薄于以身受天下者之薄于以身任天下也"① 等思想，为人们正确认识和实践修身理论提供了新的视角。

晚清时期我国中小学课程中开始设修身科，一直到 1922 年被公民科所取代。1902 年京师大学堂编书处成立后，专门编了修身教科书，这里的修身科，是"所以示道德之方法也"②，担负着"启德育

---

① 王夫之：《陈风·论衡门一》，《诗广传》卷二，《船山全书》第 1 册，岳麓书社 1996 年版，第 374 页。

② 蔡元培：《国民修养二种》，上海文艺出版社 1999 年版，第 1 页。

之径，敦蒙养之基"的任务，相当于现在的德育。而其教科书，主要是将封建的伦理道德要求与国家观念结合起来，既突出封建伦理纲常教育，也提倡个人加强修身以提升思想道德素质，重视国家、社会观念的培养，强调所谓的"小学教育之修身科，所以达道德教育之目的者也。欲国家文化之进步，不可不谋国民程度之进步；欲国民程度之进步，不可不养成国民之道德心；欲养成国民之道德心，不可不令国民修身"①。1911 年蔡元培在留德期间撰写了《中学修身教科书》一书，体现了蔡元培对中国人应具有道德的总体构想与研究。他秉承古代中国修身文化传统，主张修身要重视道德实践和国民素质的提高，"着眼于现代国民人格的培养，将古今中外的道德修养资源冶于一炉，……从而勾画出现代中国人修身进德的具体纲要"②。修身的目标不再是培养品行高尚、独善其身的"谦谦君子"，而是要培养社会所需的具有"完全人格"的国家栋梁之才。蔡元培强调通过借鉴中国传统的修身途径来实现其造就完全人格的目的，这当然有值得肯定之处，但在论及具体的修身实践时却主张调和西方"个性、自由、平等"思想与中国古代道德圣贤人格，提出修身"其本在乎修己"、"自省"等观点，具有明显的历史局限性。

　　鸦片战争以来，随着西方思想文化的传播和我国社会发展历程的转变，许多学者开始尝试用西方思想来改造中国的传统修身理论，使之与现代化相适应，并把理论研究的焦点从人转向与现代化相适应的制度、器物和思想观念的变革上，"实业救国"的观念取代了修身为本的理念，从某种意义上说，这一时期的修身理论已经不是生活世界的支柱理论，人们以兴办实业取代修身治国平天下的理性思考，修身理论虽有所发展，但既不纯属中国传统文化体系，也不再是人们安身

---

　　①　陆费逵：《修身讲义·绪论》，转引自毕苑：《从〈修身〉到〈公民〉：近代教科书中的国民塑形》，《教育学报》2005 年第 1 期，第 91 页。

　　②　蔡元培：《国民修养二种·序言》，上海文艺出版社 1999 年版，第 5 页。

立命之本了。延续两千多年的中国传统修身理论尽管在人们的生活中仍然发挥着不可忽视的作用，但已逐步被边缘化而离开了人们生活的中心舞台。

三、儒家传统修身理论的体系结构

儒家传统修身理论的产生和发展，孕育于中国伦理型的传统文化之中，建立在以自给自足的自然经济和以农立国、以家为本、家国一体、身国同构的血缘关系和宗法关系的社会历史基础之上。修身的思想理论基础，不是宗教教义，而是中国丰富的伦理道德资源，在思维方式上体现的是家的放大，生活方式上注重内敛，人们通过修身来调节身心关系、人际关系和物我关系。儒家传统修身理论对古代中国人的生活产生了重大影响，大致说来，其理论体系主要包括以下内容。

1. 修身为本的德性观念

孔子作为儒家思想的创始人，虽然没有明确提出修身为本的话语，但他多次强调修身的地位和重要性，提出"德之不修，学之不讲，闻义不能徙，不善不能改，是吾忧也"① 的观点，强调"修己以敬"、"修己以安人"、"修己以安百姓"② 的修身思路。孟子作为儒家思想的集大成者，在性善论基础上提出："恻隐之心，人皆有之；羞恶之心，人皆有之；恭敬之心，人皆有之；是非之心，人皆有之。恻隐之心，仁也；羞恶之心，义也；恭敬之心，礼也；是非之心，智也。仁义礼智，非由外铄我也，我固有之也，弗思耳矣。"③ 他充分肯定了人人都有向善的本性，认为只要确立修身为本的德性观念，就可以挖掘潜在的善端和提升自身的思想道德素质。因此，他提出修身乃"所以立命也"④ 的命题，强调修身是人的安身立命之本，强调

① 《论语·述而》。
② 《论语·宪问》。
③ 《孟子·告子上》。
④ 《孟子·尽心上》。

"人皆可以为尧舜"①，荀子虽然强调性恶论，但他认为只要确立修身为本的德性观念，则通过修身和教化可以实现"化性起伪"，使人变得完善，甚至"涂之人可以为禹"，并专门作了《修身篇》。荀子强调"木受绳则直，金就砺则利，君子博学而日参省乎己，则知明而行无过矣"②，并提出"以治气养生，则身后彭祖；以修身自强，则名配尧禹"的修身理论，荀子认为修身应先于治国，不修身就无法治国，把修身为本的德性观念扩展到政治生活和社会秩序的塑造之中。

修身作为人的自我教育、自我规范、自我发展的话语体系与活动方式，最具代表性的记载出自《礼记·大学篇》："古之欲明明德于天下者，先治其国；欲治其国者，先齐其家；欲齐其家者，先修其身；欲修其身者，先正其心；欲正其心者，先诚其意；欲诚其意者，先致其知；致知在格物。物格而后知至，知至而后意诚，意诚而后心正，心正而后身修，身修而后家齐，家齐而后国治，国治而后天下平。自天子以至于庶人，一是皆以修身为本。"在儒家看来，实现人生的最高理想，造就道德上的完美人格，建构社会生活秩序乃至阶级统治需要的国家秩序，最基本的手段和途径是修身。修身可以挖掘人的道德本性和实现个体道德的不断自我完善，在滋养和体悟人的道德本性中确立自身的存在方式，进而建构和谐的社会生活秩序，人生价值实现过程中的所谓"立言、立功、立德"，不过是"内圣外王"之道而已。儒家希望通过修身以成就"君子人格"和"圣人气象"，实现对生命本身的自我超越和生命意义的升华，修身为本的德性观念对古代中国人的存在方式的确立产生了重要影响。

2. 循序渐进的目标结构

儒家传统修身理论主张人们应当在修身实践中确立循序渐进的目

---

① 《孟子·告子下》。
② 《荀子·劝学》。

标结构。孔子说："吾十有五而志于学，三十而立，四十而不惑，五十而知天命，六十而耳顺，七十而从心所欲，不逾矩。"① 孔子的"志于学"的过程，实质上就是"志于道"的修身实践过程，在追求真理的道路上逐渐形成由不自觉到自觉、由必然王国到自由王国的精神境界，即《中庸》中所说的"从容中道"的圣人境界。儒家修身理论为人们设置的追求目标，是一个复杂的目标网络体系。从个体的践行规律来看，《礼记·大学篇》所倡导的"三纲"、"八目"构成了后世比较认可的修身的目标体系，"三纲"即"明德、亲民、至善"，"八目"即"格物、致知、正心、诚意、修身、齐家、治国、平天下"，其中前四目是内圣的过程，后三目是外王的过程，也是修身理论与实践相结合的过程，而"修身则是内心和外部世界的分界点，也是由内心通向外界，由外界转为内心的轴心和结合点"②。儒家文化强调修身要深造自得、盈科而进、反身而诚，"原泉混混，不舍昼夜。盈科而后进，放乎四海"③，"不践迹，亦不入于室"④，如果不接受基础性的道德教育，不循序渐进地进行修身，是不可能实现修身目标的。

从个体与社会关系的层面来看，修身目标又有社会目标和个体目标之分。在社会层面上，修身要为"齐家、治国、平天下"服务，要有利于建立"大同社会"的理想秩序；在个体层面上，要满足"君子"、"圣人"等理想人格的自我塑造需要。个体塑造目标服从于社会秩序目标，无论是"文质彬彬"的君子，还是"富贵不能淫"的"大丈夫"，最终都以"王道"实现"治国平天下"为己任，为了实现这一社会目标，个体必须进行修身。从物质与精神的追求上

① 《论语·为政》。
② 李萍、钟明华、刘树谦：《思想道德修养》，广东高等教育出版社2003年版，第2页。
③ 《孟子·离娄下》。
④ 《论语·先进》。

看，儒家修身目标侧重于精神目标，提倡人们在贫穷的生活环境中超越物欲而追求生活境界和精神家园建构，寻求后人所说的"孔颜乐处"，即"饭疏食饮水，曲肱而枕之，乐亦在其中矣。不义而富且贵，与我如浮云"①，"一箪食，一瓢饮，在陋巷，人不堪其忧，回也不改其乐"②。

3. 义高于利的价值准则

义高于利的价值准则是儒家传统修身理论的重要内容，也是人们社会生活的一个中心问题。人的物质性存在与社会性存在之间的矛盾集中体现为道德生活与物质需求之间的矛盾。如何合理地处理二者之间的关系是衡量修身理论与实践成败的重要标志。孔子主张"见利思义"③，认为这是成人的标准，做到"以义制利"，并指出"君子喻于义，小人喻于利"④，强调"富与贵，是人之所欲也，不以其道得之，不处也。贫与贱是人之所恶也，不以其道得之，不去也。君子去仁，恶乎成名"?⑤ 在孔子看来，富贵是人的正常欲望，孔子并不否定这个欲望，而是认为需要按照一定的道德、道义去追求它。在后世儒家中，孟子主张"舍生取义"成就"大丈夫"，董仲舒则主张"正其谊不谋其利，明其道不计其功"，程朱理学更是提出"饿死事小，失节事大"的义利观。

儒家所倡导的义高于利的价值准则，主要是为塑造阶级统治所需要的社会秩序而服务的。在这一准则的规范之下，个体成为家族和阶级的附属物，人们生活在一个以封建宗法为道德标准的等级森严的社会中，其义利观念因所处的社会阶层不同，进而形成不同的权利和义务标准与修身目标。无论是孔子的"君子"还是孟子的"大丈夫"

---

① 《论语·述而》。
② 《论语·雍也》。
③ 《论语·宪问》。
④ 《论语·里仁》。
⑤ 《论语·里仁》。

目标，在现实生活中必须取群体意志（义）来约束私欲（利），他们作为充分体现理想人格塑造的群体，要在秩序理性的控制与支配下成为道德修养高尚的人，遇事表现出"谦谦"风范，把作为封建礼教化身的"义"作为行为的基本指针并感召社会成员遵从它。这样的义利观念与准则首先满足于稳定封建社会的统治秩序要求，促使人们在贫困、逆境以及无奈的生活状态中"安贫乐道"，甚至去追求"孔颜乐处"的精神境界，在某种程度上对封建法治起着补充作用。必须强调指出的是，无论是"义"或者"礼"，事实上都是出于符合与遵从统治阶级需要的秩序理性而言的。儒家修身理论发展的历史，在一定意义上可以说是以义统利、以义制利的历史，更是个体行为服从阶级统治秩序理性要求的历史。

4. 忠恕之道的政治伦理

儒家传统修身理论从产生之后就推崇忠恕之道的政治伦理。孔子一生推崇"己欲立而立人，己欲达而达人"和"己所不欲，勿施于人"的忠恕之道，主张"礼之用，和为贵。先王之道，斯为美；小大由之。有所不行：知和而和，不以礼节之，亦不可行也"①，并要求人们"为政以德"②。孟子把伦理和政治紧密结合起来，强调修身是治国的根本："天下之本在国，国之本在家，家之本在身"③，并把人伦关系概括为"父子有亲，君臣有义，夫妇有别，长幼有序，朋友有信"五伦，他认为如果社会成员都能够按照五伦处理人与人之间的关系，家国秩序的稳定和天下的统一就有了可靠的保证。随着"罢黜百家，独尊儒术"的推行和"三纲五常"理论体系的确立，这种所谓"内化"的个体道德开始统率和主导社会生活和政治生活，在理论上把社会的政治伦理目标逐渐演变成每个个体自觉的情感追

---

① 《论语·学而》。
② 《论语·为政》。
③ 《孟子·离娄上》。

求。"政者，正也，子帅以正，孰敢不正?"① 儒家认为政治不是暴力工具，而是教化途径，政治不外乎正己以正人，统治者只需要外施王者之政，弃霸道而"仁者无敌"，以身作则地进行道德示范，加强道德自律，就能形成乐以成德的人生境界，能在心理美化中完善高尚的道德人格，就能增强民族凝聚力和促进良性国家秩序的形成。

儒家传统修身理论提倡"内以圣人的道德为体，外以王者的仁政为用，内圣是要追溯道德价值的源头，以求达到仁、圣的境界，外王是要贯彻道德价值要求，实现王道、仁政的目标"②。在儒家看来，修身活动可以促进社会成员的自我反省、反求诸己挖掘个体的善端，使他们自觉地把个体心理与社会伦理统一起来，这样就可以实现应有的社会秩序甚至个体的心灵秩序。在我国封建社会，统治阶级正是这样逐步把个体修身道德上升为家族道德、社会政治伦理，进而把它上升为阶级统治秩序中政治与伦理结合的合法根源，推行为国家尽忠和为父母尽孝就是这种政治伦理的基本体现。个体品德、家族道德与国家政治道德之间的一致性和协调性，成为维系传统社会秩序运行的主要支柱，而个体品德、家族道德和社会伦理政治的实现，都必须依靠个体修身这一内在的途径来实现，修身理论适应了当时社会秩序建构与个体发展的需要，对古代中国超稳定社会秩序的形成发挥了极强的社会整合作用。

5. 善端挖掘的方法体系

儒家传统修身理论没有把修身活动与人的社会生活实践紧密结合，而是把个体善端的挖掘作为出发点来研究人的自我教育、自我规范、自我发展，以满足社会发展需要的理性秩序建构和个体理想人格追求，具有明显的思辨性特征。经过两千多年的发展，传统修身方法

---

① 《论语·颜渊》。

② 郑永廷：《现代思想道德教育理论与方法》，广东高等教育出版社 2000 年版，第 239—240 页。

不断完善和改进，但就贯穿整个儒家修身思想史的主要方法而言，代表性的方法有：

第一，学思结合。儒家传统修身理论认为，个人要进行修身，既要重视学，又要重视思，学和思是为了认识问题、解决问题。在传统文化中，"学"主要指模仿、效仿之意，"习"是人们反复练习强化"学"的效果的过程，"学而不思则罔，思而不学则殆"①，修身的过程是"学"和"习"的统一，是通过模仿、效仿圣人的道德理论和实践促使自己反复实践以形成生活习惯，确立有德性的生活方式。既要重视读圣人之书，学王者之道，也要重视思考修身方法，孔子所谓君子的"九思"中，提出了言思忠、疑思问、见德思义的具体要求，还提出了"近思"、"切问"的方法，"博学而笃志，切问而近思；仁在其中矣"②，联系自身的思想、行为进行思考、修身，从而使"仁"和"礼"的思想真正转变为自身的方法。孔子指出："学而时习之，不亦说乎"③，即能够模仿先哲而且不断地重复和巩固自己的学习成果，是一件快乐的事，"先行其言而后行之"，反映了儒家传统修身思想的知行观，当然后世儒家强调"知行合一"（王守仁）。同时，"知过能改，善莫大焉"是学思结合的又一基本内涵，修身的过程本身是学习的过程，主张"学而不厌，诲人不倦"，"三人行，必有我师焉"，也是把自觉意识到和学习到的符合时代发展需要的思想和行为在修身实践中反复强化和不断生成的过程，是人的思想和行为日趋规范化、理性化的过程，促使人形成统治阶级秩序理性需要的生活方式、思维方式和行为习惯。

第二，反躬自省。反躬自省也可以称做内省或反省，儒家传统修身思想特别提倡这一方法，"见贤思齐，见不贤而内自省也"④，曾子

---

① 《论语·为政》。
② 《论语·子张》。
③ 《论语·学而》。
④ 《论语·里仁》。

提出了"吾日三省吾身"① 的主张，孟子继承并发扬了内省的方法，提出"反身而诚"、"存心养性"的自我扩充与反省的修身方法，荀子则提出"君子博学而日参省乎己"②。儒家传统修身理论强调"君子求诸己，小人求诸人"，把见贤思齐、反求诸己等与自省、内省、反省相联系的或类似的修身方法予以总结和挖掘，在道德高尚的人面前虚心学习请教，争取赶上或超越他，遇到不良现象时自觉对照检查自己，看自身是否存在类似的缺点和过失的行为，有则改之，无则加勉。反求诸己是反省方法的推演，要求个体遇到他人以不合理的方式和态度对待自己时，首先是要自己反省自己，以德报怨，不要怨天尤人，检查自身的缺点和不足，以建立良好的人际关系。从反躬自省方法产生的人性基础来看，性善论关注的是人的生命存在本身就有善端的始原性存在，修身活动是在格物致知的基础上，通过正心诚意的修养功夫，不断挖掘和彰显人的善性，促使人们合于"仁"和"礼"的秩序理性思维和行为的不断生成；从性恶论的角度来说，反躬自省则意味着修身活动是一个以外在的道德规范来约束和重塑个体精神家园和生活方式的过程，其目的在于消退人的自然性、增强人的社会性、提升人的道德素质，活动直指人的内心世界，为消除人的不良习气和促使人格完善寻找理性化的内在路径。

第三，克己复礼。《论语》中提出了"克己复礼为仁"③ 的修身总纲，从"行己也恭"、"为仁由己"、"修己以敬"、"克己复礼"等话语体系的阐述来看，克己是个体修身的重要手段，目的是"为仁"，即按照统治阶级的道德标准来约束、规范个体思想和行为，要求修身主体能够克制自己的思想和言行使之符合"礼"（即统治阶级需要的理性秩序）的需要，那就意味着达到了"仁"。为了以礼约束

---

① 《论语·学而》。

② 《荀子·劝学》。

③ 《论语·颜渊》。

和规范人们的思想和行为，孔子提出了四条具体化的克己准则——
"非礼勿视，非礼勿听，非礼勿言，非礼勿动"①。儒家的克己修身思
想包含有克欲（"富与贵，是人之所欲也；不以其道德得之，不处
也"②，人都会有渴求复归的自然欲望，但如果通过正当渠道不能得
到的话，就让它去吧）、寡欲（"养心莫善于寡欲"③，就是修养身心
不如去除奢欲，控制人的欲望无使其泛滥）乃至禁欲（程朱理学主
张"存天理，灭人欲"）的思想。通过人们自觉克制自己的自然欲
望，清心寡欲，存其心，养其体，从而保证人性本源的善端不致被泯
灭。这种以"礼"和"仁"来克制人的欲望，约束和规范人的思维
方式和生活方式，显然具有为阶级统治秩序服务和压抑人的自由个性
的性质，抑制人的创造性和主体性的发挥，在这样的修身理论指导下
培养出来的社会成员显然具有片面性、狭隘性和依附性的人格特征。
克己复礼的修身方法由于压抑了人的合理需要和欲望而受到强烈批
判，后世儒家认识到这个问题，提出"理存乎欲"、"理欲的统一"
等方法以对此作出修正。当然，这一修身方法在某些方面也有值得肯
定的地方，如克己包含有严于律己、宽于待人的思想观念，推崇
"己所不欲，勿施于人"、"己欲立而立人，己欲达而达人"的忠恕之
道，重礼尚往来、以德报怨，这些律己的修身方式有利于建立和谐的
人际关系，在某种程度上构成了中国传统美德的重要内容。

　　第四，独善其身。儒家传统修身理论中独善其身的基本思路有：
第一，就是孟子提出的"穷则独善其身，达则兼善天下"④。换句话
来说，即使在人生最不得志与困窘的时候，也要修养身心，保持高尚
的道德节操。马克斯·韦伯对此予以高度评价，他指出："独善其
身，修成这种和谐的表现，……'君子'、'高雅之人'……在士大

---

① 《论语·颜渊》。
② 《论语·里仁》。
③ 《孟子·尽心下》。
④ 《孟子·尽心上》。

夫时代达到了全面的自我完善境界的人：一件堪称古典的、永恒的灵魂美之典范的'艺术品'，传统儒学正是把这种典范植入蒙生的心灵中的。"① 第二，慎独。"所谓慎独，是指人们在独处无人注意的情况下，能自觉按一定的道德准则思考和行动，而不做任何坏事。慎独是一种境界更高，自觉性更强的自我修养方法。"② 这种修身方法在《礼记·中庸》中被提出："天命之谓性，率性之谓道，修道之谓教。道也者，不可须臾离也，可离非道也。是故君子戒慎乎其所不睹，恐惧乎其所不闻。莫见乎隐，莫显乎微，故君子慎其独也。"它是孟子"独善其身"思想的进一步阐释，强调个体在没有别人监督和独处的情况下，能够自觉按照社会道德规范来约束自己。慎独是修身主体道德自律和自觉性的升华，其过程反映了修身主体发展内在需求与社会秩序外在要求的统一，个体内在的道德自律要求人们自我约束和自我完善，社会秩序也从外在视界要求对人的思想和行为进行规范，慎独的人不会因为没有别人监督而变得放纵，它是人们在外在的制约性因素消失后仍充满恭敬之心的诚意而为，但过分强调道德主观上的崇高性、完美性，容易形成修身道德的悖论——虚伪道德的出现。

第五，主敬。"敬"是敬畏，主敬意味着人们待人做事常怀恭敬之心。儒家修身主张严格要求自己，谨言慎行，"一以贯之"地遵循道德规范，强调"修己以敬"。在孔子看来，"敬"是社会秩序的基础，只有个体做到了"修己以敬"，才有可能"安人"、"安天下"。程颐在谈到修身的方法时强调："涵养需用敬，进学在致知，"③ 提倡精神修养；程颢也认为修身应"以诚敬存之"，做到"身心收敛"。

---

① ［德］马克斯·韦伯：《儒教和道教》，王容芬译，商务印书馆1995年版，第183页。

② 郑永廷：《现代思想道德教育理论与方法》，广东高等教育出版社2000年版，第239页。

③ 参见［宋］程颢、程颐：《遗书》卷十八。

主敬的方法比较集中地体现了人之为人的"自觉能动性",使人们达到"积善成德,而神明自得,圣心备焉"① 的目标。否则,即便有丰富完善的外在规定,如果人们未怀恭敬之心,待人接物随意而为,则毫无社会秩序可言。

当然,这里所谈的修身方法,只是儒家传统修身方法的主要部分,还有很多方法,比如重视立志,"夫志者,气之帅也"②;修身过程中知行关系的探讨,王夫之认为"行先知后",他引用《书经·说命》一句话:"知之非艰,行之惟艰",又引用《论语》中的"仁者先难",认为"艰者必先业,先其难,而易者从之矣",王守仁主张知行合一,不管对知与行的关系认识如何,传统修身思想都很重视知行与修身的关系等,这不是本书的重点,所以不再一一赘述。

儒家传统修身理论是中华民族的重要文化基因,已经深深地融注到我们的民族性格之中。它既以观念形态的文化存在于人们的精神生活中,又以道德养成的社会实践形式影响着人们的日常生活,修身的形式、过程及其结果,无不渗透、融合、凝聚着人们对秩序理性的塑造和自由个性的规范。毫无疑问,无论我们如何对作为观念形态的儒家传统修身理论进行强烈地批判和否定,它并不会随着社会制度的变化和意识形态的更替而自动立刻变更、消失。儒家传统修身理论中具有某种合理性的一些内容和方法,仍然作为道德养成方式对现代人的存在方式发生重要影响,并规范和引导着人们的社会生活和实践。因此,我们对儒家传统修身理论的脉络梳理不是停留于回顾与总结,而是为了"扬弃"、发展与超越,不是为了消极地重复儒家传统修身的历史与内涵,而是为了引导人们确立更好的生活方式和生活态度。

---

① 《荀子·劝学》。
② 《孟子·公孙丑上》。

第二节　儒家传统修身理论的基本特征

形成于"子学时代"（冯友兰语）的传统修身理论原创形态，是中国传统文化尤其是儒家文化的重要组成部分，修身理论与儒家文化一起先后经过两汉经学、宋明理学和明清实学阶段的发展，理论体系日益完备，在一定程度上奠定了古代中国人的存在方式。它一方面有力地促进了中华礼仪之邦的形成；另一方面也压抑了人的主体性，沦为阶级统治的工具。不可否认，儒家传统修身理论是我国伦理文化的重要内容，是个体自教自律的体现。与道德教化的他教和法律规范的他律相比，修身是一种典型的自我教育、自我规范、自我完善的话语体系与活动方式，它以人的道德修养为基本内容，以培养"文质彬彬"的君子和追求"孔颜乐处"的精神境界为基本目标，对古代中国人理想人格的形成和中华民族性格的塑造具有重要的积极作用。但是作为反求诸己的自我修养方式，它在个性培养、心理调适以及社会发展过程中的局限性也很明显。我们研究儒家传统修身理论的基本特征，是为了借鉴其合理的理论与方法，开发其现代价值，为现代人孕育和培养"秩序理性"与"自由个性"服务。

一、修身是在性善论基础上形成的一种世俗性文化形态

修身理论作为中国传统文化尤其是儒家文化的重要组成部分，它产生于以自给自足的自然经济、伦理政治和整体主义文化为社会基础的"人的依赖关系"阶段。随着赖以维系周王朝统治的天命论思想破产，在"礼乐崩坏"的社会大潮中，生产方式、社会制度以及价值观念、思想形态都发生了重大变化，中国社会进入了由奴隶社会向封建社会的重要转型时期，在"天道远，人道迩"和"吉凶由人"的思想指引下，形成了世俗性的修身理论原创形态。古代中国是一个

家国一体、身国同构、伦理本位的封建宗法社会，修身理论一经产生就迅速与社会的政治文化相结合，构成了古代中国政治哲学的基本理论和主要内容，并在以后两千多年的封建社会中塑造和引导着社会成员的人格培养和精神生活，履行着为阶级统治服务的功能，特别是后来形成的"存天理，灭人欲"的观念和"三纲五常"的封建伦理，使修身理论日益演变成对社会成员束缚和控制的重要工具，作为世俗性的文化形态，它的价值在形成古代中国超稳定的社会结构和主导社会成员日常生活方式的过程中得以彰显。

性善论是我国传统修身理论形成的人性基础。文化形态的研究，一般都从人性研究开始。西方人学思想的形成有较强的性恶论人性基础，在追求价值理想和建构"自由社会"的过程中，突出个人主义，讲究自我实现，因此，通过外在的制度规范对人的思想和行为进行约束与调节就成为必然，这在某种意义上引发了西方社会的法治传统。性善论是我国传统修身理论形成的人性基础，它强调普遍意义的人，重视对人的思想和行为的内在规范和引导，主张以"仁"、"礼"和"孝"的封建宗法伦理为治国安邦之术、修身齐家之道，演化成中国文化中的德治传统。人们的社会生活被理解为血缘关系的扩大化，形成"君臣、父子、夫妻、兄弟、朋友"五伦体系构成的熟人社会和整体主义社会。在人伦关系的演化和践履中形成以"克己复礼为仁"①、"孝悌也者，其为人之本也"②、"不知礼，无以立也"③ 为主要内容的修身理论。这种理论不是通过宗教的自我贬抑机制把彼岸的上帝和天国作为价值追寻的目标，而是把现实生活中的"仁"、"孝"和"礼"作为安身立命的道德原则和现实规范，强调是以血缘关系、家族伦理规范自身的思想和行为，希望通过"识仁"和"体仁"，践

① 《论语·颜渊》。
② 《论语·学而》。
③ 《论语·尧曰》。

履"孝"和"礼"，而做到"从心所欲不逾矩"。

儒家思想的主要代表人物高度重视修身理论的世俗性发展。孔子提出"未能事人，焉能事鬼"①　的观点，明确肯定了修身理论的世俗性，并提出了"克己复礼"的修身总纲和可操作性的具体措施："非礼勿视，非礼勿听，非礼勿言，非礼勿动。"②　孟子从"仁"的视角发展了孔子的修身理论，"尽其心者，知其性也。知其性，则知天矣。存其心，养其性，所以事天也。殀寿不贰，修身以俟之，所以立命也"③，强调修身是内在善端的挖掘，是安身立命之本，而不是依靠冥冥之中的上帝。荀子在强调"以治气养生，则身后彭祖；以修身自强，则名配尧禹"④　的同时，明确强调修身应先于治国，不修身就无法治国，把个体道德修养引向国家政治伦理："请问卫国，曰：闻修身，未尝闻为国也。君者仪也，仪正而景正；君者磐也，磐圆而水圆；君者盂也，盂方而水方。君射则臣决。楚庄王好细腰，故朝有饿人。故曰：闻修身，未尝闻为国也。"⑤　《礼记·大学篇》明确强调"自天子以至于庶人，一是皆以修身为本"。儒家强调修身首先是"内圣"的过程，即成就理想人格；而治国平天下则是修身价值不断外化的过程，即"外王"，对统治阶级成员来说，就是通过推行"王道"而"仁者无敌"的过程。因此，在儒家文化里，修身的内容不是来自于神的启示，而是由所处时代的社会伦理所规定的，修身过程就是把封建宗法伦理个体化的过程，个人只不过是为阶级统治服务所培养和训练的社会关系承载者，修身是社会秩序规范化的内在体现，其目的不是为了实现人的"自由个性"，而是出于强化对人的规范和约束的需要。

––––––––––––

① 《论语·先进》。
② 《论语·颜渊》。
③ 《孟子·尽心上》。
④ 《荀子·修身》。
⑤ 《荀子·君道》。

儒家修身理论的世俗性文化特征，在"人的依赖关系阶段"容易把封建王权神圣化乃至神化。与西方的宗教性文化形态相比，修身理论不是把"神"而是把人际关系放在至高无上的地位，务实的人际关系代替了对宗教的迷狂，对神的"尊"转化为对人的"亲"，形成了"亲亲而仁民，仁民而爱物"① 的差等之爱理论，人际关系意识形态化，把对神和宗教的崇拜化做对政治的崇拜。而政治不是抽象、孤立的存在，而主要是通过君权、王权来体现的。《诗经·小雅·北山》中说："普天之下，莫非王土；率土之滨，莫非王臣"，充分体现了王权的绝对权威，依据"君为臣纲"的基本理论，修身理论的核心价值就在于更多更好地培养出为统治阶级服务的忠臣良将、孝子贤孙，为维护封建王权和君主专制服务。

二、修身是以特定文化形态进行自我规范、自我完善的理性活动

人是理性存在物。正如康德所指出："他必须承认他自己是属于感觉世界的；但就他的纯粹能动性而言，他必须承认自己是属于理性世界的。"② 修身是人作为理性存在物活动的具体表现，本质上是人们以特定文化形态进行自我启蒙、自我教育、自我规范、自我完善的理性活动。近代西方理性主义在笛卡尔"我思故我在"呐喊中觉醒，形成了关于理性的认识，强调理性或良知是"唯一使我们成为人并且使我们与禽兽有区别的东西"③，从此，人的主体性登上生活世界的中心舞台，标志着理性主义人学的诞生。而中国传统修身理论自诞生之日起就闪耀着理性主义的光芒，荀子在《非相》中就曾经提出：

---

① 《孟子·尽心上》。

② ［德］康德：《道德形而上学的基本原则》，载郑保华主编：《康德文集》，刘克苏等译，改革出版社 1997 年版，第 113 页。

③ ［法］笛卡儿：《方法谈》，载北京大学哲学系外国哲学史教研室编：《十六——十八世纪西欧各国哲学》，商务印书馆 1975 年版，第 138 页。

"人之所以为人者，何已也？曰：以其有辨也。"这里的"辨"就是思想，认为唯有思想才会产生并评判价值。荀子提出："假舆马者，非利足也，而致千里；假舟楫者，非能水也，而绝江河，君子生非异也，善假于物也"①，这里的"生"即"性"，强调理性对人的活动和人格完善的价值，而修身正是以自我为认识和实践对象进行精神家园建构的理性活动，其结果通过个体理想人格塑造和社会和谐有序环境的创设予以体现。

　　修身是个体在理性指导下认识自我、规范自我、完善自我的活动，它强调人的思想和行为及相关的道德规范应建立在理性基础之上。曾子曰："吾日三省吾身：为人谋而不忠乎？与朋友交而不信乎？传不习乎？"② 这段论述表明，曾子从自我与他人的关系着手，在理性的基础上试图突出"主体间性"，意味着要让自我与他人的关系经受"忠"和"信"的考验，突出了理性对个体的价值。孟子则强调："万物皆备于我矣。反身而诚，乐莫大焉。强恕而行，求人莫近焉"③，他认为世界上的一切事物我都具备，体现了天人相参、物我一体的天人合一观和极高的道德境界，认为只要按推己及人的忠恕之道勉力而行，没有比它更容易接近"仁"的途径了，这是早期修身理论所理解的理性标准。在宋明理学时期，理性主义发展到了极致。理学家们一方面发扬了孟子的天人合一理论，提出"性"即"理"，人性即天理；另一方面又吸取了荀子的天人相分理论，提出"理"与"欲"的对立，认为理是天理，欲是人欲，修身的目的是为了"革尽人欲，复尽天理"。在这一理论指导下，修身由人的自觉活动转变成无条件的服从自己等级内的职责即"天理"的过程，它否定一切与天理相违背的需求和自由（即"人欲"），个体的自由和权

---

① 《荀子·劝学》。
② 《论语·学而》。
③ 《孟子·尽心上》。

利被排除在修身目标之外，人们修身是为了成就"文质彬彬"的君子和"富贵不能淫，贫贱不能移，威武不能屈"的大丈夫，因此，要"正其谊不谋其利，明其道不计其功"（董仲舒），"以义制利"、"见利思义"（孔子），甚至在必要时"舍生取义"（孟子），以追求高尚的道德境界。

修身是人们理性追求和谐的人际关系与社会秩序的活动。孔子提倡"修己以敬"，"修己以安人"，"修己以安百姓"①。在孔子看来，世界秩序是从个体开始的，这里的个体是每一个个体，而"人"是与自己相对应的周围的他人，是"己"的交往圈和形成人际关系的基础，百姓则指社会上所有的普通社会成员，从理性主义的视角来理解，人们通过修身活动首先形成君子的必要道德品质，如果每一个个体都怀着恭敬之心和周围的人交往，然后以自己的模范行为影响和同化周围的人，那么良好的人际关系与稳定和谐的社会秩序将得以建立，这样修身作为理性主义的建构活动就有了巩固以血缘、宗法为纽带建构起来的社会结构的价值。《礼记·礼运》中则提出了"大同世界"的美好愿景："大道之行也，天下为公。选贤与能，讲信修睦。故人不独亲其亲，不独子其子。使老有所终，壮有所用，幼有所长，矜寡、孤独、废疾者皆有所养。男有分，女有归。货，恶其弃于地也，不必藏于己；力，恶其不出于身也，不必为己。是故谋闭而不兴，盗窃乱贼而不作。故外户而不闭，是谓大同。"在某种意义上，修身理论也阐述了"每个人的自由发展是一切人的自由发展的条件"②的思想，个体修身能规范自我、完善自我，每个人都进行修身则必将导致良好的人际关系和社会风尚的形成，最后实现"大同社会"的理想目标。

当然，在封建宗法社会土壤中形成的修身理论，容易借理性主义

① 《论语·宪问》。
② 《马克思恩格斯选集》第1卷，人民出版社1995年版，第294页。

之名压抑人的个性与情感。列宁指出："没有人的'感情'，就从来没有也不可能有人对真理的追求。"① 情感是人们认识活动的强大动力，它激励着人们积极地去从事各种激发人的智慧、灵感和创造力的活动，人的需要则是标志个体匮乏状态和发展条件的范畴，修身理论的实现程度，在很大程度上受情感和需要的调节和制约。宋明理学把理性绝对化，并把它作为价值判断的最高标准，造成理性与情感、需要的极端对立，扼杀了人作为自然存在物的生命依托。而"人们为了能够'创造历史'，必须能够生活。但是为了生活，首先就需要吃喝住穿以及其他一些东西"②。宋明理学之前的修身理论虽然也重义轻利，但基本上不否定人的合理需求和欲望，而宋明理学片面发展了孟子的"寡欲"思想，并吸收了佛教的禁欲思想，对人欲采取严厉的排斥态度，把修身理论发展成为背离孔孟仁学的人性枷锁，不但严重摧残了人的道德人格，也压抑了人性。然而，情感和需要客观地存在于人的生活世界，否则生命体就不可能得以存在，"人欲"不可能因为理性的存在就会自动消失，"灭人欲"的思想观念与现实生活中"人欲"的广泛存在之间的矛盾，在某种意义上导致了封建礼教制约下的"人格分裂"和伪善道德的出现。

三、修身是个体理想人格建构过程中呈现的精神境界

修身理论自原创形态开始，其目标一直是追求道德理想人格的完善。然而，在阶级社会中，"统治阶级的思想在每一时代都是占统治地位的思想。这就是说，一个阶级是社会上占统治地位的物质力量，同时也是社会上占统治地位的精神力量。支配着物质生产资料的阶级，同时也支配着精神生产资料"③，因此，统治阶级出于维护阶级

---

① 《列宁全集》第20卷，人民出版社1958年版，第255页。
② 《马克思恩格斯选集》第1卷，人民出版社1995年版，第79页。
③ 《马克思恩格斯选集》第1卷，人民出版社1995年版，第98页。

统治的需要，必然倡导和规范着人们的修身活动以阶级统治服务为基本价值取向。这样，人们的修身活动，也就呈现出了双重价值导向——社会秩序与个体人格的层级目标。在理想人格目标的追求过程中，修身理论鼓励人们追求超越物欲的高尚道德和精神境界，"饭疏食饮水，曲肱而枕之，乐亦在其中矣。不义而富且贵，与我如浮云"①，"一箪食，一瓢饮，在陋巷，人不堪其忧，回也不改其乐"②，以形成后人所谓的"孔颜乐处"的精神境界，最终成就"君子"、"圣人"人格。在孔子看来就要"克己复礼"，孟子则认为要不断挖掘人的善端："人之所不学而能者，其良能也；所不虑而知者，其良知也"③，孟子把修身看做是人的"善端"的后天扩充，人们可以不经过后天学习、思考而达到"善"，王守仁发扬了孟子的这一思想，提出了"致良知"的修身理念，认为"良知"是宇宙的本原、世界的主宰，把修身拖入了唯心主义的深渊，张载甚至要个体修身最终达到"为天地立心，为生民立命，为往圣继绝学，为万世开太平"的精神境界。

修身理论强调人的社会责任和历史使命，主张在"经世致用"中体现修身的境界。孔子强调"修己以敬"、"修己以安人"、"修己以安百姓"④，孟子则提出"得志，泽加于民；不得志，修身见于世。穷则独善其身，达则兼济天下"⑤。修身理论所体现出来的积极入世精神和兼济天下的情怀，对"以爱国主义为核心的团结统一、爱好和平、勤劳勇敢、自强不息"的中华民族精神的形成具有积极意义。强调个人的修身目标必须与国家、民族的前途命运相联系，社会的整体利益和国家民族的兴亡高于个体的存在价值，主张"先天下之忧

---

① 《论语·述而》。
② 《论语·雍也》。
③ 《孟子·尽心上》。
④ 《论语·宪问》。
⑤ 《孟子·尽心上》。

而忧，后天下之乐而乐"，顾炎武提出"保天下者，匹夫之贱，与有责焉耳矣"①，后来被梁启超概括为"天下兴亡，匹夫有责"，这些都鲜明地反映了在传统修身理论熏陶下的先进知识分子高尚的道德节操，在较高层次上体现了个体的自主性、自律性。

修身可以激发人的内在潜能，提高人的精神境界，有利于人的主观能动性发挥，甚至激发人去发掘良心和良知而与封建礼教的束缚走向决裂。大同世界的目标更是激励着一代代知识分子为之奋斗甚至献出生命，无论是洪秀全的太平天国运动还是孙中山领导的辛亥革命，都受这一理想的影响，孙中山甚至把"天下为公"作为自己奋斗的最高信念。我们承认道德作为意识的内容具有相对独立性，但"不是意识决定生活，而是生活决定意识"②，"天下为公"的大同世界，仅靠理论上宣传，仅靠人的道德水平和精神境界，而不在社会生活中提高人的物质文化生活水平，是不可能实现的。传统修身理论所颂扬的"孔颜乐处"虽有利于提高人的精神境界，但物质生活的极度匮乏最终导致颜回的英年早逝，"道之以德，齐之以礼"③充满了理想主义色彩。在孔子看来，理想的社会秩序是法先王："周监于二代，郁郁乎文哉！吾从周"④，认为周朝的礼乐制度借鉴了夏商两代，文采丰富而又灵活生动，符合历史的智慧和人性的智慧，所以推崇它、遵从它。从这里我们可以看出孔子的修身思想不是建立在对未来发展充满信心的基础上，而是对过去充满无限的眷恋。

客观地说，作为中国传统文化重要内容的修身理论，一方面有利于形成阶级统治所需要的理性秩序而压抑人的"自由个性"，培养忠于封建王朝、服务封建社会的人才；另一方面，传统修身理论为提高民族气节、培育民族精神、提升人的精神境界也起到了积极进步的作

---

① 《日知录》。
② 《马克思恩格斯选集》第 1 卷，人民出版社 1995 年版，第 73 页。
③ 《论语·为政》。
④ 《论语·八佾》。

用。从总体上看，修身理论过分强调个体的社会责任和历史使命，压抑了人的主体性，在无形中抹杀了个体在社会中的自主权利。在家族生活中，个体利益要服从家族整体利益，族权成为扼杀主体性的重要工具，个性消融在家族关系中。在家庭生活中，"父为子纲、夫为妻纲"，女子"自小从父，嫁人从夫，夫死从子"，讲究"饿死事小，失节事大"，在这些封建伦理纲常指导下的修身活动，严重压抑和抹煞了人的主体性，是统治阶级所要求的秩序理性极端化的产物，当然也就谈不上人的自由个性发展。个体只有在整体性（家族、集团或国家）中才能找到自己的存在价值和生命意义，个体应有的独立人格和自由个性被泯灭。这直接导致了国民精神的保守性，形成重人伦轻法制、熟人道德盛行、制度观念淡漠的生活世界，人们在家族伦理和封建宗法的严格控制下，保守有余而创新不足，这在一定意义上构成了近代中国落伍的思想文化根源。

四、修身是儒家文化中整体主义思维方式在生活世界的展开

儒家文化中的整体主义思维方式，强调个体是整体的依附性存在并无条件地服从整体。在儒家文化的熏陶和教育下，个体从小就感受到群体氛围的滋养和同化，逐渐形成从整体主义出发去思考自己的存在方式，一个基本的命题是"为国家尽忠、为父母尽孝"，并在错综复杂的人际关系中忠实地履行自己的伦理义务："父慈，子孝；兄良，弟悌；夫义，妇听；长惠，幼顺；君仁，臣忠。"① 因此，梁漱溟先生指出："在中国没有个人观念；一个中国人似不为其自己而存在。"② 修身理论作为儒家文化的核心内容，其整体主义思维也主要体现在从维持家族伦理秩序和国家秩序的视角重视修身，而不是从发挥个体主体性和实现"自由个性"的视角来看待修身。

---

① 《礼记·礼运》。
② 梁漱溟：《中国文化要义》，学林出版社 1987 年版，第 90 页。

儒家修身理论的整体主义思维方式，目标层面上表现为社会秩序建构中高度强调"和"的价值。在人际关系的确立过程中，把"和"作为确立人际关系的基本原则，主张"君子和而不同，小人同而不和"①；在构建社会政治伦理秩序时，主张"礼之用，和为贵。先王之道，斯为美；小大由之。有所不行：知和而和，不以礼节之，亦不可行也"②，并要求人们"为政以德"③，以和为贵。随着修身理论的发展，个体修身道德上升为家族道德、社会政治伦理，并把"和"上升为阶级统治所需要的政治伦理的合法根源，强调"喜怒哀乐之未发，谓之中；发而皆中节，谓之和；中也者，天下之大本也；和也者，天下之达道也，致中和，天地位焉，万物育焉"④。在传统修身理论中，家族道德和社会伦理似乎就是个体道德的放大，修身是促使家族精神形成的个体实践基础，而"个体修身道德要服从于家族道德要求，国家政治道德则是直接从家族精神中提升出来的"⑤，传统社会的运行和维系主要靠以家族道德与国家政治道德之间的一致性和协调性，而家族道德和社会伦理政治的实现，都必须依靠个体修身这一内在的途径来实现，因此，儒家传统修身思想强调提高人们的道德认同度和道德实践水平，通过修身实现对日常生活和精神生活的有效控制，形成由国家政治伦理操纵的社会秩序和由家族伦理控制的民众日常生活秩序，修身作为个体提高道德修养的途径逐渐成为阶级统治的工具。

儒家修身理论的整体主义思维方式，实践过程中表现为追求整体动态的平衡。在人与自然的关系上，强调天人合一，"民吾同胞，物

① 《论语·子路》。
② 《论语·学而》。
③ 《论语·为政》。
④ 《礼记·中庸》。
⑤ 肖群忠：《传统道德资源与现代日常生活》，《甘肃社会科学》2004年第4期，第128页。

吾与也"，这既是一种泛爱的表现，也是一种崇高的精神境界。同时，强调修身活动在于"知天"、"事天"，"尽其心者，知其性也。知其性，则知天矣。存其心，养其性，所以事天也"①。在个体与国家、民族关系上，强调"位卑未敢忘忧国"，"人生自古谁无死，留取丹心照汗青"。在个体的行为规范方面，整体主义思维强调"知行合一"（如王阳明"只说一个只，已自有行在；只说一个行，已自有只在"②）和"身心合一"的观念和行为（如"心则性也，在天为命，在人为性，所主为心，实一道也"③），人类活动的过程是思维与行动的统一，修身的过程是思想引导行为的过程，随着修身主体进入实践过程而不断深化。修身主体的认知过程不仅是主体思维的活动，而且包含着实践活动；实践活动是修身价值外在化的表现，联系并深化着修身主体的思维。实践是认识的来源，是认识的目的和动力，更是检验认识真理性的唯一标准，人们的修身过程是修身主体运用修身理论和思维联系实践和认知关系的过程，是实现天、人、物、我之间和谐关系的过程，也是个体的思想和行为与自然、社会环境相适应、协调、统一的过程，个体的价值能否得以认同和实现往往取决于此。

儒家修身理论的整体主义思维方式，模式运行到极致容易使人们形成中庸观念。④ 孔子认为："中庸之为德也，其至矣乎"⑤，用现在的话来说就是，孔子认为"中庸作为一种道德，是最高尚的了"，因此，儒家传统修身理论也以"中庸"为最高美德就不足为奇了。《礼记·中庸》进一步发挥了这一思想，把"中庸"作为个体思想道德

---

① 《孟子·尽心上》。

② ［明］王阳明：《传习录》，阎涛注评，江苏古籍出版社 2001 年版，第 9 页。

③ ［宋］程颢、程颐：《粹言·心性篇〉》，《二程集》，王孝鱼点校，中华书局1981 年版，第 1252 页。

④ 参见董朝刚：《儒学文化特征及当代价值判断》，《山东社会科学》2006 年第6 期，第 136 页。

⑤ 《论语·雍也》。

修养和处理人际关系的基本准则，强调"君子之中庸也，君子而时中"，"择乎中庸，得一善，则拳拳服膺而弗失之矣"，"执其两端，用其中于民"。汉儒郑玄认为："以其记中和之为用也。庸，用也。""庸，常也。用中为常道也。"① 北宋二程则认为："不偏谓之中，不易谓之庸。中者，天下之正道；庸者，天下之定理。"② 总的来看，中庸思想是孔子忠恕之道的发展，从积极的视角看，中庸就意味着"己欲立而立人，己欲达而达人"，从消极的视角看就是"己所不欲，勿施于人"，提倡和为贵，推行谦让和律己，形成了中华民族团结统一、爱好和平的民族精神，但也带来了消极影响，中庸之道本身所蕴涵的积极信息经过后人庸俗化的发展，演变成了明哲保身的态度和圆滑处事的庸人哲学。

儒家整体主义思维指导下的修身活动，多从抽象的、超阶级的视角来研究理想人格的塑造，对社会生活和生产实践往往研究和重视不够。如，樊迟在向孔子请教如何学种庄稼时，孔子却说"小人哉，樊须也！上好礼，则民莫敢不敬；上好义，则民莫敢不服；上好信，则民莫敢不用情。夫如是，则四方之民襁负其子而至矣，焉用稼"！③ 从这里可以看出，孔子不但自己不重视生产劳动，而且讽刺樊迟的"小人行为"，认为只要重礼、重义、重信即可，从政者不需要自己去进行生产劳动与社会实践。儒家文化把人格的完善和价值的实现寄托在内在善端的挖掘上，寄托于封建礼教和纲常的许可和认同，要求人格的完善符合封建礼教，达到"仁"和"礼"的统一，这必然造成主体性的消融和自由个性的泯灭，而"社会生活在本质上是实践的"④，靠"尽心"、"知性"、"知天"的修身理论，缺乏群众的社会实践基础，希望通过认识自身的本性而达到对世间万物的理解，希望

---

① ［汉］郑玄：《礼记·中庸注》。
② 《遗书》卷七。
③ 《论语·子路》。
④ 《马克思恩格斯选集》第 1 卷，人民出版社 1995 年版，第 60 页。

通过寡欲、克欲乃至禁欲实现修身目标，不符合人们正常的生理规律和生活需求，也容易使人形成片面性、保守性、依附性人格，具有明显的唯心主义色彩和思辨性特征，其历史局限性非常明显。

总之，儒家传统修身理论是"人的依赖关系"阶段的产物，是围绕阶级统治所需要的秩序理性而展开的，不可避免地带有虚伪性和局限性。我们关于儒家传统修身理论基本特征及当代价值的审视，绝不是重新提倡以国家政治伦理统一规范人的思想和行为，而是为了剔除其与封建统治紧密结合的落后内容，把传统修身资源的现代价值挖掘出来，在马克思主义理论指导下引导人们确立新的道德风尚和新的生活方式。建设社会主义和谐社会和促进人的自由全面发展，不仅要汲取世界各种文明的优秀成果，更要深入挖掘我们民族的思想文化道德资源，深入地进行分析和评估，吸收其合理内核，以"建立与社会主义市场经济相适应、与社会主义法律规范相协调、与中华民族传统美德相承接的社会主义思想道德体系"①。进行现代文明修身，是为了把人培养成为具有"自由个性"的自己生活世界的主人，而不是政治生活和阶级统治所需要的"秩序理性"附庸。因此，儒家传统修身理论的基本特征分析所呈现出来的现代价值，是引导人们在社会生活中形成并强化社会主义道德风尚，以塑造中华民族的高尚情操和提升社会成员个体的优秀品格，在多元价值的冲击中建设中华民族的"道德家园"和促使更多的社会个体形成"自由个性"。

第三节　儒家传统修身理论的现代转化

马克思主义从来不拒绝任何有科学价值的理论和学说，因为"新思潮的优点就恰恰在于我们不想教条式地预料未来，而只是希望

---

① 《江泽民文选》第三卷，人民出版社 2006 年版，第 560 页。

在批判旧世界中发现新世界"①。修身作为古代中国人提高思想道德素质、追求理想人格和塑造社会秩序的主要途径，已深深地熔铸在我们民族的精神血液里，至今仍在人们的生活世界依然有重要影响。日本学者安陪隆明在《IT 革命与论语》一文中指出："在当今时代，人们的内心充满着赤裸裸的欲望，最缺乏的恰恰是'自省'二字，2500 年前的《论语》能够教会浮躁的现代人如何'修身'，让自己的心灵和行为变得更美。"② 然而，立足于现代文明或文化的立场，即一种现代社会的文化姿态、价值判断和道德观点来看，形成于先秦时期的儒家传统修身理论，其产生的社会基础是自然经济占主导的农业社会生活，具有明显的历史局限性，其基本内涵、目标、路径、功能与价值等都存在着也已过时、已被超越的遗迹。因此，研究儒家传统修身理论向现代文明修身的转化，其目的在于揭示它对现代社会和现代人道德生活的意义，这决定了儒家传统修身理论转向的解读必须是一种现代诠释，一种理论解构或文化重构，它既包含理论体系和话语体系的时代阐释与创新，更需要进行实践机制的现代探索。在这里需要强调指出的是，本节关于现代文明修身目标、路径、功能与价值的阐述，仅仅是从儒家传统修身理论现代转化的视角而言的，详细内容在后边的章节里会作进一步的探讨。

一、目标转向：从建构社会秩序到追寻自由个性

儒家传统修身理论的目标研究一般有两个维度：本体论维度和认识论维度。本体论维度的修身目标一般有两个考察视角，即个体本体论的修身目标和社会本体论的修身目标。前者主要是强调修身的个体价值和内在价值，强调把人作为社会发展的目的，如培养"君子"、"大丈夫"、"圣人"以及德智体美等方面和谐发展的人，这里个人发

---

① 《马克思恩格斯全集》第 1 卷，人民出版社 1956 年版，第 416 页。
② 转引自戴铮：《日本人重新亲近〈论语〉》，《环球时报》2006 年 4 月 14 日

展是修身的基本依据，甚至认为个体价值高于社会秩序要求，因此，个体本体论的修身目标又通常被称为是人本主义修身目标论；后者主要强调修身的社会价值和工具价值，重视"齐家、治国、平天下"，认为个人的一切发展都有赖于社会，修身除了社会目标之外别无其他目标，修身价值以社会价值来衡量，修身过程旨在使个体社会化，成为适应某一特定社会秩序发展需要的合格人才，因此，社会本体论的修身目标通常又被称为外在目标修身论。

认识论维度的修身目标一般也有两个考察视角，即应然性目标和实然性目标。前者是从修身过程之外提出的表述价值判断的修身目标，受社会历史环境的强烈制约；后者是修身主体在修身过程中生成的内在目标。对个体来说，实然性修身目标带来的修身效果更明显，因为符合个体自身实际的修身目标更具有现实意义。但是应然性目标则体现了修身理论的前瞻性和未来预见性，它为实然性目标提供了价值理想，指明了其发展趋势，可以正确引导修身的过程和方向。因此，修身主体应当坚持实然性目标与应然性目标的统一，不应只看到实然性目标的现实意义，忽视应然性目标的修身活动则如同失去了灵魂。

马克思指出："物质生活的生产方式制约着整个社会生活、政治生活和精神生活的过程。不是人们的意识决定人们的存在，相反，是人们的社会存在决定人们的意识。"① 儒家传统修身理论，形成于以自然经济、等级政治和整体主义文化为基础的"人的依赖关系"阶段，修身以维护、建构阶级统治需要的社会秩序为基本目标，过分强调以封建宗法主义文化来规范自我，从而限制了个体主体性的自我发挥以及个体自我的发展方向，从而在一定意义上导致了个体主体性的失落。它不仅是意识形态化或观念系统化的，而且根本上是社会伦理意识的、道德心理的、实质性价值观层面的"主旋律"，以规范自

---

① 《马克思恩格斯选集》第2卷，人民出版社1995年版，第32页。

我、适应社会、建构秩序为基本导向，抽象地、片面地突出了修身的外在价值和应然性目标，把修身引向了为阶级统治服务和泯灭个体主体性的深渊，使个体主体性在家国同构、伦理本位的文化模式下被消融，这虽然有利于形成中国封建社会的超稳定结构和社会秩序，但是造成封建宗法"以理杀人"和鲁迅先生所谓的中国几千年的封建历史写满了"吃人"现象的出现，人们的思想保守有余而创新不足，价值理性发达而工具理性式微，在某种意义上导致近代中国的落伍。

中国社会由传统向现代的转型，为儒家修身理论面对新的社会文明情景和文化语境提出了革命性要求。传统修身理论在其基本价值立场、价值观念论证和伦理话语体系等方面必须作出根本性的变革，尽管现代社会仍处在"以物的依赖性为基础的人的独立性"阶段，但其文化模式是以马克思主义为指导的中国特色社会主义文化模式，它以市场经济、民主政治和集体主义文化为主要内容，修身既是一种目的性、规范性的活动，也是一种张扬人的个性的活动，其目的不是为了限制人的主体性，而是人的一种"自由地有意识地活动"，从个体自身出发去发挥人的主动性、创造性，解放人、发展人、塑造人，去不断实现人的"自由个性"。当然，这里的"自由个性"，不是指心理学或其他学科意义上的个性，而是指哲学意义上的个性，即个体主体性。从本体论意义上说，修身理论所追寻的自由是社会关系中的自由，追求自由是为了培养"自由的个人"，即"有个性的个人"、"真正的个人"。从认知意义上说，追寻自由是传统修身理论现代转化的某种普遍化目标，它总是表现为对社会伦理普遍性的克服与超越，对个体道德生活差异性的追寻与建构。

追寻"自由个性"的目标转向，意味着儒家传统修身理论作为一种活着的有生命力的文化精神和道德资源，依然在现代人的精神生活和道德谱系中得以延续。儒家传统修身理论的目标转向，实际上是引导人们在重新诠释、论证和转化修身理念中建构追寻自由的独特机制，其根本目标不在于直接创造一个新的生活世界，而在于反思人类的现实生活活动和提升人的精神生活质量，使人类形成社会生活最优化的自我意识和行为，实现个体对自身意义的追寻，并把生活世界"意义"的社会意识逐步内化为个体自觉意识。从消极意义上看，这一过程体现为一种意义危机处理机制，不以知识的形式为现代人提供生活的意义，而是批判地反思个体生活及其生活世界意义危机的思想和行为。从积极意义上看，它反映了人们的理论修养和实践行为的统一，是现代人自觉追求生活意义的精神状态和践履行为。追寻"自由个性"的目标意味着人们面向自由、自觉的生存状态，即把人从异化和压迫的状态、情境中拯救出来，还原人以本真的生存面目和成为有个性的个体，追求人的全面发展是包括人的内在发展——精神生活的全面发展和外在发展——与社会和自然的协调发展，最终使"人终于成为自己的社会结合的主人，从而也就成为自然界的主人，成为自身的主人——自由的人"①。

　　这里必须指出的是，在儒家传统修身理论的现代转化过程中，修身主体应当是从事实际活动的人，"不是处在某种虚幻的离群索居和固定不变状态中的人，而是处在现实的、可以通过经验观察到的、在一定条件下进行的发展过程中的人"②。换句话来说，现代文明修身必须从个体的实际出发，因为"不管个人在主观上怎样超脱各种关系，他在社会意义上总是这些关系的产物"③。人们不可能孤立地存在，总是生活在社会关系中，在特定的社会关系中实践，受外界各种关系尤其是社会制约，这就是说，现代文明修身的过程要具有实然性的目的。同时，人作为社会性的存在，与其他生物的区别，讲的是一种普遍的个性，而不单单是个体的个性即个体的主体性。因此，现代文明修身在强调个体的个性的同时，也要考虑人类的普遍的个性，要

---

①　《马克思恩格斯选集》第3卷，人民出版社1995年版，第760页。
②　《马克思恩格斯选集》第1卷，人民出版社1995年版，第73页。
③　《马克思恩格斯选集》第2卷，人民出版社1995年版，第102页。

有高于个体实然性目标的应然性目标。

二、路径转向：从依赖抽象活动转向关注生活实践

儒家传统修身理论以"内省"、"克己"为修身的基本路径，是一种典型的"内求诸己"的抽象活动。它为古代中国人提供了社会认同的规范和标准，增强了个体的归属感、安全感，但它在有效促进个体自我认同的同时，也限制了个体发展与个性张扬，有效地主导了社会的伦理秩序，支配了个体的道德生活，使人处于典型的"前个人状态"。建立在性善论基础上的修身理论，把挖掘和激发人们内心的善性作为社会生活伦理化的逻辑起点，用所谓的"天理道义"标准去抑制人的思想、欲望和情感，使恪守封建宗法伦理规范的精神内涵被灌输到个体的灵魂深处并逐步形成服从社会和阶级统治的思想道德品质，并把它生成人们日常伦理生活的基本范式。儒家传统修身路径在某种意义上导致了人的自我封闭，催生出了古代中国"鸡犬之声相闻，民至老死不相往来"的"小国寡民"思想。应该指出的是，儒家传统修身理论在一定程度上也意识到了个体的主体性问题，如提出"三军可夺帅也，匹夫不可夺志也"①、"富贵不能淫，贫贱不能移，威武不能屈"② 等观点。但从总体上讲，它仅停留在认知层面上，并没有在社会生活实践中得以真正确立，因为其思想体系要符合封建宗法伦理的要求，以阶级统治和社会秩序为基本要求。以内圣外王的伦理文化模式为指导的传统修身理论，是以忠孝观念和"三纲五常"为核心的特定文化模式为指导的修身体系，其修身路径依赖于自身所具有的"自我修正"的潜力和资源，这一忽视生活实践的抽象方式限定了个体主体精神的发挥，最终导致个体自我失落。

儒家传统修身理论的路径转向不是一个思维问题，而是一个实践

---

① 《论语·子罕》。
② 《孟子·滕文公下》。

问题。传统修身理论中隐含着实践的因素，如唐太宗李世民所说的
"克修德行"，孔子提出的"言忠信"、"行笃敬"，王阳明的"知行
合一"等，遗憾的是，实践没有成为传统修身的主要途径。而"一
种传统的生成与传递方式，最主要的是生活实践的方式。生活的传统
才是观念传统的真实生命之所在"①。儒家传统修身理论的生命力在
现代社会和道德生活得以延续的基本路径就是必须关注人们的生活实
践，尤其是在社会的宏观结构和运行方式发生了根本性改变的情况
下，社会生活的伦理秩序和个体生活的道德理念也会相应地发生改
变，修身理论不能仅凭现代知识论的理想方式在个人美德和终极关
怀领域扩张，而是需要在人们的日常生活实践中体认、感悟和扬弃
传统修身方式，吸纳新的价值资源，探索"与当代社会相适应、与
现代文明相协调，保持民族性，体现时代性"的现代文明修身
路径。

　　儒家传统修身理论路径转向的核心问题，是关注现代人的生活实
践，实现人的精神活动和行为实践的统一。毫无疑问，个体自我价值
的提升是通过社会实践实现的，把自身的活动与周围的世界紧密联系
起来，正如弗洛姆所指出："他便不再是一个孤立的原子，他与世界
便成为一个结构化整体的一部分；他有自己的正确位置，他对自己及
生命意义的怀疑也不复存在……他意识到自己是个积极有创造力的个
人，认识到生命只有一种意义：生存活动本身。"② 修身理论路径转
向要通过人们在生活世界中认识世界、改造世界的过程得以体现，是
"实践→认识→再实践"的过程，其中"实践→认识"是内化的过
程，即"是指某种外部世界的样式，如外部文化结构、社会需要、
道德意识、交往形式、实践价值等转化为个体内在精神生活，并使关

————————

　　① 万俊人：《论儒家伦理传统的现代转化向度》，《社会科学家》1999 年第 4
期，第 27 页。
　　② ［美］埃里希·弗洛姆：《逃避自由》，刘林海译，国际文化出版公司 2000 年
版，第 188 页。

于外部世界的内在表象对个体的思想和行为产生影响的过程"①。内化过程是外在需要向内在需要的转化过程，也是一种感染、感受的精神转移和传递过程。"认识→再实践"是外化过程，是个人利用自己新接受或适应的信念、价值观、态度、习俗、标准等进行社会生活实践的过程，也是在改造客观世界中检验所内化成果的过程，这符合马克思主义的认识论，也是"人的认识，主要地依赖于物质的生产活动，逐渐地了解自然的现象、自然的性质、自然的规律性、任何自然的关系"②的过程。

儒家传统修身理论路径转向，必须立足于社会主义初级阶段的基本国情和着眼于和谐社会建设的伟大历史进程。现代文明修身的主体摆脱了"前个人状态"下的社会纽带束缚，在社会发展和个体自由之间和谐一致发展的基础上追寻个体价值目标的实现，把个体自由自觉地活动与人的生命关怀意识、社会责任感和与自然和谐共生的理念结合起来，以实现人与自身、人与社会、人与自然的和谐发展。个体进行文明修身的过程，是"坚持学习科学文化与加强思想修养的统一，坚持学习书本知识与投身社会实践的统一，坚持实现自身价值与服务祖国人民的统一，坚持树立远大理想与进行艰苦奋斗的统一"③的过程。个体的成长坚持求知与修养相结合的原则，不断用人类社会创造的一切优秀文明成果丰富和提高自己。没有好的思想品德，很难真正度过一个有意义的人生。因此，实现路径转向后的修身活动，应当既是一个注重提高人的思想道德素质、努力引导人树立正确的世界观、人生观、价值观的过程，也是一个注重科学文化素质提高、形成向书本知识和社会实践学习的精神动力的彰显过程，并通过个体自觉投身于改革开放和现代化建设的实践过程而得以体现。在这一过程

---

① 《心理学百科全书》第 2 卷，浙江教育出版社 1995 年版，第 953 页。
② 《毛泽东选集》第一卷，人民出版社 1991 年版，第 282—283 页。
③ 《江泽民文选》第二卷，人民出版社 2006 年版，第 124—125 页。

中，人们的修身实践是为了张扬个性或追求精神自由，在某种意义上表现为个体的创造性以及实践基础上的发展性、超越性，在促进人的内在独立和个性完善中开发人的智力、提高人的能力。

三、功能转向：从片面求善转向追求真善美的统一

修身功能是指修身活动对修身主体乃至整个社会所产生的积极作用或影响。具体来说，儒家传统修身理论是"灵魂的一种合于完满德性的实现活动"①，基本功能是促使个体自我完善与促进社会稳定有序发展，培养个体的生活道德（私德）和政治美德（公德）。但过于重视修身的求善功能，即"把自我完善仅归结为道德修养，忽视了人的智力开发和创造精神的培养。儒家把真归结为善，把求真变成了求善，把致知归结成为道德修养。这种简单以善代真、以德抵智的修养方法，极大地束缚了自我创造才能的发挥和创造范围的开拓，形成了'片面道德力量型人格'的君子，使道德修养成为无源之水，无本之木"②，更何况"善恶观念从一个民族到另一个民族、从一个时代到另一个时代变更得这样厉害，以至它们常常是互相直接矛盾的"③。

儒家传统修身理论过于看重修身的求善功能（即价值性）。尤其是在宋明之后，甚至于把"存天理，灭人欲"的教条作为个体修身的指导思想，这显然违背人的身心发展规律，脱离社会生活实际，误导人的发展，甚至把"三纲五常"神圣化乃至神化，其消极作用不言自明。因此，儒家传统修身理论随着人类认识和实践活动的发展而逐渐沦为空洞说教与精神枷锁，在 20 世纪多次受到强烈地抨击和无

① ［古希腊］亚里士多德：《尼各马可伦理学》，廖申白译注，商务印书馆 2005 年版，第 32 页。

② 李萍、钟明华、刘树谦：《思想道德修养》，广东高等教育出版社 2003 年版，第 5 页。

③ 《马克思恩格斯选集》第 3 卷，人民出版社 1995 年版，第 433 页。

情地批判。在批判传统修身理论的过程中人们的思想观念得到一定程度的解放，随着马克思主义的广泛传播和西方伦理思想的冲击，中国传统的修身理论已渐渐走入历史。但传统修身理论作为我们民族文化遗产的重要组成部分，对中国人的生活态度和生活方式的影响不可避免，这是我们民族的印记，改变的只是影响的方式和途径。尽管社会历史变迁和人的生活世界发生了很大变化，它借助文化积淀和民族心理自觉不自觉地、隐性或显性地影响着当代中国人的思维方式、价值观念和行为模式乃至社会实践，因此，在思想多元化和价值功利化的今天，研究儒家传统修身理论的现代转向具有特殊的意义。

　　儒家传统修身理论的功能转向意味着修身是一种求真（即科学性）与求善（即价值性）相结合的活动。很显然，求善（即价值性）仍是修身理论现代转化后的基本功能，这里所讲的"善"，是建立在社会主义公有制基础上的，是以为人民服务为核心，以集体主义为原则，以爱祖国、爱人民、爱劳动、爱科学、爱社会主义为基本要求，以社会公德、家庭美德、职业道德为基本内容的社会主义道德体系。它是人类发展史上迄今为止所确立的最高尚的道德体系，它的未来趋向是共产主义道德。但是，现代人的修身活动，不仅仅要内化社会主义道德，但更重要的是通过修身活动开发人的主体性，增强人与自然协调发展的意识和能力，其目的不仅仅在于维护、发展特定形态的文化或文明形式，而是要开发新型文化或文明形式，开发人的智力和培养人的创造精神，使人们在提高思想道德素质的同时，充分发挥人的主观能动性，在改造主观世界的过程中努力提高自身改造客观世界的能力，使主观认识与客观实践相结合，把求善与求真相结合，为人的自由全面发展服务。

　　儒家传统修身理论多从抽象思维和形而上的角度谈论求善，而追求真善美的统一才是修身理论现代转化后的功能特性之准确表述。如前所述，追寻"自由个性"是修身理论现代转化的目标所在，而真善美的功能特性只不过是自由在生活世界的逐步展开。"追求真，就是要认识世界，在这个意义上，自由就是对必然性的认识。追求善，就是要在认识世界的基础上改造世界，是指符合于自己的目的，在这个意义上，自由就是对世界的合乎目的的改造和支配。追求美，就是要在认识和改造世界的过程中，更好地发挥自己的主体性，以最无愧于和最适合于人类本性的方式作用于客体，在这个意义上，自由就是人的潜能的充分发挥，就是人与世界的高度契合与统一。"① 简单地说，真就是人们全面占有自己的本质，善就是人的发展符合人性要求，美就是自我的完满实现，三者最终统一于人的"自由个性"形成过程中。当然，在求善与求真的基本功能中，求善为求真提供精神动力和智力支持，体现着修身的首要功能；求真则构成了检验求善结果的基本标准，反映了修身的重要功能与归宿，二者有机统一于"按照美的规律来构造"② 的社会生活实践中。

四、价值取向：从义高于利到坚持社会主义义利观

修身的价值取向实质上是人们应当确立的与时代发展相适应的价值观问题。因为"价值观的最根本问题是个人和群体（社会、国家、民族）的关系及物质生活与精神生活的关系问题。群体是由个人组成的，个人也不能脱离群体而生活"③。从某种意义上说，这是社会转型时期现代思想道德建设的基础。随着现代人生活的社会化程度空前扩张和社会伦理秩序的失衡，人们往往因生活的过度社会化而逐渐失却对自我德性精神的敏感与自律，一些人流连于丰裕的物质世界，却成了精神家园中"迷途的羔羊"，其价值取向呈现出物质化、感觉化与碎片化倾向，因此，更新社会道德意识范式和培育与之相适应的修身理念就显得尤为重要。从价值转向视角来看儒家修身传统理论，

---

① 袁贵仁：《价值学引论》，北京师范大学出版社 1991 年版，第 142 页。
② 《马克思恩格斯选集》第 1 卷，人民出版社 1995 年版，第 47 页。
③ 张岱年：《文化与价值》，新华出版社 2004 年版，第 10—11 页。

一个重要的课题就是如何正确处理现代社会中义和利的关系问题。义是人的精神生活的重要指标，利则是人的物质生活中的重要内容，义和利的关系问题本质上反映了人的精神生活与物质生活的关系问题。

儒家传统修身理论追求义高于利的价值观。自古以来，"义"和"利"的关系问题构成了人们修身过程中的主要矛盾。"古代儒家强调群体重于个体、精神生活高于物质生活，义利之辩与欲理之辩都是以此立论的。……物质生活的丰富是精神生活提高的基本条件，但是如果耽溺于物质生活的享受，而背离了对真善美的追求，那将是卑鄙无耻的。"① 孟子提出："生，亦我所欲也；义，亦我所欲也，二者不可得兼，舍生而取义者也。"② 汉代董仲舒提出："正其谊（义）不谋其利，明其道不计其功。"这些理论受到宋明理学家的称赞与推崇。当然，也有些思想家提出了在修身中应遵循不同的价值观，如反理学的思想家叶适、颜元等则强调了义和利的统一。清代戴震则强调"理存乎欲"，肯定理与欲的统一。孟子本人也以"恻隐之心"为道德的出发点，对别人的痛苦抱有同情而试图加以援助，予以现实关切。李贽、何心隐针对宋明理学家"存天理，灭人欲"的训条，提出以"欲"为人的自然本性，让"天下之民，各遂其生，各获其所愿"③ 的主张。他们所说的"欲"，主要指人的基本物质需求，亦包含某些精神需求的成分在内，如情爱。肯定这些需求的合理性，并不等于实现全面人性自由，但"用自然人性（人欲）来打破义理人性（天理）的束缚，减轻封建伦理纲常对人发展的压抑，将逻辑地导引出人的其他社会需求，有利于人们追求独立自主的个体人格和建立个人权利意识"④，但这些观点在儒家修身理论发展的历史长河中不占

---

①　张岱年：《文化与价值》，新华出版社 2004 年版，第 11 页。

②　《孟子·告子上》。

③　李贽：《李贽文集》卷 18，《明灯道古录》上。

④　陈伯海：《自传统之现代：近四百年中国文学思潮变迁论》，《社会科学战线》1996 年第 4 期，第 160 页。

主导地位。

修身理论的现代价值转向中也有个"义"和"利"的关系问题，它体现了社会主义的义利观、价值观。这里的"义"是爱国主义、社会主义、集体主义的价值观，是以共产主义为价值归宿的"义"；而"利"是指每个公民的合法的权利和正当的利益。马克思主义从不排斥人们的利益，保证人们的合理利益是人们所应当享有的基本自由之所在。马克思曾经指出："人们奋斗所争取的一切，都同他们的利益有关。"① 现代文明修身鼓励人们合理追求个人的物质利益，"义"和"利"在现代文明修身活动中达到了统一，这有利于个体自由个性发展，意味着人的价值标准、生活需要标准和实际效用标准达到了新的统一，重新使修身活动回归人的生活世界，而不是趋于神圣化和神化。因为"人们首先必须吃喝住穿，然后才能从事政治、科学、艺术、宗教等"② 。追求物质生活的改善是人生存与发展的基本需要，修身理论的现代转化与建构并不否认人的物质利益需求，但要求人们从事经济活动和追求经济利益要"取之有道"，要追求合法的、正当的利益。当然，人们不能仅有物质利益的追求，还要有超越物质利益的价值理想，并在追求价值理想的过程中体验做人的自豪与神圣。修身应当成为现代人自觉提高精神生活质量和促使理性高尚、能动创造的生活态度和生活方式在生活世界生成的活动。它要求人们立足于当代中国的现实国情，根据社会的变化和个体的成长要求适时地调整修身的目标、模式和价值追求，寻求物质利益与遵纪守法、道德修养的和谐统一，以一种理性的态度和共生共在的生活理念指导自己，科学处理个人与他人、社会和自然之间的矛盾，并通过服务社会实现自身价值，实现个人发展和社会发展的有机统一。

总的来看，儒家传统修身理论所体现的义利观实际上是对个体利

---

① 《马克思恩格斯全集》第1卷，人民出版社1956年版，第82页。
② 《马克思恩格斯选集》第3卷，人民出版社1995年版，第776页。

益的压抑，忽视了修身作为人的一种存在方式所具有的一种内在主体性和动态生成性，在某种意义上导致了由价值观念向个体行为转变过程中生命意义的缺失，个体的生命维度与生活意义被忽视。在追求自我完善与提升思想道德素质的过程中，不能仅仅把道德满足感、伦理完美感和贞操圣洁感作为价值取向，而要追求一种个体主体意识的自我张扬和崇高的社会责任感、神圣的历史使命感，把个体合理利益的获得与人民的命运、民族的发展和祖国的前途结合起来，把崇高的道德理想与个体的生活实践结合起来，因为现实生活实践是一切道德产生的源泉和基础。同时，儒家传统修身理论多从社会必要性角度出发，以符合社会发展要求、与社会秩序相适应来衡量个体修身的价值尺度。它建立了自觉能动的自我，但却把其归结为道德修养，并导致人的自我封闭，张扬自由个性的行为，则被视为蔑视礼法，而一些提倡个性自由的修身理念只能寄希望于逍遥自适、自然无为的遁世和玩世境界。在这样的修身模式下，"个人不再是他自己，而是按文化模式提供的人格把自己完全塑造成那类人，于是他变得同所有其他人一样，这正是其他人对他的期望"。① 而儒家传统修身理论的现代转化则强调修身是人的幸福和自我实现的开放过程，主要从个人存在的价值及其规范角度出发，以培养人的自由个性为目标。在现有的生产力水平和物质基础之上以及现有的社会制度条件下阐述修身理论和进行修身实践，应当保持开放的姿态和适度的期望值。

① ［美］埃里希·弗洛姆：《逃避自由》，刘林海译，国际文化出版公司2000年版，第132页。

第 三 章

现代文明修身的理论资源

　　无论是形而上的研究和建构现代文明修身的思想体系，还是形而下的探究现代文明修身的活动方式和生活意蕴，都必须在马克思主义指导下分析和把握现代文明修身的哲学基础。因为只有这样，才能真正对传统修身理论进行批判的继承，真正科学地认识和理解现代文明修身理论的基本概念、范畴、原理和方法等内容。修身是人类社会存在的普遍现象，是人类自身通过精神性活动为人确立明确的目标规范和生活意义的过程及在这一过程中呈现出的道德水平和精神境界，不同社会制度和不同文化传统中修身有不同的含义和理论体系。现代文明修身理论形成的哲学基础是马克思主义人学，但西方人学思想（包括世俗和宗教形态的人学）则为现代文明修身理论的形成与发展提供了借鉴的视角，而古老的身体哲学中关于身心关系的辩证论述为现代文明修身理论的深入发展提供了现实的切入点。本章关于现代文明修身理论资源的研究，主要是从这几方面来阐述的。

第一节　现代文明修身的马克思主义人学基础

　　人学是马克思主义哲学的重要组成部分，"是对人的现实生存及其意义的强烈关注与理论追求，它反对由抽象的、非历史的方法理解人，要求立足于现实生活世界去关注人的现存状态并追求一个符合人的旨趣的生存样态"①。现代文明修身是现代人自觉提高精神生活质量和促使理性高尚、能动创造的生活态度和生活方式在生活世界生成的活动，本质上也是在追求一个符合人的旨趣的生存样态，因此研究现代文明修身的理论资源，应当从马克思主义人学研究开始，以使理论适应与满足现代人提高精神生活质量与自我发展的现实需要。

一、人的本质理论——现代文明修身的人性基础

人的本质是马克思主义哲学的重要范畴，是人的基本属性的集中体现。传统修身理论的人性基础是性善论，主要是从人的自然属性视角来分析，而现代文明修身的人性基础则主要重视人性的社会属性，即从人的本质视角来研究和分析现代文明修身的人性基础。人的本质是揭示人类自身生存与发展的能力和情感状态特征的重要标志，是人类区别于动物的根本属性。人的本质是现实的、具体的，认识和把握人的本质，就必须把人置放于特定的社会历史条件和具体的社会关系中去考察。本书认为，马克思主义关于人的本质的理论阐述，主要包括人的实践性本质、社会性本质和全面性本质三个方面。

1. 从实践性本质看，现代文明修身促使人们趋向自由自觉的存在

马克思曾经指出："社会生活本质上是实践的。"② 人的实践活动既是维持生命活动的基本形式，也是提高生活质量的必要途径，人们"通过实践创造对象世界，改造无机界，人证明自己是有意识的类存在物，就是说是这样一种存在物，它把类看做自己的本质，或者说把

---

① 韩庆祥、邹诗鹏：《人学：人的问题的当代阐释》，云南人民出版社 2001 年版，第 61 页。

② 《马克思恩格斯选集》第 1 卷，人民出版社 1995 年版，第 60 页。

自身看做类存在物"①，从而揭示了人的实践性本质。现代文明修身理论的研究和发展必须立足于个体的人生实践和社会的发展实践，并不断通过现代文明修身活动检验个体对人的生命活动和生活质量的认识，科学揭示个体健康成长及现代人生活的基本规律，才能有助于提高人的生命关怀意识、生活质量意识和生态和谐意识，因为"人的思维是否具有客观的真理性，这不是一个理论的问题，而是一个实践的问题。人应该在实践中证明自己思维的真理性，即自己思维的现实性和力量，自己思维的此岸性"②。

　　随着社会实践的发展，人们认识和改造主观世界、客观世界的能力不断增强，现代文明修身理论在不断发展的社会实践中逐渐形成并不断地进行理论创新。现代文明修身是人类生命活动的本质体现，是人的实践性本质或本质力量的表现形式，是人类发挥自觉能动性改造主观世界并提升自身改造客观世界能力的一种活动，毫无疑问，作为马克思主义哲学最基本观点的实践，也是现代文明修身理论形成与发展的根本源泉。"对实践的唯物主义者即共产主义者来说，全部问题都在于使现存世界革命化，实际地反对并改变现存事物。"③ 现代文明修身是人们扬弃传统修身理论，通过个体的社会实践不断提高自身思想道德素质的过程，它不是远离社会生活和脱离社会实践的书斋理论，而是深深地植根于实践、服务于实践、又在实践中不断发展的现实的理论。社会成员在文明修身的过程中不断提高自身的思想道德素质和精神生活质量，为人们科学认识和改造客观世界提供精神动力和智力支持，促使人们形成良好的生活方式和实现人的发展的使命。

　　现代文明修身是人们社会实践活动的重要形式，体现了实践观念（包括工具理性与价值理性）和实际行为的统一。工具理性体现的是

① 马克思：《1844年经济学哲学手稿》，人民出版社2000年版，第57页。
② 《马克思恩格斯选集》第1卷，人民出版社1995年版，第58页。
③ 《马克思恩格斯选集》第1卷，人民出版社1995年版，第75页。

人可以掌握知识、改变对象，体现的是科技、智力方面的知识，工具是"物化的知识力量"，凝结了人的精神上的主观力量。价值理性反映了人利用工具进行社会实践的目的性，是为了满足个人和社会的需要，这是一个价值问题和道德问题，也是一个合理性问题。现代文明修身的过程正是人们以价值理性引导工具理性科学化的过程，也是人们从自在自发的存在走向自由自觉存在状态的过程。

2. 从社会性本质看，现代文明修身坚持自我规范与自我发展相统一

马克思在批判费尔巴哈关于人的本质是"抽象的人"、"一般的人"的观点时指出："人的本质不是单个人所固有的抽象物，在其现实性上，它是一切社会关系的总和。"① 任何人都要生活在一定的社会关系之中，生活在一定的社会和文化环境之中，人们必须接受既成的、属于自己的社会关系，然后才能进行创造和发展，"社会关系是人的主体活动的存在形式"②，"不仅我的活动所需的材料——甚至思想家用来进行活动的语言——是作为社会的产品给予我的，而且我本身的存在是社会的活动；因此，我从自身所作出的东西，是我从自身为社会作出的，并且意识到我自己是社会存在物"③。社会关系自始至终都在塑造人，我们进行现代文明修身，必须正视社会主义生产关系对个体成长的科学引导，要自觉维护社会主义的社会秩序和遵循社会主义道德规范。

马克思在谈到人与动物的区别时指出："一个种的全部特性，种的类特性就在于生命活动的性质，而人的类特性恰恰就是自由的有意识的活动。"④ 自由自觉的活动是人之为人的本质天性，现代文明修身就是要发挥主体活动的主动性、自觉性，充分挖掘人的自由天性和

---

① 《马克思恩格斯选集》第1卷，人民出版社1995年版，第60页。
② 袁贵仁：《人的哲学》，工人出版社1988年版，第76页。
③ 马克思：《1844年经济学哲学手稿》，人民出版社2000年版，第83—84页。
④ 《马克思恩格斯选集》第1卷，人民出版社1995年版，第46页。

内在潜力，使人能够自觉地向自己的理想目标不断迈进。但是，人作为社会和社会关系的主体和承担者，其实践活动（包括精神性活动）必须体现社会性和社会关系，现代文明修身所追求的人的"自由个性"目标要与我们社会主义和谐社会建设的发展要求相一致，因此，"应当避免重新把'社会'当做抽象的东西同个体对立起来"①。人是自由的有意识的社会存在物，它必然要改造自然与社会，改造自我，创造新的生活，现代文明修身是人们立足于社会现实基础之上，自觉的有意识的追求社会生活尤其是精神生活高尚化的实践活动，它引导人们在遵循社会主义道德规范的前提下，去追寻生命的意义、生活的价值和生态的和谐发展，是自我规范与自我发展相统一的精神性实践活动。

人的社会性本质的基本内涵主要表现为人的相互依存性、社会交往性和道德性。正如马克思所指出："正像社会本身生产作为人的人一样，社会也是由人生产的。活动和享受，无论就其内容或就其存在方式来说，都是社会的活动和社会的享受。"② 现代文明修身首先是个体的自由自觉的活动，但是个体总是生活在社会中、集体中的，文明修身的内容、价值、评价总是需要通过对象性世界才能得以彰显。在人类社会中，交往是团结个体的方式，同时也是发展这些个体本身的方式。因此，交往的存在既是社会关系的现实，也是人际关系的现实。没有交往，人的社会性发展是不可想象的，文明修身也就失去了目的性与价值性。道德是协调社会群体内部个体之间、个体与整体之间相互关系的规范体系，也是反映个体自我发展、自我肯定的一个重要范畴。无论是从人的相互依存性、社会交往性的视角还是从道德性视角来理解现代文明修身，它都体现了自我规范与自我发展相统一的原则。

① 马克思：《1844 年经济学哲学手稿》，人民出版社 2000 年版，第 84 页。
② 马克思：《1844 年经济学哲学手稿》，人民出版社 2000 年版，第 83 页。

3. 从全面性本质看，现代文明修身必然以人的自由全面发展为价值取向

人既是一种自然性存在，又是一种社会性存在，还是一种精神性存在。促进人的自由全面发展，就应该使人的物质生活、社会生活（主要体现为政治生活）和精神生活都得到相应的发展和提高。马克思指出："人直接地是自然存在物。人作为自然存在物，而且作为有生命的自然存在物，一方面具有自然力、生命力，是能动的自然存在物；这些力量作为天赋和才能、作为欲望存在于人身上；另一方面，人作为自然的、肉体的、感性的、对象性的存在物，和动植物一样，是受动的、受制约的和受限制的存在物，就是说，他的欲望的对象是作为不依赖于他的对象而存在于他之外的；但是，这些对象是他的需要的对象；是表现和确证他的本质力量所不可缺少的、重要的对象。"① 人的自然属性反映了人发展的自然基础，是人的生命活动的基本前提，也是人与外部世界进行物质交往的基础，马克思主义从不否认人的自然属性，而是把人放到特定的社会历史条件下进行考察，强调"人们必须吃、喝、住、穿，然后才能从事政治、科学、艺术、宗教等等"②。正是因为我们承认人的自然属性，并把它作为人们进行精神文化活动的生物前提，所以文明修身活动才具有重要意义。现代文明修身就是在肯定人的现实物质需求的基础上，努力消除人的不合理的欲求，使人的生活尤其是精神生活社会化、道德化、文雅化、高尚化。

现代文明修身要促进人的自由全面发展，一个重要的内容就是要处理好人的政治生活与精神生活的关系。马克思主义认为："凡是有某种关系存在的地方，这种关系都是为我而存在的；动物不对什么东西发生'关系'，而且根本没有关系；对于动物来说，它对他物的关

---

① 马克思：《1844 年经济学哲学手稿》，人民出版社 2000 年版，第 105 页。
② 《马克思恩格斯选集》第 3 卷，人民出版社 1995 年版，第 776 页。

系不是作为关系而存在的。"① 现代人的自由全面发展是社会发展的
客观规律和历史趋向的主体体现，它要求人的自然性、社会性、精神
性协调发展。精神生活对提升生命价值和生活质量具有重要意义，没
有高质量的精神生活，很难有一个有价值、有意义的人生。而政治生
活是现阶段人们社会生活的重要组成部分，由于现有的制度体系还不
够完善，社会主义民主制度还不够健全，人们的政治生活还有极大的
提升空间。政治生活和精神生活是建立在人们现有的物质生活之上
的，在现有的物质生活条件和生产力发展水平的基础上，人们要提升
生命价值与生活质量，必须重视精神生活和政治生活的改善和提高。
努力满足人们对思想关系的需要，促使"人以一种全面的方式，就
是说，作为一个总体的人，占有自己的全面的本质"②。现代文明修
身要引导人们科学协调人的精神生活、政治生活与物质生活、自我发
展与社会进步之间的关系。

二、主体性理论——现代文明修身的基础理论

主体（subject）这个词，从词源学的角度看，来自拉丁文的
subjectum，意即"在前面的东西"，作为基础的东西。在古希腊哲学
中，主体并不是一个专属人的概念，而是一种同"属性"相对应的
东西。这时的"主体"概念，类似于亚里士多德的"实体"概念。
在这一时期，人是主体，猪狗、树木、石头也是主体。笛卡尔从身心
二元论的视角提出"我思故我在"的命题，才使主体（自我）作为
专属人的哲学范畴从实体范畴中突出出来，但在他这里，"主体"是
指自我、心灵或灵魂。人的主体性概念除"自在"之外别无更深含
义。③ 哲学界关于主体性概念界定的观点很多，本书认为，主体性是

① 《马克思恩格斯选集》第 1 卷，人民出版社 1995 年版，第 81 页。
② 马克思：《1844 年经济学哲学手稿》，人民出版社 2000 年版，第 85 页。
③ 段德智：《西方主体性思想的历史演进与发展前景——兼评"主体死亡"观
点》，武汉大学学报（人文社会科学版）2000 年第 5 期，第 650 页。

人作为活动主体的质的规定性，是在与客体相互作用中得到发展的人的自觉、自主、能动和创造的特性。① 主体性内涵着人类活动的两大基本原则：方法论原则和目的性原则。从方法论原则来看，人的主体性要求人的生命活动从主体需要出发，按主体的方式来进行一切活动。它与客观性原则相对应，承认对象的客观存在，遵循其固有的客观规律对之进行认识和改造的。从目的性原则来看，主体性对人的生命活动具有价值导向性，为了什么或为了谁去进行活动——为了主体自身的需要而进行一切活动。总体来说，主体性具有外在的工艺——社会的结构面和内在的文化——心理的结构面，它具有人类群体的性质和个体身心的性质。

现代文明修身是现代人自觉提高精神生活质量和促使理性高尚、能动创造的生活态度和生活方式在生活世界生成的活动，是人的主体性的具体体现，它应当是一种合规律性与合目的相统一的活动。主体总是要使自己的活动服从于一定的价值目标并促其实现，而价值目标的实现必须以尊重客观规律、符合客观规律为前提，因而主体性内在要求合规律性。主体的活动又是从主体需要、利益出发，包含着主体的情感、意志、爱好，这就存在着感情用事、脱离实际的随意性的可能，存在着偏离主体合理价值目标的可能性。因此，主体性必须是合规律性与合目的性的统一，二者缺一不可。现代文明修身是人的自觉自愿的行为，它立足于人的内在固有尺度去选择和衡量对象，并通过人的实践过程使人形成科学的认识。从这个意义上说，人的主体性存在既是现代文明修身的目的，又是现代文明修身的前提。依据一定的价值规范进行文明修身的过程，就是进行价值选择的过程，就是把人的价值性存在转化为规范性存在的过程，也是增强人的主体性的过程。现代文明修身活动要求人们科学认识人类的主体性，使人们能够

_____

① 郭湛：《主体性哲学：人的存在及其意义》，云南人民出版社 2002 年版，第 30—31 页。

对人的本质全面占有和对自己本质力量自觉支配，进而在实践活动中把对象世界转化为人的合理生活条件，在促进人类发展的同时实现人与自然的和谐发展。

现代文明修身是权利与责任相统一的主体性活动。从权利的视角来说，现代文明修身过程是主体进行主动、自主、选择和创造的过程，从责任方面来讲，它又是人的道德性、理智性和自觉性不断增强和展现的过程，人们进行文明修身的历史就是人的主体性不断增强的历史。马克思曾经提出的人类社会发展的三形态理论，即"人的依赖关系"阶段、"以物的依赖性为基础的人的独立性"阶段和"建立在个人自由全面发展和他们共同的社会生产能力成为他们的社会财富这一基础上的自由个性"阶段，这事实上指出了人的主体性逐步增强的历程。在"人的依赖关系"阶段，人的生存要么依赖于血缘关系上的他人，要么依附于地缘关系上的他人，人的存在是一种依附性存在，个人对他人尚未获得独立性，修身成了一种规范约束自身的活动，它更多地强调了责任而忽视了人的权利，在这里主体性受到了压抑。"以物的依赖性为基础的人的独立性"阶段，人的生存摆脱了人身依附关系，人们在修身活动中开始强调权利、自由，但由于陷入了对物的依赖（如商品、货币）之中，主体性在社会生活中被异化、物化、片面化，人的存在是一种异化受动的存在。只有到了"建立在个人全面发展和他们共同的社会生产能力成为他们的社会财富这一基础上的自由个性"阶段即未来的共产主义社会，人们才能自觉地追求权利和责任的统一，人的存在才真正成为自由自觉的存在。

现代文明修身的过程，是主体根据社会现实条件的变化自觉追寻生活价值和意义的过程。社会的转型和市场经济体制的确立，造成社会阶层的重组、人们生活方式的多样化以及价值取向的多元化，其实质是主体的多元性。"自觉的能动性，是人之所以区别于物的特点"①，

---

① 《毛泽东著作选读》上册，人民出版社 1986 年版，第 228 页。

现代文明修身就是要充分发挥人的能动性，使人在现代社会环境中不断提升自身生存与发展的能力，自觉为和谐社会构建作贡献，并不断提升个体主体应有的特性。马克思从来没有提过主体性这个词，但是"如果从人与自然、人与对象世界的动态区别而言，主体性则是人的本质属性。人之所以为人，就在于它是活动的主体。如果从人的形成即主体的出现来看，人和主体是统一的，人性和人的主体性也就是一致的。确切地说，人的主体性是人性中最集中体现人的本质的部分，是人性之精华"①。现代文明修身体现了人的主体性的本质要求，反映了人的生活世界新陈代谢的客观规律，为其伴随实践和时代的发展而不断与时俱进提供了源泉和动力。

三、人的需要理论——现代文明修身的实践动力

需要是源自于为满足自身一种匮乏状态的欲望和要求，是有机体对自身生存和发展的客观条件的依赖和要求，是对满足欲望和要求的客观条件与手段的表达。② 在人类思想史中，人的欲望和需要更多地是在伦理学意义上进行讨论的。中国封建社会以"存天理，灭人欲"为主导，人的需要被天理所取代，而人的欲望和需要是备受压制的。在西方，古希腊哲学家极力推崇人的理性需要，即以道德的尺度去衡量人的欲望和需要，人的最高需要被确立为求知美德。马克思也明确指出："作为确定的人，现实的人，你就有规定，就有使命，就有任务，至于你是否意识到这一点，那都是无所谓的。这个任务是由于你的需要及其与现存世界的联系而产生的。"③ 人的需要是客观存在的，是随着人类社会历史的发展和进步而不断得以丰富、发展的，"已经得到满足的第一个需要本身、满足需要的活动和已经获得的为满足需

---

① 袁贵仁：《人的哲学》，工人出版社 1988 年版，第 150 页。
② 陈岸涛、王京跃：《思想道德修养与法律基础》，人民出版社 2005 年版，第 53 页。
③ 《马克思恩格斯全集》第 3 卷，人民出版社 1960 年版，第 329 页。

要而用的工具又引起新的需要"①。人的需要的无限性和生活世界资源的永续稀缺之间的矛盾，要求人类必须以一定的规范或规则体系生活，因此，人的需要理论内在地要求人们进行自我教育、自我规范、自我发展。

迄今为止，比较有代表性的需要理论主要有：美国人本主义心理学家马斯洛提出的需要层次理论和马克思主义经典作家提出的需要理论。

马斯洛从心理学角度将人的需要分为由低到高的"生理、安全、爱、尊重和自我实现"② 五个层次。前两个层次的需要可以说是人的自然本性的需要，爱的需要与尊重的需要是人的社会性需要，自我实现则是人的需要的最高层次。该理论按照人的需要的重要性和层次性排序，认为低级层次需要满足后，人将追求高层次需要，它以存在主义的人本主义学说为理论基础，优点是使人们看到了人类需要的多样性和层次性，并因其易于理解而得到了广泛的传播；局限性也很明显，它把人看做是超越社会历史的、抽象的"自然人"，由此得出的一些观点很难适用于处在各种复杂社会环境中人的具体情况，人的需要是因其社会环境影响之不同而有差别的，满足需要不一定依层次逐级发展，也许人在其低层次需要尚未满足时，他也会设法满足他的社会性需要和自我实现需要，同样有的人即使生理需要和社会性需要都得到满足，也没有出现自我实现的需要，而其经济需要可能仍很强烈。

马克思主义创始人非常重视人的需要理论研究，强调"任何人如果不同时为了自己的某种需要和为了这种需要的器官而做事，他就什么也不能做"③。他们运用唯物史观发现人的需要是人类历史的起

---

① 《马克思恩格斯选集》第1卷，人民出版社1995年版，第79页。

② ［美］马斯洛等：《人的潜能和价值》，林方主编，华夏出版社1987年版，第176页。

③ 《马克思恩格斯全集》第3卷，人民出版社1960年版，第286页。

源，得出了"把人与社会连接起来的唯一纽带是天然必然性，是需要和私人利益"①的结论。马克思根据个体活动的特点将人的需要分为自然的、精神的、社会的三种类型，因此，他认为人的存在是自然性存在、精神性存在和社会性存在。恩格斯从物质资料的角度把人的需要归结为生活需要、享受需要、发展需要三种类型。斯大林在这种分类的基础上，将人的需要进一步归类为物质需要和文化需要（精神需要）两大类型，当代中国的马克思主义经典作家根据"物质生活的生产方式制约着整个社会生活、政治生活和精神生活的过程"②的马克思主义原理和当代中国社会发展的特点，把人的需要归纳为物质需要、政治需要和精神需要。马克思主义认为，人类需要的不断发展推动了社会历史的前进，当人的需要得到满足时，需要与其对象之间的矛盾实现了统一，矛盾得到解决，需要变为不需要，这时"新的需要"又产生了。

无论是马斯洛的需要层次理论还是马克思主义经典作家的需要理论，都反映了人同外部环境之间联系的必要性，生命的存在必然伴随着对某种对象的渴求和欲望。但是，人的需要不仅仅体现为生物本能的现实性需要，更主要的是把非现实性需要转化成现实性需要，使人类在生命活动中进行自我创造。正如有的学者所指出："人的需要则可以超出人的肌体的限制，而且只有超出肌体的限制时，需要才真正表现为人的需要。"③现代文明修身首先反映了人的精神生活需要，同时为满足人的物质生活需要提供精神动力和智力支持，在某种意义上，它又构成了人的政治需要的重要内容（如用社会所要求的道德规范、法律规范来约束个体的行为）。

人的需要的客观性、普遍性、无限性与生活世界资源的永续稀缺

---

① 《马克思恩格斯全集》第1卷，人民出版社1956年版，第439页。
② 《马克思恩格斯选集》第2卷，人民出版社1995年版，第32页。
③ 袁贵仁：《人的哲学》，工人出版社1988年版，第93页。

性之间的矛盾，决定了修身活动在人类社会存在的普遍性。前工业社会中，个体的生命活动不是由个人主宰，而是依赖于集体，受群体主体的支配，即费孝通先生所说的"熟人社会"，这种社会是以小农经济为基础的乡土社会，以家庭为基本单位，以宗法关系为纽带，以血缘关系为基础形成人们的生活世界，社会流动性不大，人的需要相对简单，人们的修身活动具有强烈的情感性、内聚力和稳定性，形成内敛型人格。近代以来，工业革命摧毁了个人对群体的依附关系，使个体获得了前所未有的独立性，但人的独立性又转化为对物的依赖性，个体对独立人格的追求转换为对物的占有，对金钱和利益的追逐。在开放的社会环境下，现代文明修身作为满足人的精神需要并促进人自我发展的一种活动，不可能也绝不会一劳永逸地提升人类的精神生活与发展需要，它必须与时俱进，利用人们比较容易接受的民族文化传统方式，引导现代人确立一条通向健康生活的道路，使人们在关注生命健康、关注生活质量和关心生态和谐过程中满足个体与社会发展的需要。

第二节　现代文明修身的西方人学思想借鉴

自我完善、自我教育、自我发展的德性活动是人类历史发展中的普遍现象。尽管现代文明修身的话语体系与实践机制研究是立足于当代中国的现实国情，是在中国特色的文化语境中加以研究，而不是置于西方文明的语境和国度。但是，西方文化中关于人的道德养成和自我发展的理论，对现代文明修身理论与实践具有重大的借鉴意义。犹太思想家鄂尔堪纳（Elkana）认为："犹太教对信仰的终极关切进行反思；希腊文明对自然的最后真实进行反省；印度文明对人的最后超升（与梵合一/成佛）——人的内在精神和宇宙精神的结合进行思考；中国的特色则对人本身的反省，在儒家就是考虑何谓人、如何做人，修身（Self-cultivation）的哲理和实践最有代表性。"① 尽管文化传统不同，关于修身的概念和理解也存在诸多差异，但是西方思想家尤其是德性伦理的代表人物对人的思想道德完善和自我发展作出了重要探索。西方人学思想中有丰富的道德修养和人格完善理论，本书主要从古希腊德性伦理思想中的道德修养理论、宗教伦理学中的人格完善和道德修养理论、康德的"善良意志自律"理论以及麦金太尔的"美德追寻"思想，简要分析它们对现代文明修身理论的借鉴意义。

一、古希腊德性伦理思想中的道德修养理论

在轴心文化时期的古希腊，许多思想家对人们应当追求高尚的道德生活都作出了重要论述。"智者学派的普罗泰戈拉（Protagora，公元前 490 年—公元前 420 年）就宣言要教育青年人学习'齐家治国之道，能在公共场合发挥自己的优秀性'。这种优秀性，就是一种广义的'德性'（arete）"，而且提出了"人是万物的尺度"命题。② 大约在同一时期，智者普罗狄库斯（Prodicus）首次提出了德性是人生目的的看法。③ 他告诉人们，生活的正确目的是追求美德，人不应该贪图享受，不要满足暂时的快乐，而要追寻美德、追求不朽的光荣，以实现人生的目的。德谟克里特则明确说："幸福不在于占有畜群，也不在于占有黄金，它的居处是在我们的灵魂之中。"④ 赫拉克利特则讽刺说："如果幸福在于肉体的快感，那么就应当说，牛找到草料吃

---

① 转引自周与沉：《身体：以中国经典为中心的跨文化观照》，中国社会科学出版社 2005 年版，第 3 页。
② 参见宋希仁：《西方伦理思想史》，中国人民大学出版社 2004 年版，第 21 页。
③ 参见赵敦华：《西方人学观念史》，北京出版社 2004 年版，第 12 页。
④ 北京大学哲学系外国哲学史教研室编译：《古希腊罗马哲学》，商务印书馆 1961 年版，第 113 页。

的时候是幸福的。"① 他认为，最优秀的人"宁取永恒的光荣而不要变灭的事物"②。伊壁鸠鲁把"宁静"的心态和审慎的生活相联系，认为这种生活才是最高的善。③ 在古希腊的先贤们看来，追求高尚的道德生活才是生命的意义所在。尽管语言表达方式不同，但他们都用西方的言说方式和话语体系阐述了人类要追求高尚的道德就必须进行修身的基本内涵。

当然，古希腊德性伦理思想的主要代表还是苏格拉底、柏拉图和亚里士多德。苏格拉底认为："未经省察的人生不是真正的人生"，只有德性的生活才是有价值的，因此，他提出以"认识你自己"为主旨的德性论和"德性即知识"的客观道德论命题。他强调知行合一、真善一体，认为应当把道德建立在知识的基础上，这被公认为西方哲学从自然哲学转向人生哲学的开始，开创西方理性主义伦理学的先河。苏格拉底将善看做是最高的道德范畴，把"善生"作为人与社会存在的最高目标。他认为人类要认识自己，就必须着眼于人的"灵魂"而不是人的身体，因为"人的能力、优秀性及人的'德性'的意义，不能像智者们所追求的那样，只是取决于个人的自由意志与社会评价标准，而应该是超越于这种现象的外在机制，寻找内在的本质的根据……要使人的固有能力得到完全的发挥，体现人之为人的优秀性，即德性，就必须关心人的灵魂"④。苏格拉底一生都在劝说和呼吁人们"对灵魂操心"，成为有德性的人，同时，他认为知识和德性成正比，要想真正有德性就必须学习知识，许多人之所以作恶是由于自身的"无知"而致，没有一个人本身愿意作恶，在这里，苏格

---

① 北京大学哲学系外国哲学史教研室编译：《古希腊罗马哲学》，商务印书馆1961年版，第18页。

② 北京大学哲学系外国哲学史教研室编译：《古希腊罗马哲学》，商务印书馆1961年版，第21页。

③ 参见赵敦华：《西方人学观念史》，北京出版社2004年版，第23页。

④ 参见宋希仁：《西方伦理思想史》，中国人民大学出版社2004年版，第25页。

拉底把求真与求善结合起来，强调人的道德理性要求人不应该仅仅追求活着，更重要的是要做到最好地活着，即追求"善生"。"善生"是存在的最佳状态，实现"善生"的人生目的必须通过对"善美"知识的终极关怀才能形成。

　　柏拉图从身心二元论的视角出发，以灵魂先在于肉体的认识为基础提出了著名的"回忆说"，并从智慧、勇敢、节制、正义"四元德"与灵魂的诸性能相对应的思考出发，强调通过他律与自律的结合来实现人的道德完善，描绘了一幅全体国民根据灵魂的素质进行社会分工，接受"哲学王"统一领导的理想国家的政治蓝图。①在柏拉图看来，灵魂进入人的肉体之后被分割成理智、激情和欲望三个部分，欲望支配着肉体腰部以下的部分，其德性是"节制"；激情是名誉与权力的冲动，占有人的胸部，其德性是"勇敢"；只有理智才拥有追求智慧与思虑、观照真理的能力，镇坐人的头部，其德性是"智慧"。人的德性来自于灵魂的作用，而灵魂进入肉体后经常被欲望和激情所左右，为了使灵魂各个部分的德性得到正常的发挥，必须用理智统率激情与欲望，三个部分在理智的指导下各自发挥自身的德性优势，才能使灵魂拥有"正义"的德性，人才能真正成为一个有德性的人。同时，柏拉图继承了苏格拉底"善生"观念，提出"善的理念"是最高存在，人在现实社会的一切追求必须以"善"为目标，凡事都要以"善"为根本。柏拉图不仅将善看做是道德范畴，而且是本体论、认识论的范畴，善是最高理念，所以也是其他理念追求的目的。在他看来，"四元德"的本质就在于以获得"善"为旨归，苏格拉底所追求的关于"善生"的根本意义也就在这里，因此，真正的幸福不在于物质的满足以及感官的快乐，而在于"善"——超脱感官的世界对于理念世界的沉思

---

　　① 参见宋希仁：《西方伦理思想史》，中国人民大学出版社2004年版，第34页。

（智慧），对于理念的服从与执行（勇敢），对于情欲的克制（节制）。柏拉图在《美诺篇》和《裴多篇》中分析了灵魂和肉体的分离，而人的灵魂先天具有知识，灵魂的不朽是知识的前提，"学习就是回忆"，人之所以需要知识是因为人的灵魂由于肉体的缘故会失去原有的知识。因此，柏拉图要求人们通过德性的修养，净化灵魂，经过对理念的沉思，在最后的阶段，当灵魂达到最高的理念——善的时候，灵魂超越了理智的沉思，最后达到了观照的最高境界。①

亚里士多德继承了柏拉图的身心二元论思想，强调灵魂有营养、感觉和理性三种形式。与植物仅具有营养的灵魂和动物具有营养和感觉的灵魂相比，只有人才具有灵魂的三种形式，因此，只有人才能过理性的生活，而人的生命才能最终实现其完善状态的倾向或品质称为"隐德来希"（entelecheia）。亚里士多德指出："幸福不在于消遣，在于合德性的实现活动"②，同时，他强调人的道德完善并不排斥人的感性物质生活的需求和满足，不排斥身体的合理欲求，他指出："人的幸福还需要外在的东西。因为，我们的本性对于沉思是不够自足的。我们还需要有健康的身体、得到食物和其他的照料。但尽管幸福也需要外在的东西，我们不应当认为幸福需要很多或大量的东西。因为，自足与实践不存在于最为丰富的外在善和过度之中。"③ 在亚里士多德看来，幸福既是沉思的生活和合于伦理德性的生活，也需要满足人的物质需要和合理生理需要，而道德作为"伦理德性与理智德性的重要区别就在于，道德德性的获得是需要后天的实践并通过习惯而逐步养成的，而不能像人的理智品质那样仅靠知识的传播和

---

① 参见赵敦华：《西方人学观念史》，北京出版社 2004 年版，第 44 页。
② ［古希腊］亚里士多德：《尼各马可伦理学》，廖申白译著，商务印书馆 2003 年版，第 305 页。
③ ［古希腊］亚里士多德：《尼各马可伦理学》，廖申白译著，商务印书馆 2003 年版，第 310 页。

认知就能有效的"①。因此，修身就要注重日常生活中的礼仪养成、义务责任感养成、道德情感体验等，其过程本身就是情感体验、道德意志和行为实践的过程，是实践意义上继承延续传统美德的过程，这需要人们不断地进行修身实践，不是靠讲大道理能讲出来的。

从古希腊思想家的论述我们可以得知，西方文化传统中有丰富的思想道德修养的内容，但与中国儒家的修身理论相比，西方的修身理论有浓厚的求真思想，他们把求善和求真结合在一起，甚至认为求真就是求善，在某种意义上可以说，西方的修身理论最终必将走向"外求"的路径，为西方科学主义的诞生奠定了思想基础。

二、宗教伦理学的人格完善与道德修养理论

在宗教伦理学中，蕴涵着大量的关于人格形成和道德完善的修养理论，虽然它们的基本立足点主要是身心二元论，但对西方社会秩序的形成和个体的精神生活发生了重大影响。例如，西方宗教改革领袖加尔文（John Calvin）就曾经提出，基督徒应该把自己改造成一个全新的人，开始新的生活，此谓之"新生"②。这种所谓的"新生"就要过圣洁的生活，这"不单是心灵的修养，同时也是身体的行为；不仅表现在宗教道德的精神领域，而且也表现在政治、经济、科学等各种世俗的社会领域。这种以神圣价值为取向的人生观把人的'原罪'转变为改造世界和自身的一种精神动力，对近代资本主义和自然科学的诞生起到积极的推动作用"③。作为宗教改革家，加尔文希望借助宗教实现对人自身和世界的改造，促使人的发展实现以"神圣价值为取向"的身心和谐。现代文明修身理论的形成和发展，既

①　肖群忠：《传统道德资源与现代日常生活》，《甘肃社会科学》2004 年第 4 期，第 129 页。

②　参见加尔文：《基督教要义》中册，（台湾）基督教文艺出版社 1991 年版，第 19 章。

③　参见赵敦华：《西方人学观念史》，北京出版社 2004 年版，第 89 页。

要批判西方宗教理论的唯心主义思想和抽象、片面的"救赎心态"，也要看到它能够被广大人民群众接受并实践的合理之处。

在宗教伦理学中，对人的自我塑造和人格培养作出重大探索的，主要是 19 世纪中后期兴起的人格主义伦理学。它是近代西方宗教主义伦理学家族的重要派别之一，是以"人格"这一富有人学韵味的概念为基础建立的一整套具有宗教本色和强烈人本主义色彩的新型宗教伦理学，波士顿大学教授鲍恩（Borden Parker Bowne，1847—1910）被公认为人格主义的创始人。鲍恩指出："作为一种完整的伦理学说，人格伦理学的本体是'完整的人'（whole man）和人的'完整生活领域'"，他认为人格伦理学研究的基本着眼点是善，人类的善可以分为"实际的善"（the actual good）和"理想的善"（the ideal good），"理想的善"是人生的可能目标，"实际的善"是实现着的人性化美德，所以善的获得并不只是某种行为的完成或快乐的获得，它首先包含着"个体的完善"，同时应包含"社会关系的完善"。因为对人类来说，善主要是以一种社会形式而存在着，而每一个人所能意识和感受到的"这种善只有在团体的工作之中并通过这种共同工作才是可以实现的"①。要想达到真正意义上的善，"爱的规律对所有正常社会行动来说，是唯一严格的普遍规律。对于人类来说，它也是唯一的社会规律"②。鲍恩认为，人的存在是"逐步道德化"的潜在性存在，人们只有用爱来指导自身行为、不断地创造和完善自己，才能真正成为自己。

人格主义伦理学的另一代表人物霍金提出"人性再造"理论，

---

① ［美］鲍恩：《伦理学原理》，美国哈普尔兄弟出版公司 1892 年英文版，第297 页，转引自万俊人：《现代西方伦理学史》下卷，北京大学出版社 1992 年版，第407 页。

② ［美］鲍恩：《伦理学原理》，美国哈普尔兄弟出版公司 1892 年英文版，第111 页，转引自万俊人：《现代西方伦理学史》下卷，北京大学出版社 1992 年版，第348 页。

他指出："在人的改变中，社会意在使他文明化，宗教意在拯救他。在这些方面有一种看法，即认为社会的工作或多或少是表面的，而宗教的工作则较为彻底和全面。人使其心灵和习惯与社会的要求相一致并成为'有教养的'（polite），而它使其灵魂服从于宗教并使他成为神圣的（holy）。"① 在霍金看来，心灵使人格高尚，社会使人格文明，宗教则使人格神圣，从而使人获得最终的拯救。"人性再造"使个体借助灵魂与精神人格的力量克服肉体的自然盲动，使人逐渐变得高尚起来，虽然社会关系可以使人文明化，但只有宗教的拯救才能实现彻底的"人性再造"。人格主义伦理学是西方基督教神学伦理学的现代更新，以抽象的人格或自我作为道德本体，使宗教伦理人格化、人道化，虽然对人性改造和精神生活的提升具有一定的积极意义，但从总体上说，其最终目的是为宗教神学干预、主导和控制现代人的生活服务。

新教伦理的代表人物马克斯·韦伯，将宗教对人的塑造由天上拉回人间、由彼岸拉回此岸，这就是他所阐述的以天职观为核心的新教伦理。他指出："个人道德所能采取的最高形式，应是对其履行世俗事务的义务进行评价。正是这一点必然使日常的世俗活动具有了宗教意义，并在此基础上首次提出了职业的思想。这样，职业思想便引出了所有新教教派的核心教理：上帝应允许的唯一生存方式，不是人们以苦修的禁欲主义超越世俗道德，而是要人完成个人在现世里所处地位赋予他的责任和义务。这是他的天职。"② 马克斯·韦伯对天职观的阐述，为新教伦理塑造从事商业的教徒们的资本主义精神（即追求利益和效率的最大化精神）和与之相关的行为品格（节欲苦行）

---

① ［美］霍金：《人的本性及其再造》，美国耶鲁大学出版社 1923 年英文版，第171 页，转引自万俊人：《现代西方伦理学史》下卷，北京大学出版社 1992 年版，第394 页。

② ［德］马克斯·韦伯：《新教伦理与资本主义精神》，于晓等译，三联书店1987 年版，第 59 页。

及敬业精神提供了思想理论基础，在促进资本主义经济发展的进程中有利于资本主义社会精神气质（ethos）的形成。

20 世纪六七十年代，境遇伦理学（Situation Ethics）的主要代表人物弗莱切（Joseph Fletcher）强调，"在道德选择中，首先要关心的就是人格"①。他认为当今西方社会进入了"道德重整"的时代，个体人格是人们道德完善的中心坐标或价值导向，应以"新的道德理论方法"塑造个体人格、实现人的道德完善。在他看来，人格的形成是由具体的生活境遇决定的，因此他提出了"生活本身就是决定"②的命题，主张以爱为唯一的宗教道德原则，建立一种人格主义的、自由开放的相对主义新道德，当然这种爱是"上帝之爱"。境遇伦理学的核心是"境遇决定实情"，绝对的规范只有一条，即"上帝之爱"，其他一切都是相对的，个体的发展与人格的完善要以爱和境遇为基础，把一种绝对的规范与一种实际的"计算方法"统一起来，以"达到背景下的适当——不是'善'或'正当'，而是'合适'"。③一条原则或规范只有与爱相符才能合乎行为之决策需要，才是恰当有用的，否则不然。境遇伦理学"坚持从实际情况出发作出道德判断，以具体境遇和实际经验为道德评价标准，把实用主义和相对主义结合起来"。④它以实用主义为目的性方法、以相对主义为工具性方法的战略战术，构成了"爱的战略"来支配人的思维方式和行为方式。境遇伦理学是把基督教道德与存在主义结合起来，使神学伦理转向对个人自由行动的境况解释，在一定程度上打破了基督教对

①　[美] 约瑟夫·弗莱切：《境遇伦理学》，程立显译，中国社会科学出版社 1989 年版，第 39 页。

②　[美] 约瑟夫·弗莱切：《境遇伦理学》，程立显译，中国社会科学出版社 1989 年版，第 130 页。

③　[美] 约瑟夫·弗莱切：《境遇伦理学》，程立显译，中国社会科学出版社 1989 年版，第 18 页。

④　万俊人：《现代西方伦理学史》下卷，北京大学出版社 1992 年版，第 554 页。

个体发展的限制和束缚，使其失去了原有的神圣与尊严而蜕化成一种追求时尚、讲究实效的俗化道德，有利于人们追求人格至上的自由与"符合实际的新道德"，但过于强调具体境遇的重要性，容易忽视社会宏观环境对人的生存与发展的决定作用，不可避免地陷入道德相对主义。

三、康德思想体系的"善良意志自律"理论

研究和借鉴人的道德修养和自我完善理论，不可能不提康德的"善良意志自律"理论。伊曼努尔·康德（Immanuel Kant，1724—1804）是理性主义人学的集大成者，他以唯理论为基础，在吸收了同时代自然主义人学思想的基础上，建立了理性主义人学的思想体系。康德认为，人是一种特殊的理性存在者，具有感性和理性双重属性，"他必须承认他自己是属于感觉世界的；但就他的纯粹能动性而言，他必须承认自己是属于理性世界的"①。在此基础上，康德提出了"人是目的"的命题，强调"在全部被造物之中，人所愿欲的和他能够支配的一切东西都只能被用作手段；唯有人，以及与他一起，每一个理性的创造物，才是目的本身"②。康德提到的"人是目的"所说的人是个体的人，针对社会发展进程中人既是目的又是手段之间的统一性问题，他提出用"善良意志的自律"来解决，在康德看来，善良意志是以自身为目的的意志，是以摆脱了一切经验因素（包括社会约束力、自然情感以及个人好恶等方面）的理性作指导，为了自身的目的而为自己制定规则，这样的规则就是自律。善良意志本身反映了人作为理性存在物，自己为自己立法，人既是立法者，又是守法者，但不是被动的守法者，而是自在自为的、自觉自主的"我意

---

① ［德］康德：《道德形而上学的基本原则》，载郑保华主编：《康德文集》，刘克苏等译，改革出版社1997年版，第113页。

② ［德］康德：《实践理性批判》，韩水法译，商务印书馆1999年版，第95页。

如此"，这就是道德自律。人是服从自己所立之法的主人，绝对服从由自己所立的道德法则，所以就克服了手段与目的的对立，从而不断实现个体的道德价值和自我完善。

康德提出的"善良意志自律"理论把道德的根据和价值标准从主体外部移到主体内部，从感性方面移到理性方面，使道德由他律变为意志的自律。在康德的逻辑中，"自律"是指不受外界约束、不为情感所支配，根据自己的"意志"和"良心"为追求道德本身的目的而制定的道德原则；"他律"则是指依据外界事物或情感冲动、为追求道德之外的目的而制定的道德原则。在人们的社会生活中，只有遵循自律的行为才是道德的行为，因此，人们必须服从先验的、抽象的、永恒不变的"绝对命令"（categorical imperative）。① 当然，康德所谓的"绝对命令"也就是道德律，并没有明确规定哪些规则是道德的，哪些不是道德的，只是反映了具有普遍性的理性自律规则，实质是用哲学的思辨语言表达了人的自我修养的"黄金规则"，其经典表述在儒家修身理论中就是"己所不欲，勿施于人"，在基督教中就是耶稣所说的"你要别人怎样对待你，你也要这样对待别人"。

康德从"人是目的"这一基本命题出发，强调道德是一个有理性的人能够作为自在目的而存在的唯一条件，人们坚持道德原则，不在于它的效用，而在于它的善良意向，在于它所遵循的意志准则。他认为每个有理性的人都把自己和别人当做目的，必然会导致"目的王国"或"价值王国"的出现，作为立法者和守法者统一体的个体，只有摆脱一切偏好的干扰，完全独立自主地发挥自己的意志能力，才能保持王国成员的资格。因为在目的王国中每个人既是自在的，又都具有内在价值，因此，在某种意义上可以说，内在就是自在，自在就是内在，但是只有同道德目的相联系的行为，才有道德价值。"在康

---

① 参见宋希仁：《西方伦理思想史》，中国人民大学出版社 2004 年版，第 334 页。

德看来，因为人是理性存在物，所以人都趋向于自由与自我人格的完善，追求内在价值的实现。"① 康德的"善良意志"理论，把自我意识提高到了哲学和道德主体的地位，认为实践理性高于理论理性，也就是人的道德活动高于认识活动。同时，康德也承认，人只有同时达到道德上的善和物质上的善，才能真正实现人的价值。但在现实生活中，人们发现道德与幸福之间是存在矛盾的，往往很难同时得到，似乎许多不受道德律支配的人更容易获得幸福。鉴于道德与幸福的这一矛盾，康德就假定了一个上帝的存在，由他来调节道德与幸福，尽管康德的上帝是道德神学的上帝，但毕竟最终把调节道德与幸福之间的矛盾赋予他力而不是自力。

进行现代文明修身，一个重要的目标就是理性高尚、能动创造的生活态度与生活方式在生活世界的生成，很显然，我们需要"善良意志的自律"，但更要注重感性的生活实践，在社会实践中培养道德理性和道德习惯，并用它指导人们的生活实践并在生活实践中接受检验，它应当遵循"从感性认识而能动地发展到理性认识，又从理性认识而能动地指导革命实践，改造主观世界和客观世界。实践、认识、再实践、再认识，这种形式，循环往复以至无穷，而实践和认识之每一循环的内容，都比较地进到高一级的程度，这就是辩证唯物主义的全部认识论，这就是辩证唯物主义的知行统一观"② 的基本规律。

四、麦金太尔道德哲学的"美德追寻"理论

麦金太尔是当代德性伦理学的主要代表人物，他所著的《追寻美德》（*After Virtue：A Study of Moral Theory*）一书，激发了人们关于

---

① 参见宋希仁：《西方伦理思想史》，中国人民大学出版社 2004 年版，第 337 页。

② 《毛泽东选集》第一卷，人民出版社 1991 年版，第 296—297 页。

美德研究的兴趣，也为我们研究现代文明修身理论和实践提供了可供借鉴的视角。麦金太尔认为："美德是一种获得性的人类品质，对它的拥有与践行使我们能够获得那些内在于实践的利益，而缺乏这种品质就会严重地妨碍我们获得任何诸如此类的利益。"① 在麦金太尔看来，正义、勇敢与诚实的美德乃是任何具有内在利益和优秀标准的实践的必要成分。人们的社会生活实践中如果缺少美德，就会妨碍我们获得实践的内在利益，并且是以一种非常特殊的方式妨碍我们，而不仅仅是一般性的妨碍。现代文明修身是提高人的精神生活质量和促使理性高尚、能动创造的生活态度、生活方式在生活世界生成的活动，促使人们形成高尚的思想道德素质本身就是其重要目标和基本归宿，因此，研究麦金太尔美德伦理对个体发展具有重要意义。

麦金太尔认为，美德理论的形成与发展不能脱离社会生活的根基，它是随着社会生活本身的变化而变化的。他指出："对于任何道德哲学的主张，如果不搞清其体现于社会时的可能形态，我就不能充分理解它。"② 在麦金太尔看来，迄今为止，美德的发展经历了各类美德（Virtues）、单纯的道德（Virtue）和美德之后（After Virtue）三个阶段，从古希腊文明时代到中世纪，人类的社会生活中存在着多元的善，而后美德的发展过渡到了与传统美德相符的背景下不在场的阶段，道德由内在的德性存在转向外在的规范性存在，近代以来，道德被剥去了宗教神圣的外衣而走向世俗化，人们对道德由崇拜逐渐转变为怀疑，特别是现代社会，科学技术的迅猛发展、全球化进程的不断加速以及市场经济体制在世界范围内的运行，解构了道德作为高尚生活理想的神圣光环，生活世界中不再有统一的美德观、价值观，道德处于一种极大的无序和混乱状态。道德的基本命题有"我们应当

---

① ［美］麦金太尔：《追寻美德》，宋继杰译，译林出版社 2003 年版，第 242 页。

② ［美］麦金太尔：《追寻美德》，宋继杰译，译林出版社 2003 年版，第 29 页。

怎样做"变成了"我为什么要这样做"的追问，前者把道德作为人类应有的权利去追求，后者则把道德看成一种义务，一种对生活方式的束缚。当然，当代道德危机既有深刻的社会根源，也与当代人道德养成方式滞后有关，其实质是道德权威的危机，是对道德工具化的必然回应，道德追求缺乏值得信赖和向往的终极价值目标，进而导致现代社会所谓的"价值真空"与道德失范状态。在麦金太尔看来，要摆脱道德危机，唯一的出路就是追寻美德，人们应当回归亚里士多德的美德传统，重视内在的善。

麦金太尔认为，美德的养成要经受失去财富、名声和权力的考验。他指出："众所周知，诚实、正义和勇敢的修养时常会使我们得不到财富、名声和权力。因此，纵然我们可以希望，通过拥有美德我们不仅能够获得优秀的标准与某些实践的内在利益，而且成为拥有财富、名声和权力的人，美德始终是实现这一完满抱负的一块潜在的绊脚石。"① 在麦金太尔看来，美德的形成要求人们把精神生活看做高尚的人生目标，当物质追求与精神生活之间矛盾尖锐时，要不惜牺牲功利性的价值追求，即"首先，将诸美德视为获得实践的内在利益所必要的诸品质；其次，将它们视为有助于整个人生的善的诸品质；再次，显示它们与一种只能在延续中的社会传统内部被阐明与拥有之对人来说的善的追求之间的关系"②。虽然在一定程度上我们在实践中可能失去外在的利益，而我们将获得丰厚的"内在利益"，而这种"内在利益"对社会成员个体成长与精神生活质量提高的价值是显而易见的，甚至影响是终身的。

追寻美德的基本目的就是过善的生活。"对人来说善的生活，是在寻求对人来说善的生活的过程中所度过的那种生活，而这种寻求所

① ［美］麦金太尔：《追寻美德》，宋继杰译，译林出版社2003年版，第249页。
② ［美］麦金太尔：《追寻美德》，宋继杰译，译林出版社2003年版，第347页。

必需的美德，则是使我们能够更为深入广泛地理解对人来说善的生活的那些美德。"① 麦金太尔关于美德追寻的理论，反映了人们对日常生活活动的终极依据和社会生活终极理想和意义的探求，但是道德生活的每一种形式、道德生活的主要内容以及道德哲学世界观功能的发挥等，都离不开符合时代要求的道德修养，个体对美德的追寻或践行，必须立足于社会的现实环境，因为善的生活是随具体环境变化而变化的。在追寻美德的过程中，"个人一方面摆脱了强制性等级制的社会束缚（现代世界从其诞生之日起就摒弃了这种束缚）；另一方面摆脱了被现代形式为目的论的迷信的东西。……但值得注意的是，这种特殊的现代自我、情感主义的自我，在获得其自身领地的主权的同时，却丧失了由社会身份和被既定目标规定的人生观所提供的传统边界"②。新的美德的形成必然伴随着旧的道德体系的消解，现代文明修身的过程也必然反映这一规律。当然，高尚道德的形成不纯粹是个人的私事，而是一种"社会整体性的道德生活"，因此，进行现代文明修身不仅意味着新的道德意识系统化与世界观的培养，同时更是一种新的道德生活方法论在个体生活世界的确立。在这个意义上，进行现代文明修身本身反映了社会成员愿意接受并追求高尚的道德生活，反映了社会成员不断地促使自己从现实的状态、现实的人性向理想的状态、本质的人性的追求和发展。

第三节　现代文明修身的身体哲学思想借鉴

身体是生命存在的基本依托，是我们认识世界和改造世界的力量

---

① ［美］麦金太尔：《追寻美德》，宋继杰译，译林出版社 2003 年版，第 278—279 页。

② ［美］麦金太尔：《追寻美德》，宋继杰译，译林出版社 2003 年版，第 43 页。

源泉，也是人的精神生活得以存在的生命物质基础。人们通常说"身体是革命的本钱"，如果人的身体不存在了，对个人而言，一切就无从谈起。因此，法国哲学家梅洛－庞蒂曾经有过这样一个判断："我们不能够像研究世界中的随便某个事物那样研究身体。身体既是可见者又是能见者。这里不再有二元性，而是不可分割的统一。被看者和能看者乃是同一个身体。我愿意从这里开始。"① 谢有顺则干脆把这句话直接转译为："世界的问题，可以从身体的问题开始。"② 社会实践的发展使人类对身体的认识不断深化，逐渐形成了博大精深的身体哲学体系，从本质上讲，修身理论是身体哲学思想的阐发与超越，研究现代文明修身理论的话语体系与实践机制，有必要借鉴身体哲学的相关内容和研究视角。当然，许多关于修身理论的研究都立足于身心二元论，把修身最终归结为修心，它们过分强调意识的反作用而忽视了社会存在对社会意识的决定作用，古老的身体哲学则具有朴素的唯物主义精神，强调社会存在决定社会意识但忽视了意识的相对独立性，我们关于身体哲学思想的借鉴则是立足于社会存在与社会意识的辩证统一。

一、身体哲学内涵的现代阐释

在汉语的文化语境中，"身"主要有三层含义：肉体、躯体和身份。肉体是肉身规定性的存在，与一般动物的身体无异；躯体则是一个富有生命性的概念，是蕴涵着人类情感和意识的具有生命内驱力的实体，体现了人与动物的本质性区别；身份则是对身体原有概念的异化，它以观念的身体取代并主宰了事实上的人的躯体，反映了人们在社会道德、文明意识等社会外驱力作用下对身体的新的认识，也是造

---

① 《旅程Ⅱ》（1951—1956）（法文版），第 213 页，转引自杨大春：《感性的诗学：梅洛－庞蒂与法国哲学主流》，人民出版社 2005 年版，第 46 页。
② 谢有顺：《文学身体学》，载汪民安主编：《身体的文化政治学》，河南大学出版社 2003 年版，第 192 页。

成身心二元论的一个重要原因。在英文中，肉体实体的"身"用body，当引申为自身或自己，带有灵魂和精神因素尤其是涉及人的人格时，则用self，相当于one's own person 的意思。"亲自做或经历一件事，英文用 oneself 这种人格指称，中文用'身'。英文 on his person 在中文中译做'在他身上'，人格侮辱在中文里为'人身攻击'，如果译成英文就成了 physical assault，而不会使人联想到是对一个完整形态的人的攻击。中国传统文化中对自己对别人都只有'人身'观念，而没有'人格'观念。"①

"身体"概念同人类自身的发展一样，也是一个不断社会化的过程。正如学者周与沉所指出："身体作为话语符号，是在历史、社会、文化中被建构起来的，本身就充满了权力诉求的张力。同时身体不仅具有历史的社会——文化面向，在生存论意义上，对身体的探寻更指向人的问题和深广的形而上之域。"② 后来人们在使用"身体"的概念时，多把"身体"等同于"生命"或"身份"，较少使用"肉身"的概念了。本书认为，身体是一个包括仪容、行为、品德、情感、知识能力等多方面内容的有机综合体，人类关于身体的认识，是沿着肉身实体→生命躯体→社会身份的思路进行的。

从哲学上讲，人类认识"自身"有两种途径，一种是身体本体论，把自身当做世界的本原，提倡"安身方可立命"，透过身体看世界，从身体出发构建世界图式；另一种是反其道而行之，从外在的世界尤其是从脱离了身体的"意识"来看身体，主张"我思故我在"，把自身看做独立于世界的个体，但受社会意识和思想的支配，

---

① ［美］孙隆基：《中国文化的深层结构》，广西师范大学出版社 2004 年版，第23 页。

② 周与沉：《身体：思想与修行——以中国经典为中心的跨文化观照》，中国社会科学出版社 2005 年版，第 12 页。

属于意识本体论。① 我们所说的身体哲学，是指的前一种思路，而后面的一种思路，大致是近代以来西方笛卡尔、黑格尔所走的道路。东方的身体哲学具有以身体推出社会伦理、企求精神超越进而构造世界图式的倾向，提倡"以身为家，以家为国，以国为天下。此四者，异位同本。故圣人之事，广之则极宇宙、穷日月，约之则无出乎身也"②。在中国古人的心目中，所谓"齐家、治国、平天下"的政治逻辑，无不"出乎身"，即以修身为本，与修身同旨，该理论的提出，标志着身国同构的政治学理论在古代中国的正式形成。因此，"东方社会是把身体的归属问题放在一个群体框架中来解决的，这和中国思想习惯于把'人'放在'君臣父子夫妻'的关系中来加以认识是一致的"③。身体一方面安置自身于世界之中，让自己成为世界的一部分；另一方面身体又通过个体在群体中的活动，成为社会关系构成的重要来源。

　　身体哲学又称人体宇宙学，就是从人的身体出发研究社会伦理、精神超越和世界图式的理论和方法。"除表现为身体在宇宙中的中枢地位外，还表现为其由身体出发，以一种'挺身于世界'（梅洛-庞蒂语）的方式，也即孟子所谓的'践行'的方式，为我们构建了一种别具一格的世界图式。"④ 在西方哲学史上，尼采是第一个将身体提到哲学显著位置的哲学家，他明确提出"要以肉身为准绳"⑤，从身体的角度重新审视一切，对价值进行重新评估，并将历史、艺术和理性都作为身体弃取的动态产物，把世界看成是身体的透视性解释，

---

　　① 参见张再林：《作为身体哲学的中国古代哲学》，中国社会科学出版社 2008 年版，第 257 页。

　　② 《吕氏春秋·审分览·执一》。

　　③ 葛红兵、宋耕：《身体政治》，上海三联书店 2005 年版，第 66 页。

　　④ 张再林：《作为身体哲学的中国古代哲学》，《人文杂志》2005 年第 2 期，第 29 页。

　　⑤ ［德］尼采：《权力意志》，张念东、凌素心译，中央编译出版社 2000 年版，第 37 页。

是身体和权力意志的产品。① 尼采将身体视做权力意志本身，是一种自我反复扩充的能量，充斥着积极活跃、自我升腾的力量，在反对思想禁锢、提升人的主体性方面具有积极意义，但是尼采的理论由于过于强调自我升腾和自身价值，为培养忽视他人身体和生命的"超人"乃至"狂人"提供了托辞，在某种意义上说，这是对身体哲学的背叛。

修身理论话语体系的出现及其实践机制的原初形态，在一定意义上是身体哲学发展的产物。它源于中国哲学中根深蒂固的身体性（the body of subject），这种身体性表现为古代中国人思考哲学问题和进行社会关系实践，多以身体为中心，从身体出发展开思维和行为，即沿着"身体→两性→家族→社会"的思维方式，推演出了"肉身实体→生命躯体→社会身份"的身体活动谱系学。因此，从身体哲学视阈来研究修身活动，强调的是一种广义的修身概念，即它是提高人的生命质量的一切活动，包括人们对自身健康素质和思想道德素质的追求和提升。而现代人看来，修身应当是一个狭义的概念，主要是指"努力提高自己的品德修养"②。本书借鉴身体哲学视角看修身理论的现代转变，从广义的修身理论即从"身体"的肉身实体、生命躯体和社会身份的维度来建构和分析现代文明修身的话语体系。

二、肉身实体维度，现代文明修身关注人的健康素质提升

中国古代的身体哲学对身体有两种基本看法：视身如物与贵己重身。前者把身体看做自然的一部分，把一己小我放在自然大道之中，身体的去留和生命的绵延与死亡都是服从自然大道，其代表人物是庄子。庄子在他的妻子死后鼓盆而歌，认为只是回归自然而已，这种思

---

① 参见汪民安：《身体的文化政治学》，河南大学出版社 2003 年版，第 7 页。
② 《辞海》，上海辞书出版社 1999 年版，第 662 页。

想体现了与自然和谐、尊重自然规律的态度，但不利于发挥人的主观能动性和培养人类创新精神，消极意义明显。后者的主要代表人物为杨朱，杨朱坚持"不以天下大利，易其胫之一毛"，"杨子取为我，拔一毛而利天下，不为也"①，认为保持肉体和生命的完整非常重要，尽管这种言说方式带有文学作品修辞性特征，但在某种意义上带有"身体"是世界本体的实体思维观念。在杨朱学派看来，生命比一切都重要："身者，所为也，天下者，所以为也；审所以为，而轻重得矣"②，生命本身就是目的，天下只不过是保养生命的手段和凭借。

　　老子也坚持贵己重身的思想，其核心命题是"贵以身为天下"③。在老子看来，一个理想的社会治理者，首先应懂得"贵身"，洁身自好，修身养心，提高自己的思想道德修养，努力保持身体的原始状态即赤子状态，使之不受各种后天名利俗世污染。因此，老子提出"载营魄抱一，能无离乎"④，"名与身孰亲。身与货孰多。得与亡孰病。甚爱必大费；多藏必厚亡。故知足不辱，知止不殆，可以长久"⑤。老子认为身体是由"营、魄"（即灵魂和肉体）二者构成，保全身体的完整性对人的存在非常重要，身体是人的生命存在的本体，也是存在的根据、形式和本质。然而在现实生活中，"名、货、得"等功利性因素严重影响身体的本真性存在，在老子看来，人的本真存在应该追求的是"赤子"、"婴儿"那样的原始状态，不受尘世的污染。冯友兰认为，老子"以身为天下"的思想，既可理解为"以身贵于天下"，反映的是身体本体论，也可理解为"把身体当做天下"，即"身体"与"天下家国齐同"⑥。

---

①　《孟子·尽心上》。

②　《吕氏春秋·审为》。

③　《老子·第十三章》。

④　《老子·第十章》。

⑤　《老子·第四十四章》。

⑥　参见詹石窗：《新编中国哲学史》，中国书店 2002 年版，第 47 页。

　　就肉身实体维度而言，修身首先关注的是身体健康素质的提升。一般说来，古代人都比较重视身体健康和生命的完整性，古希腊的灵肉一体说强调"高尚的灵魂寓于健壮的体魄之中"①，中国的《孝经》中清楚地记载着流传至今的至理名言："身体发肤，受之父母，不敢毁伤，孝之始也。"在古人看来，身体与德性是一体的，保全身体是体现孝道的基本内容，在一定义上说，身体是生命与道德的等价物，身体受损等于生命受辱，所以《三国演义》中曹操有"割发代首"的行为，孟子则建构了"穷则独善其身，达则兼善天下"的修身话语体系。在《论语》、《孟子》等儒家经典文献中多次提到"身"。"《论语·学而》有言，'吾日三省吾身'，这里把我的'身体'（body）当做'我'（I, myself）理解的。在孔子等思想家看来身体具有世界本体的地位，它和西方思想中的'存在'（being）这个本体性概念是一样的。西方思想家使用'存在'概念的时候，中国思想家正使用着'身'，并以'身'为本体论思想的缘起。"② 中国古代的身体哲学中，"守身为大"、"反身而诚"③ 等思想无不体现和印证了身体本体论和贵己重身的思想。

　　在市场经济体制下，修身作为人类追求健康素质的重要途径面临着逐渐被异化的命运。物质生产领域的价值规律似乎已延伸到社会生活的各个领域，等价交换原则刺激着一颗颗试图一鸣惊人的心灵，身体似乎又重新回到人们生活的中心，在启蒙时代和革命时代被严重压抑甚至逐渐被消灭的身体话语重新又回到了人们的生活世界，身体似乎成了人们达到目的的重要手段，同时也构成了人们奋斗目标的重要内容。一时间，"消费政治主导了身体行为、身体伦理、身份建构和身份认同，身体沿着肉身需要（欲望）的逻辑和消费的话语体系被

①　万俊人：《现代西方伦理学史》，北京大学出版社 1992 年版，第 333 页。
②　葛红兵、宋耕：《身体政治》，上海三联书店 2005 年版，第 8 页。
③　《孟子·离娄上》。

建构和塑造"①。为了寻找一条通往成功道路的捷径，一些人"勇于献身"，成功之后又把"消费身体"作为生活的重要内容，身体成了社会交往的重要媒介和话语体系。一些人成功的主要方式就是用于"献身"，而要"献身"则必须先"修身"，这里的"修身"是对传统修身话语的又一次异化，在某种意义上可以说是对修身原有内涵的否定之否定，是修身之"身"返璞归真，重新回到肉身实体，修身成了"美容"、"修脚"的代名词，"修身"的过程成了用食物、衣物、化妆品等打造、包装身体的过程，以达到使身体增值的目的。经过"修身"之后，身体的价值得以"跃升和实现"，被自己所追求的价值目标的主导者、支配者所认同、接受。

在后现代语境中，修身已不再是人的自我提高、自我完善、自我解放的追求和确证，而是主体性消解之后的一抹残存的生存形式。正如有的学者所指出："身体不是智慧，不是劳动，而是欲望的代名词，直接成了消费者和消费物，启蒙时代曾经高喊'我是属于我自己的'身体、单命时代'劳动和牺牲'着的身体，被'消费的身体'所取代。"② 在这样的价值理念主导下，人们的修身行为被歪曲为对身体的加工，身体俨然构成了供以消费的社会关系场域，甚至引发了社会"修身产业链"的兴起与繁荣，甚至"人们以为只是作为一个消费者我们才能摆脱被别人消费的命运，而真实的情况却是我们通过消费他人也消费了自己"③。显然，过度地关注、包装、消费身体而忽视生命存在高尚意义的思想和行为，都是现代文明修身的大敌，建设社会主义和谐社会，需要千千万万德、智、体、美等方面全面发展的人，我们研究现代文明修身理论的话语体系与实践机制，就是要引导人们通过正确的途径追求积极健康的生活，关注身体是通过健康的

---

① 葛红兵、宋耕：《身体政治》，上海三联书店 2005 年版，第 93 页。
② 葛红兵、宋耕：《身体政治》，上海三联书店 2005 年版，第 94 页。
③ 葛红兵、宋耕：《身体政治》，上海三联书店 2005 年版，第 95 页。

身体素质追求超越身体本身的意义生活，而不是相反。

三、生命躯体维度，现代文明修身关注人的生命价值提升

生命的存在，首先是建立在身体的物质性基础之上。约翰·奥尼尔认为："人类首先是将世界和社会构想为一个巨大的身体。以此出发，他们由身体的结构组成推衍出了世界、社会以及动物的种属类别。"[①]"我们的身体就是社会的肉身。"[②] 中国的古代社会是以血缘关系为纽带构成的家国一体、身国同构的伦理社会，社会在某种意义上就是身体的放大和扩充，封建社会所奉行的"三纲五常"伦理准则、"己予立而立人、己予达而达人"的忠恕之道和"亲亲而仁民，仁民而爱物"的生活方式，在一定意义上都是源于身体哲学。笛卡儿的身心二元论，使原来朴素的身体哲学走向解体，身体成了"我思"和理性的产物，人类"意识"的觉醒带来主体性的增强，但又使人陷入了"人类中心主义的"深渊。在理性和"我思"至上的笛卡儿那里，身体被置于一个无关紧要的位置。从此以后，无论是在世俗哲学那里，还是在基督教神学那里，身体几乎完全成了生殖机器，基督教神学甚至把身体看做人类罪恶的发源地和欲望的聚集地，禁欲资本主义利用了这种意识形态，将身体中的狂野能量严格限定在夫妻隐秘的生育床第之间。在一定程度上，身体哲学成了生育文化，人们似乎以个体生命的生产来证明身体的价值。

就生命躯体维度而言，现代文明修身关注人的生命价值和生活意义的提升。人是自由的、有意识的生命存在，也是一种价值性存在，人的生活必然会追求一种价值向度而证明自己的存在。人类通过自身的社会实践活动，去追寻生命的价值和意义。但是，在以自然经济为

---

① ［美］约翰·奥尼尔：《身体形态：现代社会的五种身体》，张旭春译，春风文艺出版社 1999 年版，第 17 页。

② ［美］约翰·奥尼尔：《身体形态：现代社会的五种身体》，张旭春译，春风文艺出版社 1999 年版，第 10 页。

基础的封建社会，却形成了以"差等之爱"为纽带的"和而不同"的人身共同体，对生命价值的追寻成就了"民吾同胞，物吾与也"价值观的形成，"天人合一"观念源于生生不息的生命诉求和一种"拒绝残损"的人身需要，人的修身过程直接内在于我的不断族类化的身体之中，从而使人的伦理与生理归于一统而使一种"完满的主体间性成为可能"①。

身体哲学是一种强调行为活动的哲学，凭借人的身体行为（践履）构筑人的生活世界。它有别于依靠思想意识和理想观念为主要内容的认知行为所构成的存在世界，身体图示展开的过程，就是人的生活样态展现和适应社会环境的过程，也是人们凭借经验、体验改变自身存在方式的过程。人们通过身体行为的惯常规范性形成身体思维，即凭借亲身体验、体悟而趋于致知，身体成为人的生命存在和生活实践的中介，它的哲学意义不在把身体看做本体，而在于本质直观的直觉性思维构成了中国传统认识论中的主要思维方式之一，在这种思维方式指导下，人的活动是一种封闭的、狭隘的地域性活动，甚至"鸡犬之声相闻，民至老死不相往来"，所以人的社会化程度不高，当然也就缺乏个体性、主体性。在某种意义上说，修身就是个体社会化，是个体逐渐将在社会生活中意识到的人际关系及符合群体利益的行为规范内化为自身思想道德素质，外化为对待他人、社会、事物的态度和习惯以适应社会生活的过程。它要求个体的动机和行为逐渐适合某一社会及其文化的需要，目标上追求个体与群体、社会的和谐一致，行为上遵从现有社会秩序、服从道德律令、承担相关责任和义务，思想上为了群体和社会的客观需要而进行自我约束、自我规范，从而形成一种亲近社会的行为，而不是逆社会发展要求的反社会行为。

---

① 参见张再林：《作为身体哲学的中国古代哲学》，《人文杂志》2005年第2期，第30页。

当然，中国古代身体哲学中的"身体"是一种"大而化之"的身体。因此，修身必然追求对生命价值的超越和提升。中国古代哲学把身体视为无限生命之坚实依凭，它已不再是生物学意义上的囿于一己之私的身体，"成吾身者，天之神也"①，身体是现象学意义上的业已宇宙化、社会化的身体，身体的生成是人与神圣的天道相通，并由此成就了人的生命无限之于人的生命有限的超越运动。② 换句话来说，身体被视为超越之本，"修身"无疑成为实现精神超越的不二法门。当然，这里的修身有双重含义，既有克服一己之私使自身向宇宙之身、人类之身的生成，又有提高思想道德素养的含义。修身体现了中国古人身体践履的历史、生活世界的历史，并形成了身体社会化为主要内容的"礼"的学说，这种发达的身体哲学理论深深地根植于作为身国同构、家国一体的封建伦理文化之中，在提倡个人的身体力行和进行道德修养的基础上，逐渐扩大到社会层面，成为统治阶级驭民治国的指导思想，实现了伦理生活的政治化。

四、社会身份维度，现代文明修身关注"身体意识形态"解构

从社会身份维度看，前社会主义时代的修身理论既是一套话语体系，同时也是一套秩序操控制度。在"男尊女卑"、"忠孝节义"等封建伦理的桎梏下，身体哲学成了压抑个体主体性甚至对人进行阶级压迫、性别压迫的工具。个体主体性在维护族群、家国的统一中逐渐消融，人们因在生产关系中所处的地位不同而形成不同的处境和社会角色，即个体的社会身份，也就形成了封建等级制度和看似"合理"的封建压迫，影响和控制着社会各阶层的交往活动和社会生活。政

---

① 《张载集·正蒙·大心》。

② 参见张再林：《作为身体哲学的中国古代哲学》，《人文杂志》2005 年第 2 期，第 30 页。

权、神权、族权、夫权成了压迫我国古代妇女的四大绳索，"男女授受不亲"、"笑不露齿"、"烈女贞操"等诸如此类的话语体系，构成了关于身体及其行为规定的社会伦理和价值观念，人们的日常生活及其交往活动，无不受到封建思想及其身体观念的约束，人们的行为和生活必须符合所谓的"伦理纲常"。在"三纲五常"和"存天理，灭人欲"的封建宗法思想基础上形成的修身理论，既培养了忠于封建伦理道德、服务阶级统治的御用工具，在某种意义上也使人们获得了身份感与群体归属感，并在自然身体向社会身体的转化过程中，形成了所谓的"身体的意识形态"①。

身体意识形态在 20 世纪逐渐被解构。早在五四时期，"民主"、"科学"、"自由"、"平等"的观念冲击着古老的身体哲学体系，"人人平等"、"婚姻自由"的观念开始深入人心，"父母之命、媒妁之言"的婚姻观在许多地方逐渐被自由恋爱所取代，封建宗法伦理对人身压抑的观念受到强烈批判，古老的中国第一次迎来了身体观念的解放，"文明其精神，野蛮其体魄"也成了许多热血青年修身报国的指导信条。新中国成立后，"一夫一妻制"和"男女平等"的思想构成了新时期身体哲学的基本理论并在社会现实中得以广泛执行。"德智体全面发展"的理论取代了传统的修身思想，追求高尚的思想道德素质、健康的身体素质与科学文化素质的协调发展成了人生目的和生存意义的重要指标，身体哲学在马克思主义指导下获得了新的发展。然而，"文化大革命"所掀起的"不爱红妆爱武装"高潮，使"解放鞋"、"绿军装"成为时尚，合理的爱美之心被批成"小资情调"和腐化堕落的资本主义生活方式，人们的身体观念和生活行为在一定程度上受到限制。

改革开放之后，身体哲学获得了前所未有的解放。关于身体的研究也多了起来，如身体政治学、身体社会学、身体美学等都得到一

---

① 汪民安：《身体的文化政治学》，河南大学出版社 2003 年版，第 139 页。

定程度的发展。一些人思想解放程度超过了一般人的想象，既强调"健康"又要求身体符合当代"美"的时尚标准，尤其是对身体外形的关注超越了以往任何时代。物质生活水平的提高使形体外观美和内在健康美提上了日程，思想观念的变革使身体的展示或暴露程度超过了以往任何时代，身体本身形成了一种文化，甚至导致了某种"身体工业"的出现，从医学美容、修脚护肤、艺术化妆、形象设计、健美等数不清的身体行业迅速崛起，构造了一个巨大的身体市场和身体产业。身体观念的变化有时令人瞠目结舌，"人体盛"和各种选秀活动像一个巨大的磁场，在不断地刺激着人们的身体观念变化和身体行为的更新，通过身体获得所谓成功的例子不胜枚举。

梁漱溟在批评中国一些人盲目地模仿西方身体文化时就深刻地指出："那就是由理性又退回到身体，向外用力又代向里用力而起，这在人的生命上便是退堕，并不能复其从身体发轫之初，在中国历史上便是逆转。亦不能再回到没有经过理性陶养那样。换言之，这只是由成而毁而已。"① 身体观念的变化一方面似乎要把人类引进一个"性化的时代"，一些人缺乏深刻意义上的价值反省和道德修养，以所谓的外在美和形体美取代人类的内在美、心灵美，造成社会风气日浮躁；另一方面，使修身的概念发生歧义，人们的身体健康素质与"按美的规律构造"之间的张力越来越大。修身是人的社会化过程，也是人的身体不断社会化的过程，修身要求人们的身体行为和身体观念符合社会发展的要求，社会主义社会的根本目标是人的自由全面发展，即实现马克思所说的"自由个性"，修身理论关于身体哲学思想的借鉴也必须为这一目的服务。现代人要根据自由全面发展的要求，将爱美之心、自爱之心扩大到别人，把自尊自爱变成美德，重视内在

---

① 中国文化书院学术委员会编：《梁漱溟全集》第3卷，山东人民出版社1990年版，第282页。

美和外在美的统一。身体意识形态既强调了肉身实体的价值，又包含了人的社会身份的含义，它揭示了人的生命与一般动物的相似之处，也指明了身体行为受社会和人的意识的制约。

自觉能动性的特点使人的身体活动具有两个尺度：任何一个种的尺度和人的内在尺度，而动物只是按照所属种的尺度进行活动，修身则体现了人的内在尺度，是人类特有的活动，也是自觉能动性发挥的过程。当然，由于社会发展阶段不同，人们在社会中所处的身份地位不同，所以修身对人的规范性和"自由个性"的实现程度不同，从严格意义上来说，前社会主义时代，修身的基本功能在于规范人的行为，社会主义时代，修身的现代转化使其功能主要在于以马克思主义关于人的自由全面发展的理论为指导，不断实现和发展人的"自由个性"。因此，现代文明修身话语体系与实践机制的研究，要正确引导人们的价值观念和爱美之心，促使人们追寻真正的幸福生活的过程中不断实现"自由个性"。

"一切划时代的体系的真正的内容都是由于产生这些体系的那个时期的需要而形成起来的。"① 我们提倡修身理论的现代转变，就要剔除传统修身理论的糟粕，实现其对社会发展和人的发展的现代价值。正如当代西方学者波尔·瓦勒所说，身体是一种我们在任何时候都拥有的特殊物品。我们每个人都称这件物品为"我的身体"；但我们自己本身——也就是说我们在自己身体里面——并没有给它任何名称。我们对别人提到它的时候，好像它是归属我们的东西；然而对我们自己而言，它却完全不是个东西；而且我们归属与它的成分要大于它归属与我们。② 现代文明修身研究对身体哲学的借鉴，主要是引导现代人正确客观地认识自己的身体，树立科学的身体观念，不断提高

---

① 《马克思恩格斯全集》第 3 卷，人民出版社 1960 年版，第 544 页。

② Paul Valery, *Aesthetics*, In His Collected Works In English (Princeton, Nj: Princeton University Press, 1964), vol. 13.

自身的思想道德素质、身体健康素质和开发人的内在潜力。当然，首要任务是消除人们不健康的身体观念和身体行为，确立以生命价值与生活质量为中心的现代人学研究进路，为人的自由全面发展服务。

第 四 章

现代文明修身的实践场域

    场域（field）是现代人交往实践和社会活动构成的生活关系场，是人们生活的动态社会网络，它构成人们的日常生活和比较、竞争、转换与反思的必要场所。这一概念最初是由法国社会学家皮埃尔·布迪厄受物理学中磁场理论的启发而提出的。在布迪厄看来，场域是人们研究社会问题的基本分析单位。[①] 他指出："个人，在他们最具有个性的方面，本质上，恰恰是那些紧迫性的化身（personification），这些紧迫性（实际地或潜在地）深刻地体现在场域的结构中，或者，更确切地说，深刻地体现在个人于场域内占据的位置中。"[②] 布迪厄的场域概念，不是一个社会结构概念，而是由行动者自身所处的社会位置及其他相关物质要素与精神要素构成的动态社会关系网络。现代

---

    ① 布迪厄认为："在高度分化的社会里，社会世界是由具有相对自主性的社会小世界构成的，这些社会小世界就是具有自身逻辑和必然性的客观关系的空间，而这些小世界自身特有的逻辑和必然性也不可化约成支配其他场域运作的那些逻辑和必然性。"在布迪厄看来，这些"社会小世界"就是各种不同的"场域"，如经济场域、政治场域、文化场域、艺术场域、学术场域等，社会作为一个大"场域"就是由这些既相互独立又相互联系的小"场域"构成。布迪厄强调："社会科学的真正对象并非个体。场域才是基本性的，必须作为研究操作的焦点。"
    ② ［法］布迪厄、［美］华康德：《实践与反思：反思社会学导引》，李猛等译，中央编译出版社 1998 年版，第 31 页。

文明修身的实践场域,主要指对现代文明修身活动发生重大影响的各种要素所构成的动态时空结构,当然构成现代文明修身基本场域的要素很多,如政治、经济、文化、科技等,本书拟从社会主义市场经济、开放社会环境、科学技术发展与学习型社会等视角研究现代文明修身。社会生活场域的不断演化和调整,对现代文明修身提出了自主性、选择性、适应性和发展性的时代课题,同时也从客观层面不断地检验着现代文明修身的科学性,不断形塑着现代人的存在方式。

在当下的社会生活场域中,"以人为本的全面发展为主导,遭受着以物为本、以器为本①、以神为本发展取向的冲击;人与社会、自然协调发展趋向,面临着社会诚信缺失、自然环境污染的挑战;人的眼前与长远、身与心、主体性与社会化、德与智的和谐发展状况,承受着片面追求经济、业务指标的政绩工程、数字工程以及片面追求升学率与眼前利益的压力"②。物本、器本、神本主义价值取向延宕了人们理性高尚、能动创造的生活方式的生成:即"物本主义"价值观随着等价交换原则在社会生活各个领域的广泛应用而不断得以强化,科学技术对社会生活的重大影响引发了一些人对"器本主义"价值观的"向往"和"追求",腐朽落后的宗教价值观在一些空虚的心灵中重新找到了"神本主义"价值观的市场。这在一定意义上导致了一些人思想迷茫、精神困惑、理想信念难以确立,现代文明修身的话语体系与实践机制研究如果忽视或回避这些实际问题,仅从理论上作形而上的研究,就会因脱离社会生活实践而走向抽象、唯心的"内求诸己"途径,就会丧失其基本功能和价值。本书是从现实生活层面对人的自由全面发展与社会和谐进步作了一点有益探索,当然,现代文明修身不能也不可能解决社会和谐进步与人的自由全面发展尤

---

① 《系辞传·上》:"形而上者谓之道,形而下者谓之器",这里的以器为本主要是指带有强烈工具主义色彩的器本主义。

② 郑永廷:《马克思主义理论学科建设定位研究》,《马克思主义研究》2006年第10期,第95页。

其是精神生活和思想道德发展中的所有问题，它只是为解决此问题提出了一条符合中国特色的现实进路。

第一节 社会主义市场经济与现代文明修身的自主性课题

恩格斯指出："一切社会变迁和政治变革的终极原因，不应当到人们的头脑中，到人们对永恒真理和正义的日益增进的认识中去寻找，而应当到生产方式和交换方式的变更中去寻找；不应当到有关时代的哲学中去寻找，而应当到有关时代的经济中去寻找。"[①] 社会主义市场经济体制的确立，在促进生产力发展的同时，在一定程度上引发了社会生活的市场化趋势，价值取向的变迁与社会评价标准的更替，使个体自我的利益主体存在与德性主体存在之间的矛盾凸显，解决这一矛盾的基本途径是确立德性主体的自主性发展。因此，社会主义市场经济场域下的现代文明修身，面临的一个基本课题就是提升现代人的自主性、消解其依附性，不断向优化人的生命存在的目标迈进。

一、社会主义市场经济体制凸显了人的自主性发展要求

社会主义市场经济体制在我国的逐步确立，为提升人的自主性提供了良好的社会环境。计划经济作为资源配置方式，在特殊的年代里对社会发展起到重要作用，但对社会成员个体发展的制约作用明显，有的学者甚至认为计划经济"实际上是传统家族经济模式的发展"[②]，人们的精神生活带有明显的封闭性、依附性和单一性，在这种社会生

---

① 《马克思恩格斯选集》第 3 卷，人民出版社 1995 年版，第 617—618 页。
② 樊浩：《中国伦理精神的现代建构》，江苏人民出版社 1997 年版，第 492 页。

活场域下的个体发展充满了服从与强制的色彩，传统的依附性人格并没有被彻底消除。社会主义市场经济体制的逐步确立，一改过去社会生活意识形态化所造成的单一、封闭状况，为社会的繁荣发展带来新的生机和活力，人的自主性发展要求前所未有地凸显出来。现代文明修身作为一种精神性活动，必须反映社会经济关系的发展，必须反映现实的客观存在，否则，这种理论不可能应运而生，也难以确立科学的理论体系，只有在促进个体自主性发展的过程中发挥其应有的功能，其存在的科学性才得以验证。

社会主义市场经济要求社会成员作为独立自主的主体参与社会竞争和社会生活，然而，市场经济的"无形之手"在某种意义上也导致个体生活的自发性、不可预测性，传统文化、生活习俗中落后的文化基因也容易导致个体保守与依附心态的产生，这与人的自主性发展要求之间明显存在着张力。而优胜劣汰的外部竞争压力和等价交换原则在社会生活领域的广泛应用，在某种意义上导致人的焦虑性生存和物质化、功利化的价值取向，社会成员在积极参与社会主义经济建设的过程中，自发发展与自觉发展、自主性与依附性之间的矛盾日益凸显，现代文明修身如何引导人们提高自主性、自觉性成为现实课题。可以说，没有人的自主性发展，就不可能有国家持久的进步与繁荣，而价值观念的现代转变、思想道德素质的提升、精神家园的建构正是人的自主性发展的基本内容，这在一定意义上就是"文明修身"的过程。恩格斯在《反杜林论》中明确指出："人们自觉不自觉地，归根到底总是从他们阶级地位所依据的实际关系中——从他们进行生产和交换的经济关系中，获得自己的伦理观念。"① 面对一些人生活中出现的利益主体与德性主体、物质生活与精神生活的逐步分离趋势，人们如何自觉抵制诱惑，作出适合个体发展和社会进步的适当选择，是摆在人们面前的一项重要任务。增强人发展的自主性，克

---

① 《马克思恩格斯选集》第 3 卷，人民出版社 1995 年版，第 434 页。

服发展的依附性，扬弃生活的自发性，成为现代文明修身的主要课题。

现代文明修身是一场打破传统枷锁、高扬主体精神的思想解放运动。它在提升人的主体地位的同时，促使他们积极成为社会活动的担当者、各种权利和责任的承担者，善于把握和选择众多的机会与可能性，为主体精神的发挥提供用武之地。"以现代工业文明的科学精神、技术理性和人本精神为背景的具有主体意识、参与意识、竞争意识、创造意识的知识型主体，是社会主义市场经济迫切需要的人才，道德作为处于社会意识深层的心灵法则，应当高度地把握和反思主体精神，并把它升华为一种普遍的道德原则，以使之成为道德重构系统工程的奠基石。"① 现代文明修身话语体系与实践机制的研究和践行，一方面要有利于人们正确认识和理解优胜劣汰的社会规则；另一方面要有利于提高个体自身的思想道德素质与心理素质，促使他们在竞争中不断丰富自身的知识，提高自身的素质，从而在不断增进对市场经济规律的认识基础上更好地、更充分地提升和发挥主体精神，逐步完善个体主体性。

二、社会主义市场经济条件下人的自主性发展内涵

"社会主义市场经济呼唤主体精神。作为市场经济现实人性基础的经济人必须是一个有独立意志的主体，并能够对自己的承诺、对自己的行为负责，否则，连最基本的商品生产和商品交换都无法进行，更谈不上整个市场经济机制的正常运转了。"② 主体精神本身是人的心态和生活方式现代化的重要体现，而"落后和不发达不仅仅是一

---

① 张晓东：《主体精神、集体主义与道德重构》，《学术论坛》1996 年第 2 期，第 55 页。

② 张晓东：《主体精神、集体主义与道德重构》，《学术论坛》1996 年第 2 期，第 55 页。

堆能勾勒出社会经济图画的统计指数，也是一种心理状态"①。因此，现代文明修身所要培育的主体精神，绝非仅指少数精英分子心态和生活方式的现代化，而是广大民众生活的现代化，它既包括民族文化、意识形态等上层建筑的现代化，更包括人的精神生活的自主性、自觉性。主体性的增强为优化生命活动和提高生活质量提供了自由选择的可能，丰富了人的社会关系，提高了社会成员个体的社会化程度，催生了以创新精神和实践能力为特征的新人塑造历程。正如有的学者所指出："市场经济建设开启了一个全新的社会生活世界。在这个生活世界中，既有的交往方式及其交往规则失却其效准性，既有的社会整合方式亦不再行之有效。新的生活世界、新的生活方式，需要新的交往规则、新的社会整合方式，需要创造着这种新的生活方式的人们具有新的精神气质。人们正在生活实践中学习建立起一个新的日常生活世界，学会做一种新人。"②

但是，作为生产方式和经济增长方式的市场经济，在把人作为经济发展和经济生活的主体、目的和动力的同时，无法克服人类社会的特有矛盾——人的两重性问题：社会化、抽象化的人的类存在——社会人与个性化、具体化的人的"个体"存在——自然人。"类"与"个体"是历史的、辩证的、动态的、多样化的统一，从哲学意义上讲，就是一般与个别、普遍与特殊、抽象与具体的关系，既不能只强调类的普遍需要、一般价值，也不能只强调"个体"的特殊需要、个别价值，而市场经济体制对个体价值的观照，在一定程度上容易导致盲目的物质利益追求，容易在竞争压力下忽视道德修养，因此，必须关注个体的自主性发展，要在尊重与关注个体价值与人的共同性与普遍价值的统一中研究现代文明修身。

---

① [美] 阿历克斯·英格尔斯：《人的现代化》，殷陆君编译，四川人民出版社 1985 年版，第 3 页。

② 高兆明：《社会失范论》导言，江苏人民出版社 2000 年版，第 5 页。

社会主义市场经济条件下人的自主性发展，主要是指个体作为真正的独立主体在市场经济活动中对自身发展的自我决定性，"即主体活动具有不依赖于外在力量，独立地支配自身活动的意志和能力"①。自主性发展是与依附性发展相对应的发展状态和过程，基本内涵主要体现在两个方面：一是发展主体要有独立意识，即个体能够意识到自己是独立、自在、自为的社会主体，而且具有不断教育自己、规范自己、发展自己、对自己行为负责的意识；二是发展主体要有自主能力，它包括自我调控、自我教育、自我完善、自我发展的一系列能力。自主性是独立意识和自主能力相结合而呈现的综合状态，它构成了主体在市场经济活动中能够自我决策、自负盈亏、自主经营的基本素质，从现代化视角来看，它是人的现代化的基本要求和必然结果，也是促进社会主义市场经济良性发展的基本条件。

人的自主性发展是适应市场经济竞争的需要。竞争，就其词源来说，"竞，逐也"，就是比赛、争逐的意思，竞争就是互相争胜，《庄子·齐物论》说："有竞有争"，郭象把它解释为"并逐曰竞，对辩曰争"。在现代市场经济条件下，竞争已不单单指在商品经济中商品生产者为获得有利的产销条件而进行的角逐，而是"按照一定的规则，相互比较，相互争胜，不甘落后"②。它并不仅仅局限在经济领域，而是涉及社会生活各个领域的一个概念，是"效率"的代名词，正如有的学者所说："竞争作为现代社会的一种动员方式，不仅涉及经济、业务和人们的工作，而且关系到人们的思想道德，即竞争不仅需要一种与之相适应的思想道德要求，而且会带来一些新的思想道德问题，思想道德教育必须研究竞争过程中的思想道德问题，以利于加

————————

① 郑永廷：《现代思想道德教育理论与方法》，广东高等教育出版社2000年版，第247页。

② 郑永廷：《现代思想道德教育理论与方法》，广东高等教育出版社2000年版，第248页。

强思想道德引导。"① 因此，现代文明修身话语体制与实践机制研究必须促进人的自主性发展，使个体在面对全面性竞争的社会环境时，能够正确认识和参与竞争。"竞争作为人类交往的重要方式，源于人自身生存发展的需要和资源有限性的矛盾，是人类的存在方式和人的本质属性的体现"②，它不仅影响人际关系，而且会影响人的心理状态。个体的自主性发展要以竞争来提高效率，按照社会主义道德规范和法律要求的方式进行，而不是不择手段的无序、放任状态。

人们在社会主义市场经济体制中进行生产、生活的过程，不仅仅体现为肉体本能的物质性需求的满足，它本身就是人们形成和确立自己新的生活方式的过程。正如马克思所指出："人们用以生产自己的生活资料的方式，首先取决于他们已有的和需要再生产的生活资料本身的特性。这种生产方式不应当只从它是个人肉体存在的再生产这方面加以考察。它在更大程度上是这些个人的一定的活动方式，是他们表现自己生活的一定方式、他们的一定的生活方式。"③ 当然，这个过程需要人们理性的思考并采取契合人的自由全面发展的方式进行，现代文明修身强调个体发展的自主性，绝不是单纯地强调自我中心主义，而是在科学处理个人与社会、个人与自然之间关系的过程中，促使理性高尚、能动创造的生活态度、生活方式在生活世界的生成，避免物欲的增长与道德的失落的悖论出现。

三、现代文明修身要研究和解决的自主性难题

江泽民指出："推进人的全面发展，同推进经济、文化的发展和改善人民物质文化生活，是互为前提和基础的。人越全面发展，社会的物质文化财富就会创造得越多，人民的生活就越能得到改善，而物

---

① 郑永廷：《现代思想道德教育理论与方法》，广东高等教育出版社 2000 年版，第 208 页。

② 郑永廷：《人的现代化理论与实践》，人民出版社 2006 年版，第 374 页。

③ 《马克思恩格斯选集》第 1 卷，人民出版社 1995 年版，第 67 页。

质文化条件越充分，又越能推进人的全面发展。社会生产力和经济文化的发展水平是逐步提高、永无止境的历史过程，人的全面发展程度也是逐步提高、永无止境的历史过程。这两个历史过程应相互结合、相互促进地向前发展。"① 因此，我们在发展社会主义经济和追求、享受丰裕物质成果的过程中，严防"一切向钱看"和"物本主义"价值观的蔓延，避免被物质所奴役和物化，要通过现代文明修身机制不断提高个体的自主性，以形成现代化的思想道德素质、心理状态和生活方式，促进精神生活和物质生活、生理素质和心理素质的和谐发展，使个体发展与社会发展相互促进、相互协调。

1. 竞争机制导致社会人伦秩序的变迁和人的焦虑性生存

社会主义市场经济体制的确立打破了传统的日常生活结构，市场经济所体现出来的竞争性、开放性、法治性和契约性，对人们长期以来形成的依附性、保守性、伦理性的思维方式和生活方式构成挑战。"不讲情面"的竞争和契约引发了社会伦理秩序的变迁，"效率"和"竞争"开始主导社会生活的各个领域，给社会和人的发展注入强大的生机与活力，为人的潜能开发和自我价值实现提供了外部动力，正如马克思所指出："单是社会接触就会引起竞争心和特有的精力振奋，从而提高每个人的个人工作效率。"② 然而，全面性的竞争环境逐渐消解了传统文化中的美德伦理，温情脉脉的人伦秩序和熟人社会所形成的交往关系逐渐被打破，几千年来文化基因和民族心理中延续的"内圣外王"价值取向和谨言慎行的生活方式在全面竞争的社会环境中似乎"土崩瓦解"，新的价值认同和文化认同尚未真正确立，社会秩序的变迁中许多人找不到自己生活的价值基点，价值观念的混乱与失落使一些社会成员面对全面竞争的社会环境不知所措，现代文明修身面临的基本难题是科学应对一些人精神生活中的迷茫、焦虑和

---

① 《江泽民文选》第三卷，人民出版社 2006 年版，第 295 页。
② 《马克思恩格斯全集》第 23 卷，人民出版社 1972 年版，第 362—363 页。

精神荒芜现象，提高其精神生活质量。

罗洛·梅（Rollo May）曾经指出："生活在一个焦虑的时代，我们仅有的幸福之一，乃是不得不去认识自己。"① 近代以来，市场竞争机制摧毁了传统的社会道德体系，新的价值取向和道德体系在"文明的悖论"中揭开了神秘的面纱，主体性的过度张扬与异化导致了传统社会结构的解体和生态环境的破坏，人们在高唱"资本神圣"和"上帝隐退"中不断被异化或物化。同时，快节奏的现代生活中人们因缺乏适时调节物质生活与精神生活的精力和能力，生理与心理的平衡状态被打破，人们面临的问题似乎又重新回到了康德思索的"有两样东西，我们愈经常、持久地加以思索，它们就愈使心灵充满日新有新、有加无已的景仰和敬畏：在我之上的星空和居我心中的道德法则"② 的时代。

焦虑性生存反映了个体生存意义的迷失。保罗·蒂利希指出："对无意义的焦虑是对丧失最终牵挂之物的焦虑，是对丧失那个意义之源的焦虑，此焦虑由精神中心的丧失所引起，由对存在的意义这一问题的回答（无论此回答是多么象征的、间接的）所引起。"③ 在人类的生命活动中，既存在某些不可抗力的因素导致人的心态、情绪产生焦虑感的现象，也有因个体精神荒芜与意义迷失导致的焦虑性生存，在道德至上的中国传统社会中，焦虑性生存问题并不是非常突出。社会主义市场经济虽然是建立在社会主义公有制和国家宏观调控基础上的市场经济，但它必须遵循价值规律，而价值规律的基本作用就是调节生产资料和劳动力在社会各部分之间的分配，刺激商品生产

---

① 转引自东方朔、新元：《仁性：价值之根与人的自觉——儒家仁性伦理与二十一世纪的文明格局》，《社会科学战线》1996 年第 4 期，第 152 页。

② ［德］康德：《实践理性批判》，韩水法译，商务印书馆 1999 年版，第 177 页。

③ ［美］保罗·蒂利希：《蒂里希选集》上卷，何光沪选编，上海三联书店 1999 年版，第 184 页。

者改进技术、改善经营管理、提高劳动生产率，最终实现优胜劣汰。个体在独立面向市场的过程中，虽然会产生积极向上的前进动力，但是都必须面对优胜劣汰的最终结局，在当前制度性关怀尚不完善的前提下，一些人为了生存而忧心忡忡，容易产生焦虑不安的心理，一旦目标实现程度与期望值不符则容易产生挫折感，甚至悲观、颓废，对未来失去信心。有的学者把这种状况称为心躁，即急躁、浮躁、烦躁、焦躁。心躁是现代人生理和心理、物质和精神不平衡的体现，反映了人们精神生活的焦虑状态。

　　焦虑性生存实质上是人的自身修养被忽视的结果。正如有的学者所指出："人的内在的焦虑并不在于当代人的生活的单调，而是在于当代人生活世界确立的基本平台难以承载如此巨大的意义负荷与复杂性，当代人显然还没有培植起能够承担复杂的当代际遇的精神与心理压力。"[①] 要改变人们的焦虑性生存现状，就必须搭建能够承载巨大意义负荷与复杂性的"平台"，从社会视角来看，就是要大大提高生产力发展水平和完善社会保障制度，构建社会主义和谐社会，促使社会成员生活水平和生活质量的持续提高；从个体视角来看，进行现代文明修身以追寻和谐宁静的心灵秩序和建构精神家园至关重要。现代文明修身是一种与社会经济发展相适应的精神生活机制，它既与传统道德文化有某种承接性，又从现实生活世界开始，引导人们正确认识现代社会的人伦秩序变迁，调节和培养人的现代心态和存在方式，易于被广大民众所接受，现代文明修身活动本身体现了人的自主性发展内涵。

　　2. 等价交换原则在某种意义上导致了"丰裕中贫困"与"伪生存"状态

　　"丰裕中贫困"是经济学家凯恩斯在《就业、利息和货币通论》中提出的"poverty in the midst of plenty"一语的译文，本意指在自由

---

　　① 邹诗鹏：《生存论研究》，上海人民出版社 2005 年版，第 521 页。

放任的资本主义经济运行中，国民收入和社会财富的大幅增长预示着社会已相当富裕，但事实上社会中非自愿失业的人大量存在，大多数人反而因社会财富的急剧增加而更加贫困化，甚至出现"经济危机"。本书认为，贫困不仅仅限于物质的和伤及人体的剥夺，它也损害人的自尊尊严和自我认同，造成个体生存与发展的精神伤害，这里借用"丰裕中贫困"主要指在我国社会转型的过程中，市场经济的等价交换原则广泛深入到社会各个领域，甚至在一定程度上开始主宰一些人的精神生活，他们在享受富裕物质生活的同时却在忍受精神生活荒漠化的折磨。

社会主义市场经济的内在本质是理性地追求个人利益。追求个人利益最大化本身并没有错，差别在于获取利益的方式和目的。在我国市场经济体制还不够完善的情况下，一些人过分、片面地关注和追求物质利益，忽视了道德的约束以及理性的存在，对自身的生存缺乏内在的批判和超越意识，以损害自然和牺牲社会其他人利益的方式来达到盲目追求极端个人物质利益的目的，使得自身成了金钱和物质的奴隶，陷入了自私、狭隘的"伪生存"状态，即"只具有生存的外观，但其实丧失了生存真谛的'生存'，则不仅指那种庸俗、自私、狭隘麻木、苟且、市侩、伪善、贪婪、腐化的生活方式，从根本上说它指的是一种缺乏反省、批判和超越意识，尤其是相应的文化机制的生存"[1]，"伪生存"的结果必然走向遮蔽的状态，不仅影响了个体的自由全面发展，而且严重毒化了社会风气，削弱了社会的凝聚力。[2]"丰裕中的贫困"与"伪生存"状态出现的根源在于德性主体与利益主体的分离性矛盾，个体利益的膨胀造成道德生活的缺失。

在社会主义市场经济体制运行的一段时期内，社会上的确出现了

---

[1]　张曙光：《生存哲学》，云南人民出版社 2001 年版，第 167 页。

[2]　参见王秀敏、张国启：《论现代化进程中人的生存困境问题》，《佳木斯大学社会科学学报》2005 年第 5 期，第 4 页。

"社会的价值化过程（valorization）由'象征价值'和经济价值的平衡发展转变为向经济价值的天平倾斜，缺乏终极关怀基础的实效（performance）合法性在引导着社会价值取向"① 的现象。市场经济要求人们遵循价值规律，奉行以价值量为基础实行等价交换的"黄金法则"，因为直接进行比较，容易使一些量化的、有形的、能指标化的价值取得优势地位，而思想、道德这样隐藏在经济、科技后面的不宜量化的、无形的、不宜指标化的价值不容易得以显现，进而导致社会资源分配上的现实不平衡。于是社会上出现了种种丑恶现象，如市场上的钱德交易、官场上的钱权交易以及假冒伪劣等。这些交易总的看来都是经济的价值突增，以经济的价值来取代道德的价值和政治的价值。一些人忽视思想道德修养，一味追求荣誉、物质利益和改善物质生活，忽视了精神家园的建构，甚至出现了以金钱取代认知的钱学交易现象。随着物欲的膨胀和工具理性的强化与扩张，个别人本身逐渐失去了主体性而被对象化，神圣的情感世界和心灵家园受到物欲的玷污和无情的漠视，他们在物质生活丰裕的社会中品尝理想失落、价值虚无和意义缺失带来的精神贫困②与导致的"伪生存"状态。

现代文明修身要解构"丰裕中贫困"与"伪生存"状态，就要消除人的情感冷漠和建构心灵秩序，消除个体利益存在与德性存在的分离性矛盾，促进物质生活与精神生活的协调发展。针对一些人出现的"丰裕中贫困"现象与"伪生存"状态，如不予以科学的疏导则容易引起思想混乱、心态失衡甚至心理疾病。现代文明修身必须从个体自主性发展着手，以符合社会发展要求的社会化内容来引导他们的思想和行为，消解社会生活中出现的人际关系恶化和心态失衡现象，提高个体的自主性与社会化水平。同时，"也要针对从众性和依附性

---

① 张国启：《论社会主义意识形态自治性建设的逻辑维度及启示》，《理论与改革》2010 年第 4 期，第 11 页。

② 参见王忠桥、张国启：《新时期大学生思想政治教育发展的理路选择》，《湖北社会科学》2006 年第 4 期，第 173 页。

的自发状态，进行以人的自由全面发展为内容的主体性启发，进一步克服传统文化与计划体制在人格上的依附性遗传，提升人的主体性"①。

3. 供求关系的变化增加了生活的风险性与"道德的无政府状态"

价值规律的基本表现形式是商品价格围绕价值上下波动，受供求关系影响。在相对封闭的社会环境中，供求关系的变化较容易把握和预测，人们可以通过预测来调节和应对，相对来说，社会生活的风险性较小。随着市场在全球范围内的扩张及自身结构的复杂化，"一切固定的僵化的关系以及与之相适应的素被尊崇的观念和见解都被消除了，一切新形成的关系等不到固定下来就陈旧了"②，资源配置、消耗的全球性与不均衡性，使人们很难对供求关系作出恰当地评估、判断和预测，个体面对全球性的供求关系显示出越来越多的无奈，生活的不确定性、风险性因素在不断增加。许多人对自己专业领域之外的判断越来越依赖于专家系统，而作为中介的专家系统本身就具有不确定性，在一定程度上也导致效率与公平之间的张力加大，个体能否正确把握和对待风险，以获得有利的发展条件，在某种程度上取决于个体的良好心态和生活方式的养成。

社会生活的风险性在无形之中影响社会成员的道德生活，甚至出现"道德无政府状态"。韦政通指出，所谓"道德的无政府状态"，"概而言之，就是根本不知道'是非对错为何物'，根本没有是非对错"③。人们在道德资源的"供"和"求"的不平衡配置中，逐渐品尝到世间的冷暖与悲欢，道德本身的主要表现是热情大方、乐于助人，突出人与人之间的相互关心与爱护，凸显人世间的温情与高尚，

① 郑永廷：《人的现代化理论与实践》，人民出版社 2006 年版，第 422 页。
② 《马克思恩格斯选集》第 1 卷，人民出版社 1995 年版，第 275 页。
③ 韦政通：《伦理要面对现实生活》，《学术月刊》2006 年第 9 期，第 43 页。

然而，社会生活的变迁和供求关系的变化，直接影响到了道德资源的配置，一些人在名利的追逐中失去了笑容，人与人之间的冷淡与漠不关心，人们的道德评价陷入道德相对主义，道德生活抹上了功利的色彩，在道德资源的供求变化中道德工具化的特征凸显。

面对生活的风险性与"道德的无政府状态"现象，现代文明修身要引导人们对自身的发展与生活进行自主决策、自我设计，提升个体发展的自主性。人的日常生活具有自在自发性，它"体现在生活方式上，便是非创造性地重复性思维和重复性实践。支撑着这种活动之重复性的，是传统、习俗、经验、常识等自在的规则，它们使得非创造性、非自觉性的经验主义活动图示成为可能；血缘关系、天然情感这些自然主义的立根基础中所包含着的人与自然之间的通路则保证了这种自在的活动图式的有效性；而家庭、自发的道德规范以及宗教习俗则充当了日常生活的自发的调控系统，它们使得日常生活获得一种自发的秩序，而无须着意地以人为的方式去获取"①。现代文明修身要打破"凭借天然情感、文化习俗、传统习惯而自发地展开的缄默共存的交往关系"② 和由重复性的生活方式固定和内化而成的自在性经验思维方式，对利益主体和德性主体相互作用形成的心理结构与生活方式进行深刻的社会重组和建构，以塑造具有前瞻意识和自主个性的社会生活主体，帮助人们规避风险，消除"道德的无政府状态"，摆脱血缘、宗法和经验的传统生活运行机制，使个体成为自由自觉的现代生活主体。

总之，社会主义市场经济场域中的现代文明修身，要为人的健康生活和自由全面发展创造条件。健康生活是建立在个体自主性发展基础上的，有自主性才能进一步体现发展性、超越性、创造性，个体的

---

① 王南湜：《日常生活理论视野中的现代化图景》，《天津社会科学》1995 年第 5 期，第 24 页。

② 衣俊卿：《现代化与日常生活批判》，黑龙江教育出版社 1994 年版，第 135 页。

自主发展不仅要实现对外在事物的超越，即改革、改造旧事物，发现、发明新事物，而且要努力追求对自身的超越，在改造客观世界的过程中改造自己的主观世界，实现主体自身的升华。现代文明修身是主体自主性、能动性的表现，是自身按照外在的道德规范、价值观念教育自己、规约自己、发展自己的过程，是自觉地把客观规律转化为自己的认识，按规律进行探索、行动、追求崇高目标的过程，是人向"自由王国"迈进的一种自为表现。人的自主性既是现代文明修身的基本条件，又是其基本目标，而现代文明修身也是实现个体自主性发展的一个基本途径，现代文明修身本质上就是主体在思维方式上自觉把握自己行为的方向、规范，在实践活动中逐步提高自主性水平的过程。

第二节　开放社会环境与现代文明修身的选择性课题

开放的社会环境和共同世界历史进程的发展，使"地域性的个人为世界历史性的、经验上普遍的个人所代替"①，传统的日常生活世界与封闭社会环境被打破，全球性的依存关系正在建立，个体活动也具有了相应的世界意义。毫无疑问，开放的社会环境形塑着现代人的存在方式，更加全面、丰富性的社会关系逐步取代人类片面、狭隘地域性的社会关系，人的生存和发展获得了广阔的社会舞台。同时，它在某种意义上也造成了现代人的生存困境，主要是习惯于传统思维方式和生活方式的社会成员，面对丰富的社会关系和多元化的价值取向，出现了选择性困难。个体的发展既需要丰富全面的社会关系以成就其全面发展，也需要确立主导性价值观念以保证其发展的正确方

---

① 《马克思恩格斯选集》第 1 卷，人民出版社 1995 年版，第 86 页。

向。因此，在开放的社会环境中，现代文明修身面临的一个基本课题是主导性与多样性之间的矛盾关系问题，其实质就是价值选择问题。如何引导社会成员确立以马克思主义为指导的科学价值观，提升个体在复杂社会环境中的价值判断与行为选择能力，并把它转化为生活态度和行为动力，成为现代文明修身研究的焦点。

一、开放的社会环境凸显了人的选择性发展要求

"生活在封闭环境和开放环境的显著区别，是人要由对环境的依赖转向人对环境的选择。"① 现代社会生活场域，是一个全面开放的环境。这里的全面开放既包括生活时空领域的开放，又包括生活内容的开放，既有物质、制度层面的开放，也有精神、心理层面的开放，它反映了现代生活环境因素和环境性质的深刻变化。开放的社会环境是相对于封闭的社会环境而言的，这里主要指人们在社会实践中能够不断地同外界进行思想信息交流和行为交换的环境。而在封闭的社会环境中，人们受交通、通信、传媒等不发达因素的制约，思维方式和生活方式局限于狭隘的时空，加上意识形态领域的封闭、限制与反复过滤，人们的社会生活环境及渗透于其中的价值观念相对单一，没有多少选择的余地，只能被动地接受、依赖封闭环境进行有限、被动地发展。开放的社会环境所面临的价值取向是多元的，人们必须积极、主动地作出正确的选择，才能促进自身的发展与社会进步。

现代文明修身研究所面临的开放社会环境，是影响人的社会生活的物质因素、制度因素和精神因素有机统一的开放。物质因素主要指环境中不以人的意志为转移的客观存在，主要包括地理条件、气候状况、人口数量和质量、生产力、经济水平、物质条件等，② 它构成社

---

① 郑永廷：《现代思想道德教育理论与方法》，广东高等教育出版社 2000 年版，第 245 页。

② 参见李辉：《现代思想政治教育环境研究》，广东人民出版社 2005 年版，第 24 页。

会环境的最基本内容——物质环境，自从哥伦布发现美洲和麦哲伦环球试航以来，物质环境形成人化自然和开放社会环境的进程就一直在迅猛地发展和延续。制度因素构成人们生存和发展的制度环境，开放的制度环境主要是指在一定的生产资料所有制基础上形成的政治上层建筑的开放状态及其构成的社会生活环境，在我国主要指改革开放以来我国政治文明建设和制度安排所构成的社会生活环境。精神要素主要指以思想观念形态存在并能够对人们的思想和行为产生影响的要素，主要包括习俗、舆论、社会风气、观念、信仰、社会心理等，它构成人类生存和发展的精神环境。开放的精神环境有利于破除精神生活的单一化、僵化及意识形态化，应当是在社会主导价值观统领下的精神生活多样化，是主导性与多样性的辩证统一。

马克思指出："历史向世界历史的转变，不是'自我意识'、宇宙精神或者某个形而上学怪影的某种纯粹的抽象行动，而是完全物质的、可以通过经验证明的行动，每一个过着实际生活的，需要吃、喝、穿的个人都可以证明这种行动"[1]，开放社会环境的发展历程可以通过人们的日常生活感知和体验。英国社会学家安东尼·吉登斯从时空延伸视角研究现代生活场域，指出"世界范围内的社会关系的强化，这种关系以这样一种方式将彼此相距遥远的地域连接起来，即此地所发生的事件可能是由许多英里以外的异地事件而引起，反之亦然。这是一个辩证的过程。因为有这种可能，即此地发生的桩桩事件却朝着引发它们的相距遥远的关系的相反方向发展"[2]。开放的社会环境加剧了民族国家间的相互作用，思想文化的相互渗透在一定意义上削弱了主导价值观的影响，因此，开放的社会环境内含着思想文化的同质化与异质化的相互较量，个体只有进行正确的价值判断与行为

---

① 《马克思恩格斯选集》第1卷，人民出版社1995年版，第89页。
② [英]安东尼·吉登斯：《现代性的后果》，田禾译，译林出版社2000年版，第56—57页。

选择才能促进自身的发展与社会的繁荣、进步。

二、开放社会环境的基本特征与人的选择性发展内涵

开放的社会环境是现代人生存与发展的实践基础，也是人们进行现代文明修身的现实生活场域。它的时空伸延性、生活相关性与价值渗透性特征，把个体发展带到了前所未有的丰富性与复杂性的生活场域，也为人们进行价值判断和行为选择提供了基本内容和潜在动力。社会关系的丰富性发展，一方面为人们最终实现"自由人的联合体"创造了有利条件；另一方面也使人们失去了传统的安全感、归属感，物质文明的空前繁荣和精神生活、思想观念的多元价值取向，严重冲击和影响了社会主导价值观的确立，它深入到人的内心世界，在无形之中对人的发展造成深刻影响。因此，开放的社会环境中，现代文明修身的一个基本课题就是为人的发展提供正确的价值选择。

1. 时空延伸性与人的选择性发展

当代著名史学家巴勒克拉夫曾精辟地指出："新时代的基本特征是，世界进入了前所未有的一体化阶段；而这意味着，无论一个民族多么弱小，地处多么遥远，没有一个民族能够不受影响而'独自生存'。"[①] 在开放的社会环境中，不同社会情境和不同地域之间的连接方式，跨越社会生活的时空在全球伸延，形塑着现代人的存在方式。尤其是随着计算机网络的广泛使用，人们在全球范围和虚拟世界通过象征标志和专家系统所形成的"脱域机制"而参与全球社会分工和形成人类的共同生活。正如安东尼·吉登斯所指出："在现代，时空伸延的水平比任何一个前现代时期都高得多，发生在此地和异地的社会形式和事件之间的关系都相应地'延伸开来'。"[②] 人们的联系与

---

① ［英］巴勒克拉夫：《当代史导论》，张广勇等译，上海社会科学院出版社1996年版，第34页。

② ［英］安东尼·吉登斯：《现代性的后果》，田禾译，译林出版社2000年版，第56页。

交往真正开始走向全世界，任何国家、民族和个人都不可能回避全球性的影响而把自己真正封闭起来，因此，必须高度重视选择性问题的研究。

在生活世界中，个体的价值选择主要是在自由时间中形成的。马克思曾经把时间分为劳动时间和自由时间，他指出："时间实际上是人的积极存在，它不仅是人的生命的尺度，而且是人的发展的空间。"① 在马克思看来，个体主体性与全面性的发展是和个体所能拥有的自由时间成正比的。有的学者认为："所谓自由时间，简单地说，就是可以供个人随意支配的必要劳动之外的闲暇时间。"② 马克思则认为，自由时间不等于闲暇时间，"自由时间——不论是闲暇时间还是从事较高级活动的时间——自然要把占有它的人变为另一主体"③，应当说，自由时间是供主体自由选择、发展的时间，占有充分的自由时间，片面的人可以逐步发展成为全面的人。开放的社会环境使人的生命活动能够利用互联网和其他手段实现时空界域的拓展与延伸，有利于人们在广阔的视野中追求自由个性、丰富社会关系、促进自身能力发展，但这一切应当与人的文明修身活动相结合，从内在自我的调节、约束与发展来促进个体科学价值观的形成。

在开放的社会环境中，"人类的精神王国不再是某一亚里士多德式或黑格尔式的集大成者独白的舞台，而变成众多智慧头脑争相对话的、群星璀璨的思想天空"④，经济活动的全球化拓展，必然伴随着思想文化、意识形态的全球蔓延，它模糊了国家、民族的界限，人们在品评"文明的冲突"中深刻体验了价值认同的危机，影响了精神生活质量的提升和思想道德素质的形成。我国思想政治教育的滞后性

---

① 《马克思恩格斯全集》第47卷，人民出版社1979年版，第532页。
② 袁贵仁：《人的哲学》，工人出版社1988年版，第584页。
③ 《马克思恩格斯全集》第46卷（下），人民出版社1979年版，第225—226页。
④ 衣俊卿：《20世纪的新马克思主义》，中央编译出版社2001年版，第9页。

及实效性不够强，在一定程度上也导致社会主义主导价值观没有发挥出应有价值，多元的价值取向和主导价值观之间的矛盾张力，造成了一些人的精神生活在"虚假的丰富"中走向"真实的荒芜"，一些人的精神生活中不同程度地存在着理想失落、道德失范、精神空虚和行为失控的现象，现代文明修身作为个体自主、自觉、自愿的精神性活动，要积极引导社会成员的主体意识和自由个性的发展，促使人们在多维时空中不断提升个体价值判断与行为选择的科学性。

2. 生活相关性与人的选择性发展

马克思指出："过去那种地方的和民族的自给自足和闭关自守状态，被各民族的各方面的互相往来和各方面的互相依赖所代替了。物质的生产是如此，精神的生产也是如此。各民族的精神产品成了公共的财产。民族的片面性和局限性日益成为不可能，于是由许多种民族的和地方的文学形成了一种世界的文学。"① 生产要素在开放的社会环境中进行全球配置，生活世界似乎成了没有边际和无法隔离的场域，正如安东尼·吉登斯所说的："一个瞬时电子通信的世界——即使是那些生活在最贫穷地区的人们也能参与到这个世界之中——正在瓦解各地的地方习惯和日常生活模式"②，哪怕最偏远地区生活的人民，都可能随时会感到开放环境对其生活的影响。现代人的思想和行为无不打上开放环境的烙印，如果借用社会学的概念，现代人生活的丰富性、敏感性的价值关联可以被生动地表述为"蝴蝶效应"③，这

---

① 《马克思恩格斯选集》第1卷，人民出版社1995年版，第276页。

② ［英］安东尼·吉登斯著：《第三条道路：社会民主主义的复兴》，郑戈、渠敬东、黄平译，北京大学出版社2000年版，第34页。

③ "蝴蝶效应"是美国麻省理工学院气象学家洛伦兹（Lorenz）于1963年提出来的，他在分析世界气候条件的相关性变化时谈到，一个蝴蝶在巴西亚马逊丛林轻拍翅膀，可能导致一个月后德克萨斯州的一场龙卷风。后来社会学界用"蝴蝶效应"指在一个动力系统中，初始条件下微小的变化能带动整个系统的长期的巨大的连锁反应。"蝴蝶效应"通常用于天气、股票市场等在一定时段难于预测的比较复杂的系统中，这里借用主要强调人们之间生活的关联紧密性。

一效应在当今社会比以往任何一个时代都更具有真实的社会内涵。

开放社会环境的生活相关性特征，一方面颠覆了传统社会中个体的伦理角色定位；另一方面导致个体在社会生活中角色定位的复杂化。在这样的社会场域中，现代人的生活世界远非传统修身理论形成时的农业社会生活所能比拟的，传统的思想道德观念及其养成途径很难适应人们的道德需求，而新的、多元的思想道德观念的传播与形成需要进行"过滤"和探索新的途径。个体社会角色的复杂化与快节奏的社会生活，使一些人来不及思考就接受了流行色的服务标准和行为方式，而个体价值评判与行为选择是具体情景下的具体行为，很难寻求普世的价值标准。因此，一些人在新旧道德观的交织中迷失了自我，复杂的社会角色凸显了人们价值判断与行为选择的渴求，现代文明修身要正确引导人们的价值判断与行为选择，努力促使人们形成科学价值观主导下的自由全面发展。

费尔巴哈指出："生活的基础也就是道德的基础"①，人类思想道德素质的形成源于思想道德实践，归根结底形成于社会生活实践。开放的社会环境形成了一个"祛魅"（韦伯语）的生活世界，深刻地改变了人的生活环境和传统道德的存在基础，它在扩大人们生活世界范围领域的同时，要求人们的思想道德素质与现代的环境因素和环境性质的变化相适应。开放的社会环境构成了现代人社会生活实践的基本场域，也是人们形成新的生活方式和思想观念的现实基础。对社会成员个体来说，在目前外在的制度性规范非常不健全的前提下，必须通过"心中的道德律"对自身的思想和行为予以约束和调节，自我启蒙、自我教育、自我规范、自我发展。因此，现代文明修身理论的一项重要任务就是，必须从理论和实践相统一的视角认真研究现代人发展的选择性问题，使人们能够在复杂开放的生活环境中作出积极的价

---

① ［德］路德维希·费尔巴哈：《费尔巴哈哲学著作选集》上卷，荣震华、李金山译，商务印书馆1984年版，第569页。

值判断与行为选择。

3. 价值渗透性与人的选择性发展

多元化的文化形态和价值观念以信息化、快捷化的传播方式影响和塑造着日常生活世界，人们必须提高对文化形态和价值观的选择能力。开放的社会环境使"现代人的完整性与被浪漫化的宗法式的人的完整性不同，它出现在不同的地方。在较早的时代，完整性处在一定的形式和形态的约束之中，而现代人的完整性则处于多样性的统一和矛盾之中"①。现代人生活在虚拟社会与现实生活世界互动之中，其价值判断和行为选择的场域更为广阔，尤其是虚拟世界迅速成为思想信息发布的集散地与价值渗透的主战场，带来了价值虚拟与价值冲突的泡沫化。各种思想观念、价值观点通过网络迅速传播与蔓延，价值的隐秘性和规范性也消失殆尽，人们大多凭着兴趣、爱好形成价值认同，缺乏对价值的理性反思和正确选择，以往相对局限于小范围以内的价值被放大和渗透到了全球的各个角落和各个层次，在开阔人们视野的同时，良莠不齐的价值观念传播又给人的健康生活与全面发展带来了挑战。现代文明修身的一个主要课题就是引导社会成员正确区分"真正的丰富性"社会关系与虚假的、泡沫式的信息繁荣，引导社会成员选择和形成健康向上、能动创造的生活方式。

开放的社会生活环境要求人们由受动性存在方式转向选择性、自主性存在方式。面对多元价值的渗透和广阔的时空界域，个体的视野、思维和心理得到了前所未有的丰富和发展，如何按照符合社会历史发展要求和个体自由全面发展要求相统一的价值目标吸纳和接受相关信息，这是衡量人的主导性价值观是否形成的重要标志。开放的社会环境为人的自由全面发展提供了良好的条件，也提出了应予以防范的问题，如何对有利的条件与科学的价值观念进行正确选择，对不利

① ［捷］卡莱尔·科西克：《具体的辩证法》，傅小平译，社会科学文献出版社1989年版，第69页。

的因素进行防范和消除，需要人们加强现代文明修身，在文明修身中实现自由全面发展。儒家传统修身理论中"安身立命"的基本命题，在开放社会环境中又有了新的意义，即开放社会环境中人们所进行的现代文明修身，既要有利于文明修身的主体科学认识自身在现代社会发展中的位置，也要学会如何及时化解与超越人生旅程中出现的种种矛盾，在自己的位置上完成社会赋予自身的历史使命。

多元的文化形态与价值观念充斥在现代生活场域，要求人们努力追寻与人的自由全面发展相适应的精神生活。如果不提升人的价值判断与行为选择的能力，一些人会出现功利思想的主导下利润最大化价值取向，导致人的发展走向工具化，容易把个体自身当做攫取利润的手段，造成人的"畸形"、片面的发展。伴随着思想、文化的传播与渗透，西方的腐朽思想及其生活方式也会影响我国社会成员的发展，因此，进行现代文明修身提升个体对生活环境的选择能力是非常必要的。人类社会的发展本身就是人与周围环境相互作用形成合乎人性发展环境的过程，对环境的认识、理解和选择构成了人类生存与发展的基础。马克思指出："人对自然的关系直接就是人对人的关系，正像人对人的关系直接就是人对自然的关系，就是他自己的自然规定。因此，这种关系通过感性的形式，作为一种显而易见的事实，表现出人的本质在何种程度上对人来说称为自然，或者自然在何种程度上成为人具有的人的本质。因此，从这种关系就可以判断人的整个文化教养程度。"① 因此，现代文明修身理论的发展要以人的思想道德素质提高为核心，不断提高个体价值判断与行为选择能力，不断优化人的发展环境。

三、现代文明修身要研究和解决的选择性难题

塞缪尔·亨廷顿指出："在一个日益全球化的世界里（其特征是

---

① 马克思：《1844 年经济学哲学手稿》，人民出版社 2000 年版，第 80 页。

历史上从未有过的文明的、社会的和其他模式的相互依赖以及由此而产生的对这些模式的广泛意识），文明的、社会的和种族的自我意识加剧了。"① 尽管他从"文明冲突"的视角来谈论现代社会生活环境，但他毕竟说出了一个客观事实——开放的社会环境是一把"双刃剑"，在促进人们形成相互依赖的社会关系的同时，又加剧了各种文明形态的自我意识分化，这在无形之中也冲击和消解着社会主导价值观。如何引导个体在主导性和多样性的辩证统一中认识、选择和确立科学的价值观与理性高尚、能动创造的生活态度和生活方式，成为现代文明修身话语体系与实践机制研究和关注的焦点。

1. "困境中的主权"（Sovereignty at Bay）② 与民族文化认同

首先要强调指出，这里借用"困境中的主权"，主要是指中国民族特色的文化形态和价值体系在开放社会环境的冲击下，有被边缘化的趋势。思想文化和意识形态的渗透，突破和模糊了国家和民族的"藩篱"，越来越密切地影响着人们的日常生活。西方学者弗农惊呼："在这个需要加强国家管制的时代，国家保持控制的能力却在下降。"③ 一些学者提出了"国家应该给市场让位"和"民族国家已经过时"的口号，如弗朗西斯·福山明确提出了"终结论"，否定现代世界人类社会的意识形态冲突。极端全球主义的代表人物大前研一在1995年发出了"民族国家终结"的宣言，认为投资（investment）、工业（industry）、信息技术（information technology）和个体消费者

---

① ［美］塞缪尔·亨廷顿：《文明的冲突与世界秩序的重建》，周琪等译，新华出版社1998年版，第58页。

② 《困境中的主权》（*Sovereignty at Bay*）是美国经济学家雷蒙德·弗农1971年出版的一本书，讨论了跨国公司对国家主权的挑战和制约，分析了经济全球化对民族经济、民族精英、意识形态和文化产生的冲击。详细内容见 Raymond Vernon, *Sovereignty at Bay*：The Multinational Spread of U. S. Enterprises, New York & London：Basic Books, Inc Publishers, 1971, pp. 192–205。

③ Raymond Vernon, *Sovereignty at Bay*：The Multinational Spread of U. S. Enterprises, New York & London：Basic Books, Inc Publishers, 1971, pp. 231–232.

(individual consumer）这4个"I"预示着民族国家正在终结和消失。他明确指出："简单地说，从经济活动的真实流动角度讲，民族国家已经成了全球经济中不和谐的，甚至不可能继续存在的活动单位。"①他认为把这4个"I"联系在一起的跨国公司将成为民族国家的"终结者"。西方学者主张发展中国家放弃本民族的价值观念和文化形态，企图让这些国家及其人民自觉接受西方所宣扬的意识形态和价值观念，放弃对本国文化和民族精神的培养和追求，放弃对先进文化的选择，最终成为西方文明哺育的附庸。

毫无疑问，开放的社会环境削弱了现代人对民族文化和价值观念的认同。修身是中华民族传统文化的重要内容，是奠定中国人生活方式和民族心理的基本途径，由于改革开放以来大量外来文化的涌入，修身理论和中国其他的文化传统逐渐被抛弃和边缘化。在多元文化的冲击和渗透下，一些人的民族认同感、归属感和自豪感渐渐被所谓的"全球意识"、"世界公民"等理论所淹没和冲淡，他们开始在追求普世伦理的过程中迷失自我。现代文明修身是一种符合现代人发展要求的具有民族特色的人的发展理论，科学应对开放的社会环境中西方国家的强势文化攻势，就要引导人们在社会生活实践中自觉提高思想道德素质，清醒面对社会转型过程中的文化与价值认同危机，注重引导人们对优秀民族文化的发扬和对革命优良传统的继承。

消除所谓的"困境中的主权"，现代文明修身就要引导社会成员在丰富的社会关系和民族文化形态中正确定位自己的社会角色。"所谓社会角色，是指每个人在特定社会关系时空坐标中的人格定位。"②个体的生活必须依赖于特定时代的社会环境所构成的生活世界，而个体在生活世界中只有正确认识和定位了自己的社会角色，才能真正确

---

① Kenichi Ohmae, *The End of Nation State*: The Rise of Regional Economies, NewYork: the Free Press, 1995, p. 5.

② 黄楠森:《人学原理》，广西人民出版社2000年版，第103页。

立前进的方向和探寻生命存在的意义。开放的社会环境要求社会成员积极地参与全球化过程，但对个体来说，作为一个特定的社会角色就必须理解和确立自身存在的民族文化特性和价值认同，因此，个体的身份确证与价值观的自觉认同成为现代文明修身的重要内容，因为许多人在开放的社会生活场域中迷失了自我，产生了"我是谁"、"我应该怎样生活"的疑问。现代文明修身从现实生活着手，引导个体把复杂、丰富的社会关系逐渐"过滤"为合理行为的动力，使个体在自我认识的观念状态、自我规范的实践状态及其相互统一中确证自己的社会角色与民族文化归属。人们在复杂开放的思想文化环境中必须学会辨别、评析和选择，坚持用中国特色社会主义理论的最新成果指导自己的文明修身，把宣传、发扬和实践我国优秀的传统文化和革命优良传统作为文明修身的重要内容，突出修身理论的民族性和先进性，把个体发展的强烈渴望与我国的现实国情结合起来，从理论和实践上对现代人的生存困境作深入分析和现实解答，在民族文化的内在价值支撑中促进人的自由全面发展。

2. 人的数字化、平面化存在与道德化、高尚化的生活追求

现代社会许多人的大部分时间是在电脑桌前度过的，每天获取的信息也主要依赖互联网。"秀才不出门，能知天下事"的生活理想在全球化、网络化的今天真正得以实现了。网络构成的虚拟社会与现实社会的互动，形成了一种全新的生活方式和生活空间，尼葛洛庞帝将其定义为"数字化生存"①。但是互联网所构成的是一个虚拟世界，它和现实生活是有差别的，很多人越来越习惯网络的交流方式和思维习惯，沉迷于网络生活不能自拔，忽视了生活的现实性，把网络里的虚拟生活现实化，这不仅不符合现实世界的生活规律，也严重影响了个体的生活能力和现实交往方式的形成，造成个体情感冷漠

---

① ［美］尼葛洛庞帝：《数字化生存》，胡泳、范海燕译，海南出版社1996年版，第269页。

化，生活方式平面化、数字化，不知道文明修身为何物，在某种意义上也妨碍了个体思想道德素质的提高，不利于个体的自由全面发展。

广大社会成员尤其是青少年，既是开放社会环境和网络化的直接受益者，又是在开放环境中最容易被信息异化的人群。上网次数越多、追逐信息越热烈的群体，越容易成为"信息异化"的对象。由于许多人对网络信息的分辨性极差，往往不能正确分辨和选择纷繁复杂的信息尤其是网络信息，甚至上网"成瘾"，出现了个体的生活被信息牵引或主导的现象，"当他们在网络中缺乏或丧失主体性之时，往往就是他们信息同化与抽象化之际"①。毫无疑问，在开放的社会环境中，个体的活动范围和获取信息的范围空前扩大，面对海量的信息与经常变换的人和事，不仅使个体的"视野、思维、心理得到扩充与丰富，而且每个人都会按照自己的价值标准和期望进行比较、评判和取舍，显示主体对开放环境的适应与把握"②。如果个体的主导价值观发生偏斜和替代，则不利于个体的健康生活，甚至会影响社会的和谐进步。

现代文明修身应当引导人们自觉地追求科学价值观，促使其选择道德化、高尚化的社会生活。面对一些人生活的平面化和数字化趋势，现代文明修身要积极引导人们正确认识和弘扬伟大的中华民族精神，从理论与实践发展的视角对现代人的发展作出符合科学性和价值性的解释，引导人们在丰富性与复杂性交织的精神生活中保持民族精神的主导性，为个体发展提供目标激励和价值选择的空间，从而在弘扬民族精神过程中为人的价值目标实现提供精神动力和智力支持，消除个体发展中存在的平面化、数字化现象。现代文明修身理论凝聚着

---

① 郑永廷、张彦：《德育发展研究》，人民出版社 2006 年版，第 98 页。
② 郑永廷：《现代思想道德教育理论与方法》，广东高等教育出版社 2000 年版，第 245 页。

中华文明的道德智慧和生活实践，引导和规范着人的思维和行为，对打破狭隘、片面的发展观，实现以科学的思想观念、政治观点和道德规范对个体思想和行为的引导具有重要意义，这既是一种社会意识的传递和继承，也是个体逐步社会化的过程，人们在生活实践中把科学的、丰富的价值理念用于指导实践以实现真正的个体主体化。个体的思想和行为越符合社会发展的要求，主体化程度越高，越能促进自身的发展与社会的和谐进步。

3. 浮躁化、随意化的生活方式与民族精神培育

生活方式是由社会历史总体条件决定的人的现实社会行为模式，① 是"在一定社会客观条件的制约下，社会中的个人、群体或全体成员为一定的价值观念所指导的、满足自身生存发展需要的全部生活活动的稳定形式和行为特征"②。开放的社会环境与现代电子媒介和互联网的发展，改变了人们传统的生活方式，铺天盖地的各种信息、各种价值理念和社会思潮都在影响和冲击着社会主导价值观。西方国家利用其发达的科学技术和强大的经济实力将他们的价值理念和制度、文化传播到世界各地，一些人在来不及辨别、判断、选择的前提下，成了西方文化的"顺民"，生活方式的浮躁化、随意化特征明显。

西方价值观通过物质和宗教的形式影响着我国人民。麦当劳餐厅对消费者的吸引力绝不仅仅是它的汉堡包，而是它那美国式文化氛围和独特的社会空间，普通消费者在那里能享用美国式快餐，同时也享受一种美国式文化。正如马尔库赛所指出："由于更多的社会阶级中的更多的个人能够得到这些给人以好处的产品，因而他们所进行的思想灌输使不再是宣传，而变成了一种生活方式。这是一种好的生活方式，一种比以前好得多的生活方式；但作为一种好的生活方式，它阻

---

① 参见张尚仁：《社会历史哲学引论》，人民出版社1992年版，第229页。
② 王雅林：《生活方式概论》，黑龙江人民出版社1989年版，第2页。

碍着质的变化。由此便出现了一种单向度的思想和行为模式。"① 人们在物质享用过程中不知不觉接受了它所携带的文化符号与价值观念，社会主导价值观受到严重冲击。社会成员不可能把自己封闭起来而置之不理，我们一时间又没有采取有效措施予以应对，因此，各种社会思潮以潜移默化的形式侵入私人空间，充塞于各个社会角落，使一些人难于拒斥、无法回避，在无形之中抑制了人的主体自觉，使之趋于变相的精神麻木，对个体的观念与行为进行影响和操纵，人们在浮躁的心态和随意化的生活方式中逐渐被同化，造成了主体选择性的失落。生活方式的浮躁性和即时性给人们带来现代困扰，在丰富人的社会关系的同时削弱了其主体性。

在开放社会环境及相关生活实践中，验证现代文明修身的必要性与科学性，就应当弘扬和培育民族精神。开放的社会环境使民族国家和个体之间的相互影响空前增强，现代文明修身承担着传承社会文明与开发个体内在价值的特殊使命，它"不但要契合社会现代化的突然变迁，而且还要揭示和推进社会现代化的应然趋向；不仅要适应现实世界，而且还要反映可能世界"②。它是基于人类道德的自律和自我反思，是对中华民族特定价值体系、思维方式、社会观念、伦理观念和审美情趣等精神特质的反映，有利于促进科学主导价值观的形成，促使人们选择与确立与社会发展相适应的生活方式。开放的社会环境具有促进生产力发展和个体交往普遍化、世界化的特征，有利于人们用宽广的眼界观察世界，培养个体的开放态度与合作精神。个体作为追求自身生存和发展利益的独立实体，其存在之所以不再局限于过去单一的民族和国家，而是超出了民族国家的界限，个人获得了相对独立的生活方式决策权，从而有利于个体在实现形式上的自主选择

① ［美］马尔库塞：《单向度的人》，刘继译，上海译文出版社 2006 年版，第 12 页。
② 李萍、钟明华：《伦理的嬗变：十年伦理变迁的轨迹》，人民出版社 2005 年版，第 11 页。

权。在开放的社会环境中进行现代文明修身，对弘扬和培育民族精神，增强民族自尊和自信具有重要作用。在这里，生活方式也不再是一种预测式的生活方式，而是一种实践生成式的生活方式。

总之，现代文明修身立足于开放的社会生活场域，引导人们在多元价值形态中选择并确立主导价值观。作为以人自身为认识和实践对象的精神性活动，现代文明修身的根本意义在于不断培养出具有高尚道德和实践能力的真正的历史主体，推动人们在改造自我的活动中去改造现存世界。开放的社会生活场域中，个体的生活世界时刻充斥着民族性与世界性之间的张力，因此，现代文明修身用丰富的民族道德资源引导人们的社会实践活动，弘扬民族精神非常重要。它既有利于人们在丰富的社会关系中获得价值认同，使个性和民族性得以张扬和重视，同时，又能够避免"文明的冲突"对个体价值选择的干扰。人们在现代文明修身过程中理性审视与调节自己的活动动机、愿望、需要、意图，在复杂的社会关系中自觉按照主导价值观教育自己、规范自己、发展自己，把外在必然性要求转化为内在自觉性，主动、自觉地接受、遵循和践履社会道德规范，促使个体在正确的价值判断和行为选择中不断实现自我完善、自我发展。

第三节　科学技术发展与现代文明修身的适应性课题

人的生命存在既是自然性、物质性存在，也是精神性、意义性存在，生命存在本身是一个不断改造客观世界和主观世界、努力建构幸福生活的过程。客观世界的改造为人的生存和发展创造良好的物质生活条件，并促进人自身的主观世界改造，主观世界改造为客观世界改造提供精神动力和智力支持，二者的协调发展推动着人类幸福生活的实现。近代以来，科学技术作为展示人的本质力量的重要手段，在给人类带来发达物质文明的同时，也容易带来"科技崇拜"及"双刃剑效应"。高科技需要高情感与高人文与之相适应，现代文明修身是提升人的思想道德素质、建构精神家园的重要途径，必然要面对科学技术的发展所带来的存在方式变革问题，尤其是要面对科学技术与人文精神的协调发展问题。本书认为，科学技术和文明修身是现代存在方式建构的两大动力，但科学技术的强势发展与人文精神的相对失落制约了现代人的发展，对人的发展提出了适应性课题。这里的"适应性"，主要指人们通过现代文明修身正确认识、理解和把握科学技术发展所带来的社会生活变化，在生活世界确立与高科技发展相适应的思维方式和生活方式。本书无意否认其他生产要素和实践活动对现代人存在方式建构的重要价值，只是希望通过现代文明修身进路探索人文精神与科学技术的协调发展。

一、研究科学技术与修身活动之间关系的重要性

科学技术以"科学思想、科学精神及其科学方法论，提高人的活动能力，建构人的价值观念，变更人的生活方式，由此丰富人的精神世界"①。人类发展的历史进程，是一个不断"外展内拓"的"自然的人化"过程，科学技术和修身活动各自发力，共同作用于这一过程。科学技术的创新和应用，加速了人类的进步和文明状态，每一科学技术理论的提出和应用，"都包含着特定的文化意义和价值，都给人们提供了新知识、新价值，从而带来了行为规范、生活方式的更新"②。而"自然的人化"中的"自然"，既包括客观世界的外在自然，也包括内在于主体的自然状况。外在自然的人化是人的本质力量的对象化、实体化，主要体现为人的物质生产实践；而内在自然的人化则是人的本质力量的社会化、道德化，主要体现为精神家园的建

---

① 袁贵仁：《价值学引论》，北京师范大学出版社 1991 年版，第 93 页。
② 袁贵仁：《价值学引论》，北京师范大学出版社 1991 年版，第 95 页。

构，它侧重于人的生活实践。外在自然的人化是人的实体性存在的延伸，内在自然的人化则赋予这种实体性存在以灵魂，保证对象性的实体性存在返回自身，成为人的价值实现的中介环节，而不至于异化为人自身的对立物。"自然的人化"过程是精神生活与物质生活的统一过程，是科学技术和修身实践协调发展的过程，二者共同引导人们寻求和建立健康、和谐的存在方式。

物质生活制约着精神生活、政治生活和社会生活，对人的发展具有决定性作用，因此，良好存在方式的确立，必须高度重视人们的物质文化生活，提高社会生产力的发展水平。改革开放以来，我国社会主义建设的伟大实践证明，科学技术在推动生产力发展的诸因素中居首位。江泽民指出："科学技术是第一生产力，是先进生产力的集中体现和主要标志，也是人类文明进步的基石。"① 需要强调指出的是，"科学技术是第一生产力，是指它推动现代社会生产力发展的诸因素中处于首位，并不是说它在推动全社会发展中居第一位。科学技术在提高人的劳动生产力中处于首位，而绝不是说它比人的要素还重要，也不是说它在整个生产力系统中起决定作用。现代科学技术是人创造的，也是靠人来掌握运用的。如果不认识这一点，就会见物不见人，就会走向技术主义、科学主义"②。科学技术能否促进生产力发展，真正发挥作用，关键还是在人，因而，科学技术的发展并没有改变人在生产力要素中的主体性、决定性地位。

按照哈贝马斯的解释，现代社会的发展趋向是一个不断追求现代社会价值（目的）系统的合理性（合理化）和政治——文化领域的合法性（合法化）的过程。③ 现代科学技术的发展及其成果的广泛应用，不断提高人类改造自然、改造社会的能力，同时也催生了现代性

_____

① 《江泽民文选》第三卷，人民出版社 2006 年版，第 261 页。
② 郑永廷：《现代思想道德教育理论与方法》，广东高等教育出版社 2000 年版，第 62 页。
③ 参见万俊人：《现代性的伦理话语》，黑龙江人民出版社 2002 年版，第 6 页。

道德的"合法性危机"，引起了社会关系的变革和存在方式的变化。特别是人类对科学技术的盲目应用甚至崇拜，导致了资源的稀缺性与人类日益增长的消费需求之间的矛盾凸显，为争夺资源和财富的局部战争不断发生，高科技犯罪、生态环境恶化、核战争等问题就像悬在人们头上的"达摩克里斯之剑"，时刻威胁着人类的生存。科学技术的"双刃剑"效应，引发了人们对科学技术与存在方式之间关系的理性思考，有的学者指出："技术过程或人造物本身就产生特殊的危险，这种危险与意图无关"①，最好的存在方式还是回归到"男耕女织"的传统社会，多数人则认为，科学技术发展是促进人类发展的革命性因素，我们应该继续发展科学技术，但同时要承担"技术活动中的责任，就是技术活动者本身所应当承担的某种义不容辞的义务"②。本书倾向于第二种观点，主张通过现代文明修身提高人的责任意识和思想道德素质，抑制科学技术发展中出现的负面效应，利用先进科学技术为健康、和谐的存在方式建构服务。

二、科学技术与现代文明修身的分离性矛盾

现代文明修身与科学技术的关系，是一种不可分割的互动共进关系，它反映了现代人的精神生活与物质生活的关系。这种互动共进的关系在现实社会中往往呈现出分离性的矛盾状态，尤其是科学技术的发展使人们沉迷与陶醉在对自然的征服之中，科技功利主义使一些人忽视了人生意义，迷失了价值追寻方向，社会伦理冲突、"器本主义"价值观和科学技术意识形态化是这一分离性矛盾的具体体现。马克思用不同的方式描述了对这一分离性矛盾的认识："在我们这个时代，每一种事物好像都包含着自己的反面。我们看到，机器具有减

---

① ［美］卡尔·米切姆：《技术哲学概论》，殷登祥等译，天津科学技术出版社1999年版，第76页。

② 肖锋：《从元伦理看技术的责任与代价》，《哲学动态》2006年第9期，第45页。

少人类劳动和使劳动更有成效的神奇力量，然而却引起了饥饿和过度的疲劳。新发现的财富的源泉，由于某种奇怪的、不可思议的魔力而变成疲困的根源。技术的胜利，似乎是以道德的败坏为代价换来的。随着人类愈益控制自然，个人似乎愈益成为别人的奴隶或自身的卑劣行为的奴隶。甚至科学的纯洁光辉仿佛也只能在愚昧无知的黑暗背景下闪耀。我们的一切发现和进步，似乎结果是使物质力量具有理智生命，而人的生命则化为愚钝的物质力量。现代工业、科学与现代贫困、衰退之间的这种对抗，我们时代的生产力与社会关系之间的这种对抗，是显而易见的、不可避免的和毋庸争辩的事实。"① 当然，马克思的论述侧重于从批判资本主义制度本身来看待这一分离性矛盾，但是，从马克思的论述话语中我们也可以清楚地了解，科学技术不但能改善人的物质生活，而且会影响和制约人的精神生活，甚至会使一些人成为"别人的奴隶或自身的卑劣行为的奴隶"。而作为提高人的思想道德素质和提升精神生活质量重要途径的现代文明修身，要正确回应科学技术的强势发展，否则将导致精神生活与物质生活之间的张力不断拉大，制约现代存在方式的确立。

首先，科学技术的迅猛发展引起了新的社会伦理冲突，带来了许多崭新的、具有挑战性的社会伦理道德问题，严重影响和困扰着现代人的生活。近些年来，海啸地震、"温室效应"、大气污染、生态恶化等现象充斥着人类的家园，严重威胁着人类的生存与可持续发展，引发了人们对利用科学技术追求经济利益最大化的理性反思；在生命科学领域，试管婴儿、克隆技术、器官移植、安乐死等问题的出现，不断挑战着人类伦理道德的底线；在军事科学领域，贫铀弹、核武器、生化武器等大规模杀伤性武器的出现，引发了人们关于科学技术与生命伦理的新思考；互联网和信息化生活的出现以及虚拟社会中的"角色转换"，既带来了涉及网络安全、信息安全、家庭与个人隐私

---

① 《马克思恩格斯全集》第 12 卷，人民出版社 1962 年版，第 4 页。

保护等相关的网络伦理道德问题，又在某种意义上造成个体生活的"信息异化"。科学技术本身是人类社会发展到一定阶段的产物，归根结底要受到社会制度、生产关系等多种因素的影响和制约，不同的社会制度和时代背景下会产生不同的社会后果。高科技的发展凸显了社会深层次的矛盾，引发了错综复杂的科技伦理冲突现象，形成了科技时代的伦理否定，面对高科技发展的功利性进程，迫切需要寻找新的思维范式和价值理念，以解决现代人的生存困境和伦理困惑，实现科技发展与伦理道德的和谐统一。

其次，"器本主义"价值观是一种以科学技术为本位的价值倾向，过分强调科学技术对社会生活与人的发展的价值，忽视人的精神生活和情感体验。这样的价值观虽然有利于调整社会生活结构，但容易使人在社会生活中丧失主体性，加重人对科学技术的依赖。重视科学技术在改造自然、利用自然过程中的作用无可厚非，但认为科学技术可以解决一切问题，企图把科学技术的作用扩充到社会生活的各个领域，包括精神领域和情感领域，则难免陷入"器本主义"的深渊。同时，"器本主义"所倡导的"可计算性"、"精确性"和客观性，容易激发人的利益竞争性，在一定意义上容易导致精神生活的边缘化，而对自然的征服和掠夺式开发，容易导致灾难性的生态后果。因此，恩格斯强调指出："我们不要过分陶醉于我们人类对自然界的胜利。对于每一次这样的胜利，自然界都对我们进行报复。每一次胜利，起初确实取得了我们预期的结果，但是往后和再往后却发生完全不同的、出乎预料的影响，常常把最初的结果又取消了。"① 我们重视科学技术的发展和应用，但要谨防"器本主义"价值观主导人的生活，既要大力发展科学技术和引进先进技术，又要防止其所携带的价值理念对我国社会成员心理结构和精神活动的影响，科学回应其对社会主义价值观和民族文化的渗透和冲击。

---

① 《马克思恩格斯选集》第 4 卷，人民出版社 1995 年版，第 383 页。

最后，科学技术的意识形态化倾向影响人们的价值选择。一些人片面强调科学技术的客观性，强调所谓的"价值无涉"，然而从科学伦理学视野看，价值必然渗透在科学技术与科学探索之中。社会学家古尔德纳指出："在原子弹轰炸广岛之前，物理学家也在谈论价值无涉科学；他们曾发誓不做价值判断。而今天，他们中许多人已不再那么坚信不移了。"① 就科学技术和现代文明修身二者而言，人们都比较容易理解现代文明修身的意识形态性，关于科学技术的意识形态化，学术界一直争论比较激烈。自从 1929 年德国社会学家卡尔·曼海姆的《意识形态和乌托邦：知识社会学导论》一书问世以来，科学技术与意识形态的关系一直就是一个争议较大的问题，法兰克福学派把这一论题的研究推向高潮。法兰克福学派认为，科学技术的意识形态化是近代资本主义工业化的产物，是人们对科学技术的严重依赖和物化倾向的体现，其主要代表人物马尔库赛强调："面对这个社会的极权主义特征，技术'中立性'的传统概念不再能够得以维持。技术本身不能独立于对它的使用；这种技术社会是一个政治系统，这个系统在技术的概念和结构中已经起着作用。"② 在他看来，科学技术作为一种新的控制形式绝不是中立的，具有明确的政治意向性，起着意识形态的功能。哈贝马斯进一步发挥了马尔库赛这一观点，直接提出"科学技术即是意识形态"③ 的命题。于是，"他们逐步把对资本主义社会现存的政治经济基础的批判转到了对科学技术本身的批判"④。随着我国科学技术的飞速发展，科学技术意识形态化倾向对

---

① 转引自肯尼迪·D. 贝利：《现代社会研究方法》，许真译，上海人民出版社1986 年版，第 38—39 页。

② ［美］马尔库塞：《单向度的人》，刘继译，上海译文出版社 2006 年版，第 7页。

③ 转引自陈振明：《法兰克福学派与科学技术哲学》，中国人民大学出版社 1992年版，第 137 页。

④ 陈振明：《法兰克福学派与科学技术哲学》，中国人民大学出版社 1992 年版，第 134 页。

我国社会成员的生活也产生了消极影响，引导现代人寻求"高技术与高情感相平衡"和"从非此即彼的选择到多种多样的选择"① 成了现代文明修身的主要使命。

科学技术和修身活动的断裂与对立，不仅以社会思潮的方式影响了我国，而且在日常生活世界对人的存在方式产生了深刻的影响。"我国古代的传统文化，是一种重视道德、轻视科学，重视人文、鄙视技术的以伦理为主的文化"，② 这种文化本身就为科学技术与修身活动之间设置了一条人为的鸿沟。新中国成立后大力倡导科学精神，发展科学技术，在批判传统文化的过程中，现代文明修身的理论体系也在逐渐形成和发展，努力促使科学技术与现代文明修身为人的自由全面发展服务成了时代发展的必然要求。当然，改革开放前的社会生活政治化、意识形态简单化损害了社会主义意识形态的形象，致使一些人在崇尚科学技术时完全排斥和抵制意识形态，提起文明修身许多人都会与传统修身为阶级统治服务和压抑人的主体性的特征联系在一起。这两种倾向对人的全面发展和社会现代化都容易造成负面影响，因此，必须改变科学技术与文明修身被断裂、简单化的陋习，寻求二者的协调发展以促进社会成员良好健康、和谐存在方式的建立。

三、现代文明修身要研究和解决的适应性难题

从表面上看，现代文明修身突出地表现在社会生活领域，科学技术的发展主要集中在社会生产领域，二者似乎没有交集。但实际上，无论是科学技术还是现代文明修身，都是通过人来对社会发生作用。科学技术以改造"外在自然"为己任，目标直指人的物质生活，现代文明修身以改造"内在自然"为目标，把提升人的思想道德素质、

---

① ［美］约翰·奈斯比特：《大趋势》，梅艳译，中国社会科学出版社 1984 年版，第 53、237 页。

② 郑永廷：《我国科学技术与社会主义意识形态面临的发展性课题》，《现代哲学》2004 年第 2 期，第 27 页。

优化精神生活作为神圣职责，它们拥有提升人的生活质量、促进人的自由全面发展的共同历史使命。现代文明修身既是人们自我启蒙、自我教育、自我规范、自我发展的重要途径，也履行传承和灌输社会意识形态的基本职能，在促进个体发展时，必然反映社会主义主导价值观。社会主义意识形态尽管也具有阶级性特征，但它能够被人们认可、理解和接受，主要在于它的科学性和真理性，契合了人的自由全面发展的价值追求。而科学技术的发展，为摒弃非此即彼的简单思维方式、培养人的和谐思维提供了技术支撑。用符合现代社会发展的思想理论、价值观念和道德规范促使个体确立理性高尚、能动创造的生活态度与生活方式，是现代文明修身与科学技术发展的共同使命。人的自由全面发展目标，要求人们在掌握先进科学技术时，自觉抵制其所携带的西方价值观和腐朽思想文化，用先进科学的思想观念消化科学技术，实现精神生活与物质生活的均衡发展。然而在现实社会中，科学技术的强势发展往往造成物质生活与精神生活发展的不平衡，给现代文明修身提出适应性的课题要求。

1. 权威性生活方式破除后的价值观念平衡问题

改革开放以来，我国科学技术得到飞速发展，破除了战争年代和计划经济时代确立的统一性和权威性生活方式，尊重知识、尊重人才、尊重劳动、尊重创造构成了新时期人们生活的主导价值理念。科学技术的发展与创新大大增强了现代人"外在自然"的人化能力，要求内在自然的人化与之相适应。然而，现代科学技术发展所衍生出来的新文化、新知识、新方法，给人的精神生活带来了冲击与变革，并使人的生命存在全球化、信息化、网络化、数字化。这一方面有利于开阔人们的视野、更新思维方式和价值观念，丰富了人的社会性，为展示人的才华提供广阔的社会舞台；另一方面原有的价值认同被颠覆，新的价值认同尚未形成，精神生活出现所谓的"道德真空"与"价值混乱"，人们的社会心态一时无所适从，出现适应性困难。正如爱因斯坦所说："科学是一种强有力的工具。怎样用它，究竟是给人带来幸福还是带来灾难，全取决于自己，而不是取决于工具。"①
关键是掌握科学技术的人如何实现自身的"角色定位"，科学技术的
发展有利于人的"角色换位"和丰富性人格的形成，但增加了人的
适应性困难，高科技的强势发展容易造成人的主体意识丧失和信息焦
虑症，甚至出现"当我们在自己编造的世界中越陷越深时，我们便
忘记了我们自己"② 的状况。

现代文明修身是"内在自然"的人化的重要途径，既要体现自
身所具有的意识形态功能，又要防止其脱离我国科技经济发展实际而
陷入纯粹的意识形态灌输的境地，要充分发挥其作为精神性活动对人
的智力、潜能的开发价值。面对科学技术进步所带来的急剧变化及人
的发展的适应性难题，我们必须从社会主义初级阶段的基本国情出
发，大力发展现代科学技术，普及科学文化知识，为增强现代文明修
身的实效性提供良好的前提和保证；同时，加强现代文明修身，培养
人的高尚思想道德品质，为科学技术的发展提供了良好的社会文化氛
围，以促进科学技术发展和引导使用的正确方向。二者的相互作用与
协调发展，不断地促进人的发展，同时为实现社会现代化提供基本
的、有效的现实途径。

马克思指出："观念的东西不外是移入人的头脑并在人的头脑中
改造过的物质的东西而已。"③ 我们要转变思维观念，坚持效率优先、
兼顾公平的方针，通过现代文明修身逐步消除深层次的心理积淀与思
想观念，适应科学技术发展所带来的风险性、竞争性和创新性要求，
努力培养人们的科学精神和现代思维方式。江泽民指出："科学精神
是人们科学文化素质的灵魂。它不仅可以激励人们学习、掌握和应
用科学，鼓舞人们不断在科学的道路上登攀前进，而且对树立正确

---

① 《爱因斯坦文集》第 3 卷，许良英等编译，商务印书馆 1979 年版，第 56 页。
② ［美］迈克尔·海姆：《从界面到网络空间——虚拟实在的形而上学》，金吾
伦、刘钢译，上海科技教育出版社 2000 年版，第 80 页。
③ 《马克思恩格斯选集》第 2 卷，人民出版社 1995 年版，第 112 页。

的世界观、人生观、价值观，掌握科学的工作方式方法，做好经济、政治、文化等方面的领导工作和管理工作，也具有重要意义。"① 而"思维方法和思维方式的现代化，也就是要按照科学精神来观察思考和解决各种问题"②。现代文明修身要体现社会主义意识形态，通过个人自觉追求与社会发展相适应的思想政治素质，而实现新形势下的"德治"以维持社会发展秩序。科技活动的结果意味着社会物质财富的增加，而现代文明修身的结果意味着主体精神需要的满足和人格的不断完善，通过现代文明修身与科学技术的协调发展实现"高科技与高情感的平衡"。

2."单面思维"压力与和谐思维建构

科学技术迅猛发展与工具理性的张扬，使社会成员面临"单面思维"与"单向度的人"的压力。"西方马克思主义"的鼻祖卢卡奇把韦伯的"合理化"概念与马克思的"商品拜物教"概念联系起来，形成"物化"概念——表示人的关系还原为物的关系，并将科学技术看做资本主义社会的一种"物化"形式来加以批判，认为物化过程的标志是"合理的机械化"和"可计算性"应用于生活的每一个方面；当将科学知识应用于社会时，它们就转变成为资产阶级意识形态的武器。③ 社会主义和谐社会建设，既要张扬科学技术的工具理性，又要抑制其本身所携带的不符合人的全面发展的价值理念。研究和分析"西方马克思主义"代表人物提出的理论，如工具理性张扬所造成的"生活世界的殖民化"（哈贝马斯语），即物质商业化（金钱）和政治权力对"生活世界"的入侵与销蚀——造成了现代性本身的合法性危机，科学技术的进步已由解放的潜在力量变成为统治的合理性辩护提供思想依据的手段等，在批判的基础上正确对待科学技

---

① 《江泽民文选》第三卷，人民出版社 2006 年版，第 263 页。

② 《江泽民文选》第三卷，人民出版社 2006 年版，第 263 页。

③ 参见陈振明：《法兰克福学派与科学技术哲学》，中国人民大学出版社 1992 年版，第 72—73 页。

术引起的时空压缩，自觉进行现代文明修身，防止个体生活的"信息异化"和思维方式单面化。

中国传统生活方式容易导致简单、经验式的思维。自给自足的自然经济和重道鄙器的价值理念，使人们形成简单的、经验式的思维方式，人们的生活在"日出而作、日落而息、男耕女织"中年复一年的度过，思维方式受中国传统文化的影响，相信"国多财则远者来，地辟举则民留处，仓廪实则知礼节，衣食足则知荣辱，上服度则六亲固，四维张则君令行"①。这在一定程度上反映了物质生活对精神生活的制约，具有朴素的唯物主义思想，但把思维方式简单化，培养了古代中国人的保守性、依附性的人格。"托马斯·库恩在其经典著作《科学革命的结构》中，显示了思想和科学的进步是由新范式代替旧范式所构成的，当旧的范式变得日益不能揭示新的或新发现的事实时，能用更加令人满意的方法来说明那些事实的范式就取代了它。"②现代科学技术的发展为张扬人的主体性和确立创造性思维方式提供了必要前提，但人的精神生活具有相对独立性，并不总是与物质生活发展相协调。

以合目的性为基本原则的现代文明修身和以合规律性为指导原则的科学技术共同塑造着现代人的存在方式。从一般的观点来看，科学技术以合规律性为指导原则，主要回答世界"是什么"、"怎么样"的问题，体现了人们对客观规律的探索和运用，是对"真"的追求。现代文明修身主要回答人的生活"应当是什么"、"怎样更好"的问题，是人类主体性和本质力量的体现，是对"善"和"美"的追求。从现代社会生活实践来看，现代文明修身通过对从事社会生产劳动的人的精神生活的调节和开发，促进精神价值向经济价值的转换，体现

---

① 《管子·牧民·国颂》。
② ［美］塞缪尔·亨廷顿：《文明的冲突与世界秩序的重建》，周琪等译，新华出版社 1998 年版，第 9 页。

出求真与求善、求美相统一的倾向；科学技术作为新的发展手段，在改造客观世界的过程中也体现着人类的价值理念和新的思维方式，呈现出求善、求美的德性预设。因此，割裂现代文明修身与科学技术之间的关系，简单地把现代文明修身归结为价值理性、科学技术体现为工具理性的观点有待商榷。新的存在方式要求人们既要发展科学技术，又要进行现代文明修身，在改造客观世界中改造主观世界，寻求确立合规律性与合目的性相统一的和谐思维。

3. "内在自然"的人化与科学技术意识形态化的消除

重视发展科学技术以提高"外在自然"的人化能力，同时也要寻求现代文明修身以促进"内在自然"的和谐。科学技术的发展及其成果和产品的利用，从来都不是纯科学技术的，它必然代表与之相适应的价值观念、道德理念与文化背景。引进西方先进的科学技术主观上是为了促进社会生产力的发展，为人的发展提供良好的物质基础，但客观上遭遇科学技术本身蕴涵和传播的价值理念的挑战，如何引导社会成员正确认识科学技术，运用社会主义价值观和道德观对科学技术本身所携带的价值理念加以批判和改进，成为"内在自然"的人化的重要课题。"引进的先进科学技术能否发挥作用，既与操作技术水平有关，也与思想观念、道德观念有关。这是因为，科学技术现代化，并不等于人的现代化和人的观念的现代化。人的现代化，或者说人从传统人转变为现代人不是自发完成的，它要伴随社会现代化过程来实现。实现方式一般有两种：一是自我自觉地根据现代社会的发展要求进行改造，这是个体的能动改造；二是在外在因素，包括教育、环境等条件下促使其进行自我转变。"① 前一种实现方式凸显了现代文明修身的价值，后一种则强调外在的教育、教化对个体发展的影响。修身的文化底蕴铸就了我们的民族心理，但"重道鄙器"的

①　郑永廷：《我国科学技术与社会主义意识形态面临的发展性课题》，《现代哲学》2004 年第 2 期，第 25 页。

文化传统对科学技术的引进和运用具有明显的阻抗，"内在自然"的人化的历史任务相对突出。

"内在自然"的人化过程内在地表现为个性与人格，外在地表现为人的活动能力，现代文明修身是完善人格的重要途径，科学技术则极大地增强了人的活动能力。因此，马克思指出："工业的历史和工业的已经生成的对象性的存在，是一本打开了的关于人的本质力量的书，是感性的摆在我们面前的人的心理学；对这种心理学人们至今还没有从它同人的本质的联系，而总是仅仅从外在的有用性这种关系来理解，因为在异化范围内活动的人们仅仅把人的普遍存在，宗教，或者具有抽象普遍本质的历史，如政治、艺术和文学等，理解为人的本质力量的现实性和人的类活动。"① 在马克思看来，科学技术与工业发展正是人的主体性和本质力量的展示，是人的本质力量现实化的活动，并且"自然科学却通过工业日益在实践上进入人的生活，改造人的生活，并为人的解放做准备，尽管它不得不直接地使非人化充分发展"②。现代文明修身是对个体存在方式加以规范和引导的精神性活动，以增强人的主体性和促进人的自我解放为目的。就个体而言，物质生活条件的改善并不必然导致精神生活水平的提高，但就人类整体而言，则必然推动人类伦理道德的发展和进步。现代文明修身体现了人们对道德价值的追求，是人们道德理想的现实化，实质上是人的道德水平提升和精神家园建构过程。

"马克思主义强调科学技术对理性演变的积极影响，认为随着科技进步人们不断地提高自身认识世界和改造世界的能力，在揭示世界矛盾运动和辩证发展过程中不断改变自身的思维方式。工具理性（或更确切地说作为形而上学的思维方式）作为一种特定的思维方式和价值观，在一定程度上起到意识形态的作用，属上层建筑，是资本

---

① 马克思：《1844年经济学哲学手稿》，人民出版社2000年版，第88页。
② 马克思：《1844年经济学哲学手稿》，人民出版社2000年版，第89页。

主义经济基础地反映。"① 我们要客观分析科学技术的意识形态化，寻求新的价值合理性。"不患寡而患不均"是盲目追求价值合理性而使社会陷入空想，"科技神"则是以认知合理性否定价值合理性，导致社会精神生活质量下降。现代文明修身要引导社会成员正确看待公平与效率，公平问题是价值合理性问题，效率问题是认知合理性问题，"效率优先，兼顾公平"是对现代人生活价值追求的正确提法，起点、过程和结果的公平就是价值合理性的体现，效率和公平没有主次之分，二者应当协调发展。只有价值准则伴随着知识、能力而被社会成员掌握时，社会成员才能践履价值准则，道德生活才能真正实现。现代文明修身是道德准则的个体化，它力求将道德的力量蕴藏于优良的习惯、深刻的理性之中，通过培养人们理智的生活态度、高尚的道德品质和先进的思想观念，体验自身对社会的责任纪律性以及责任后的荣誉感，激发人们热爱社会与生活的热情、动机、志向，从而促使良好的生活态度、生活方式在生活世界的不断生成。

总之，人类作为自由的有意识的活动主体，必须按照美的规律来塑造。现代文明修身是马克思主义指导下的实践活动，它引导人们通过社会生活实践而反观自照，不是抽象的"反求诸己"，其本质在于对人的实践活动过程和结果的现代反思。面对科学技术发展引发的生活世界三大危机：外在自然的破坏（生态危机）、内在自然的失落（生存危机）和人际关系的紧张（社会危机），一个重要的理路选择就是高度重视现代文明修身并付诸行动。现代文明修身是现代人自我教育、自我规范、自我发展的一种自觉活动，是人的发展的重要途径和基本内容，它必须以现代人的社会实践活动为出发点，科学回应现代社会生活场域对人的发展提出的新课题，在物质生活和精神生活协调发展的过程中促进人的"秩序理性"孕育和"自由个性"生成。

① 参见陈振明：《法兰克福学派与科学技术哲学》，中国人民大学出版社1992年版，第57页。

第四节 学习型社会与现代文明修身的发展性课题

学习型社会是 20 世纪六七十年代以来社会发展模式由工业经济向知识经济转变过程中兴起的一种社会生活理念，是为解决人类社会传统发展模式中资源、环境、人口诸要素之间日益突出的矛盾而提出的新发展观。它既是社会发展的一种目标追求和应然状态，也在现代社会生活场域中萌芽、成长，它要求人们的学习理念和学习内容与社会发展相适应。现代社会生活场域中，科学技术迅猛发展，理论知识爆炸式增长而更新周期不断缩短，社会生活的创新频率与创新程度超越了以往任何时代，社会成员生活压力倍增，终身学习、全面学习成为个体适应现代生活的必然要求，也催生了学习型社会的出现。学习成为人们生存与发展的重要内容，既要突出业务素质、专业技能，又要提高思想道德素质，营造健康积极的精神生活，然而在现实的学习生活中，一些人过分重视业务学习和专业技能，强调"学会数理化，走遍天下都不怕"，忽视了道德学习和自我修养，甚至认为道德学习和自我修养是可有可无的事。业务学习与道德学习之间的矛盾构成了现代文明修身的发展性难题，如何营造健康、积极的学习生活，促进个体业务技能和道德修养之间的协调发展，成为现代文明修身面临的重要课题。

一、学习型社会视阈下的学习内涵阐释

学习型社会（the learning society）这一概念最早是在 1968 年由美国芝加哥大学校长赫钦斯（R. H. Hutchins）提出，他出版了一本名为 *The Learning Society* 的著作，翻译成中文就是《学习型社会》（有的学者把它译为《学习化社会》）。在该书中赫钦斯对教育与学习的理念作了新的说明，他指出："除了能够为每个人在其成年以后的

每个阶段提供部分时间制的成人教育之外，还成功地实现了价值转换的社会。成功的价值转换即指学习、自我实现和成为真正意义上的人已经变成了社会目标，并且所有的社会制度均以这个目标为指向。"①在赫钦斯看来，学习的真正目的是利用古典的文化遗产对人的价值观进行变革，是人性的生成而非人力的训练和物质利益的实现。赫钦斯提出的学习型社会理想，浸透着古典自由主义的文化精神，是对功利主义和科学主义等现代资本主义文化价值取向的批判性回应。

在《学习型社会》中赫钦斯所使用的学习一词是 learning。传统学习观认为，学习（learning）是一种以学为主的全日制学校教育为基本特征的阶段性过程，是一种过分重视知识、理论和记忆的学院式学习，是为了生存、特殊的行业和特定的职位做准备。现代汉语词典中一般把学习界定为"从阅读、听讲、研究和实验中获得知识或技能"，是从行为主义心理学视角界定的。本书认为，学习是因经验而使行为或行为潜势产生较为持久改变的历程②，是经验与行为的相互作用过程，研究学习内涵必须关注学习主体与客观对象之间的认识关系。在学习型社会视阈下的学习，不仅仅是指学校教育中的课堂学习，实质上是指"个人学习知识、技能和规范，取得社会生活的资格，发展自己的社会性的过程"③，它包含着业务学习和道德修养的内涵，在这里学习具有时空广泛性，学习不仅是学校教育的阶段性行为，也是贯穿人的生命始终的存在方式，是人的不断社会化过程。

传统的学习内涵侧重"学"即模仿，现代社会强调"习"即反复实践，这是社会变迁与发展模式转变对人提出的新要求。在学习型社会视阈下的学习具有进程的终身性、主体的全民性、场所的开放性、形式的多样性等特征。学习进程的终身性，是指学习是从"摇

---

① R. Hutchins, *The Learning Society*, Frederic A. Praeger, Inc., Publishers, 1968. p.134.

② 参见张春兴：《现代心理学》，上海人民出版社1994年版，第218页。

③ 费孝通：《社会学概论》，天津人民出版社1984年版，第54页。

篮到坟墓的事业",如果我们从学习机会的供给上理解学习进程这就是终身教育,学习型社会是终身教育发展到一定程度后应当出现的理想社会状态,终身教育的出现是学习型社会得以建立的实践基础。学习主体的全民性,是指学习已不单单是广大青少年学生的事情,甚至超出了个体主体的范围,而是关系到一个国家、地区或民族乃至人类生存与发展、文明与进步的事情,每一个人(无论男女老少)都要学习。学习场所的开放性主要指学习不再仅仅是封闭的菁菁校园的事情,它广泛存在于社会的各个领域与各种场所。学习形式的多样性,是指学习不仅指学校教育中的学生书本知识理论学习的观念,在社会生活场域中任何提高自身素质和技能的活动都是学习。从学习型社会来看,现代学习内涵的拓展把学校、家庭和社会的教育资源整合起来,学习不仅仅是谋生手段,它构成了人们社会生活的重要内容,人的一生都在学习中度过。因此,与其说学习是一种教育观念,不如说它是人的一种存在方式。

二、学习的功利化、实用化现象与发展性课题的凸显

学习型社会的核心命题是以学习求发展,其所面临的发展性课题主要是促使个体业务学习和道德修养的和谐统一。为了保障和满足社会成员的多样化需求和健康和谐的生活,提倡以学习为核心,以全民为主体,以学习工作化、工作学习化为标志,以促进人的全面发展为目标,以推动社会发展为结果的全民学习、终身学习的社会风尚势在必行。但是,在现实的社会生活中,由于受功利思潮和腐朽价值观的影响,一些人的学习目的呈现出功利化、实用化趋势,他们忽视德性学习过程,过于重视业务技能的培训和提高,把专业技能看做成才的唯一标准,而不注重创新能力和未来发展潜力的涵养,注重理论知识体系掌握,忽视能力培养与道德水平的提高,背离了人的自由全面发展的目标。在他们看来,学习是件一劳永逸的事情,掌握专业技能就能获得幸福生活,这种学习背离以创新精神和实践能力培养为核心的

开放式学习规律，与个体全面发展的时代要求极不相称。

从理论基础上看，学习的功利化、实用化主要是利己主义、实用主义在现实生活中的体现。开放的社会环境中各种社会思潮激荡，腐朽落后的思想观念难免对人的学习生活发生影响。社会主义和谐社会建设与个体健康生活要求人的思想道德素质与业务素质协调发展，这不能仅靠书本知识和理论学习，还要重视道德学习，人们应当在变化中学、在实践中学、在应用中学、带着问题学，树立专业技能与道德修养同样重要的观念。学习再也不是单向度的、一次性的事情，而是人们生活的基本内容和发展路径。"学习和教育正在发生深刻变化，即由传统教育转变为现代教育，由一次性学校教育转向社会化终身教育。"① 在学校教育中的学习理论体系中，学习本身就包含着道德的学习和品德修养，是德智体美的全面发展的学习理念，但在实际操作层面存在诸多问题。在职业培训、继续教育、远程教育和其他非国民教育系列的学习中，很少有人把思想道德素质的提高看做学习的重要内容，往往重视专业技能的提高，忽视人的思想道德修养和精神生活质量，学习的功利化、实用化特征明显。因此，加强现代文明修身、提高人的思想道德素质和促进个体学习的全面性势在必行。

从社会实践层面看，学习专业技能和业务知识，能给人们带来"实实在在"的、看得见的物质利益，而道德学习的效果和衡量标准不容易被量化，所以在现实的学习生活中客观存在着以业务学习取代道德学习的现象。在课堂教学中，思想道德修养课甚至被看成是可有可无的课程，一些人即使在思想道德修养的课堂上，也忙于所谓的"具有实际意义和操作性强"的科目学习，造成一些人"有知识无文化、有技能无道德、有学历没能力"的现象，有些学校甚至一有活动就会挤占思想道德教育课堂，思想道德修养边缘化的趋势客观存

---

① 郑永廷：《现代思想道德教育理论与方法》，广东高等教育出版社2000年版，第249页。

在。"及时充电，终身学习"虽然成为时尚，但人们的学习仍然是过于重视业务学习和专业技能，很少有人重视社会化的道德学习。2002年中国产党第十六次代表大会的报告中提出了要"形成全民学习、终身学习的学习型社会"① 的理念，并把它作为全面建设小康社会的重要战略任务之一而付诸实践。高素质的创造性人才成为社会发展的基本动力和综合国力竞争的焦点，人力资源开发不仅仅是业务能力的提高，还包括个体的思想道德修养和民族素质的提升。因此，"我们要学会生活，学会如何去学习，这样便可以终身吸收新的知识；要学会自由地和批判地思考；学会热爱世界并使这个世界更有人情味；学会在创造过程中并通过创造性工作促进发展"②。在业务素质和道德修养的和谐发展中寻求生活的意义和存在的价值。

学习型社会是人们努力提高自我业务素质和思想道德素质过程中出现的对未来社会的一种理念、构想和预测，现代文明修身本身构成了学习的基本内容和重要途径。人们强调学习的主动性、自觉性、自主性、责任性，这本身就是现代文明修身价值的体现，良好的精神风貌和思想道德素质，能够为人们提供积极、健康的学习和发展的机会，创造全民学习、终身学习的氛围。在现代文明修身中进行自觉、自主的学习，是一种主动性与责任性相统一的学习，不再是被动式、功利性的学习，其结果是主观世界的改造与改造客观世界能力的增强，并在社会生活实践中不断实现人与自然的和谐发展。学习成了个体融入社会、服务社会、实现自我与他人、社会共同发展的基本途径，人们为自我的身心和谐发展而学习，为了发挥潜能、全面发展而学习。思想道德素质是人之为人的根本特性表现，在现代文明修身与学习内涵的耦合中，学习不仅是一种权利，而且是人的一种责任和义

---

① 《江泽民文选》第三卷，人民出版社 2006 年版，第 543 页。
② 联合国教科文组织国际教育发展委员会：《学会生存：教育世界的今天和明天》，华东师范大学比较教育研究所译，教育科学出版社 1996 年版，第 98 页。

务，是对潜能的开发和完善，是一种对人的发展与完善追求的较高的境界。学习型社会的构建离不开人的文明修身活动，全民学习、终身学习与现代文明修身紧密结合，才能最终建构学习型社会。

三、现代文明修身是立志与躬行相统一的学习方式

现代文明修身是促使确立理性高尚、能动创造的生活态度和生活方式在生活世界生成的活动，是立志和躬行相统一的学习方式。要想真正在社会生活实践中具有源源不断的学习动力，必须高度重视立志和躬行，它对人的思想道德素质提高和业务技能提升具有重要意义。立志和躬行反映了个体学习目标的理想性和现实性的统一，是个体通过社会生活实践来实现对未来高尚生活的积极追求和理想建构，并把用心生活和崇高信仰相结合。立志与躬行的辩证统一是个体追求生活意义和生命质量的现实体现，是现代学习方式的体现。

立志里的"志"具有双重含义："一是对未来目标的向往；二是实现奋斗目标的顽强意志。"① "立志"解决的主要是学习的目标问题，同时也提出了学习的动力问题，它依赖于学习主体的顽强意志。学习目标对个体来说是期待实现个体能力的不断拓展与生活的幸福化、高尚化，对群体成员或者社会主义社会来说主要是实现人与社会的和谐发展。现代文明修身的目标也是促进个体发展与社会发展的和谐统一，在现阶段为建设社会主义精神文明与和谐社会服务。邓小平指出："所谓精神文明，不但是指教育、科学、文化（这是完全必要的），而且是指共产主义的思想、理想、信念、道德、纪律，革命的立场和原则，人与人的同志式关系，等等。"② 邓小平关于精神文明的论述，把我们学习和奋斗所追求的理想目标和现实生活紧密地联系

---

① 《思想道德修养与法律基础》本书编写组：《思想道德修养与法律基础》，高等教育出版社2006年版，第21页。
② 《邓小平文选》第二卷，人民出版社1994年版，第367页。

在一起，并给我们指明了学习的基本途径，即学习目标应该通过
"革命的立场和原则，人与人的同志式关系"等现实生活途径来获
得，这就把理想目标引向了生活实践——"躬行"，在这一个过程
中，学习很大程度上都可以通过现代文明修身来体现。

学习本身就是躬行的事情。在现代文明修身语境中，"躬行"主
要是强调实践问题，现代文明修身要从基础文明做起。学习不仅仅是
从书本上学习知识，更重要的是通过社会实践获得能力，因此，中国
传统修身思想中"纸上得来终觉浅，绝知此事要躬行"① 的警句依然
具有现实意义。远大的志向是人们学习应当确立的目标，但实现远大
的理想必须从基础文明做起，从我做起，从现在做起，从身边小事做
起，一个在生活中好高骛远的人，很难实现生活的理想和目标。华罗
庚指出："雄心壮志需要有步骤，一步步地、踏踏实实地去实现，一
步一个脚印，不让它有一步落空。"② 现代文明修身是把生活理想化
为实际行为和生活习惯的过程，把个体的理想信念一步步转化为自己
的精神气质和思想道德素质，并付诸生活实践，学习目标要靠实践才
能实现，个体的道德品质、良好的社会风气都要靠社会成员的精神风
貌和行为习惯来体现和建构，因此，"躬行"是学习目标和道德养成
的基础，也是实现理想目标的必由之路。它反映了榜样示范的力量，
传统修身理论就强调榜样示范的道德教化，"子帅以正，孰敢不
正？"③ 榜样的力量是无穷的，它是一种目标激励，是个体学习与行
为的重要动力。"道德永远要靠实际的典范以身作则，如果没有人的
行为来印证，道德就只是教条，就不会有力量。所以，有典范，道德
才能够有效，这是从孔子开始就非常强调的。是榜样而不是伦理的教

---

① 出自陆游《冬夜读书示子聿》："古人学问无遗力，少壮功夫老始成。纸上得
来终觉浅，绝知此事要躬行。"
② 《华罗庚诗文选》，中国文史出版社 1986 年版，第 188 页。
③ 《论语·颜渊》。

条能真正感动人，这是万古常新的道理。"① 因此，我们所提倡的现代文明修身，要注重践履和榜样示范，而不是企图通过抽象的理论教条或对个体行为的规范而实现思想道德素质的跃升和理性高尚的生活方式的建构。

现代文明修身是"立志"与"躬行"相统一的学习方式，反映了学习目标与学习实践的统一。学习与生活的奋斗目标必须通过社会生活实践来完成，而不是一味地"内求诸己"。苏轼曾经说过："古之成大事业者，不惟有超世之才，亦必有坚忍不拔之志。"我们的学习效果不能寄托于"超世之才"，但我们应当有坚忍的意志，这当然离不开现代文明修身。现代文明修身过程是个体生活画卷的不断展开，需要个体不断地向学习目标接近，需要人的意志力不断为个体提供前进动力。个体的学习生活要与国家的前途、民族的命运结合起来，围绕"立志、修身、博学、报国"的基本主线，在实现生活理想和精神家园建构的过程中，形成良好的思想道德品质和创新性实践能力，把个体的发展与社会主义和谐社会建设在生活实践中紧密结合在一起。现代文明修身是个体成长的宣言书，也是社会生活实践促进个体社会化的指示器，现代学习应当坚持"立志"与"躬行"相统一的现代文明修身路径。

四、坚持在自我学习中滋养道德和确立信仰

学习对提高个体业务素质和专业技能的价值毋庸置疑，同时它对陶冶人的情操和激发人的潜能的价值也要引起我们的高度关注，解决现代文明修身所面临的发展性课题，关键是要在学习中滋养道德。学习型社会建设要求我们重视"学与力行"的修身传统和生活实践。孔子强调"学而实习之，不亦说乎"②，荀子在《劝学篇》中指出：

---

① 韦政通：《伦理要面对现实生活》，《学术月刊》2006 年第 9 期，第 43 页。
② 《论语·学而》。

"学不可以已"，"吾尝终日而思矣，不如须臾之所学也"，"君子之学也，入乎耳，箸乎心，布乎四体，形乎动静。端而言，蠕而动，一可以为法则"的观点，并阐述了学习要循序渐进的道理："积土成山，风雨兴焉。积水成渊，蛟龙生焉。积善成德，而神明自得，圣心备焉。故不积跬步，无以至千里；不积小流，无以成江海。骐骥一跃，不能十步；驽马十驾，功在不舍。锲而舍之，朽木不折；锲而不舍，金石可镂。"古人尚且如此，构建学习型社会的现代人更要重视学习的重要性，并把它作为提升能力、滋养品德和开发潜力的一个重要途径。

现代文明修身所提倡的学习，是在书本知识学习的基础上，开发出向环境学习、向先进人物学习和在实践中学习等新途径。向环境学习主要是面向自己的生活环境寻求提高自己和发展自己的信息和知识，促进个人与环境的和谐发展。现代生活环境的复杂性、多变性、丰富性，给人们带来了学习的动力和压力，个体的活动与环境的互动在现代社会更为明显，特别是媒介环境和网络环境的形成，人们的各种感官每天会接触大量的信息，坚持向环境学习，就是要在所接触的信息中学习、吸收各种有利于人的发展的新思想、新观念、新知识，充实丰富自己的精神世界，陶养自己的道德品质。向环境学习的过程与人们的现代文明修身过程是一致的，因为"环境的改变和人的活动的一致，只能被看做是并合理地理解为变革的实践"①。向先进人物学习，主要是强调把学习看做一个不断弥补自身不足、增强自身思想道德素质和潜在能力开发的过程。我们都知道，"榜样的力量"就在于它能够为人们提供目标激励和学习的典型，使人们在比较和竞争中发现自己的缺点和不足，从而模仿、追求先进人物的生活方式和生活态度，并把它转化为自己的生活习惯。在实践中学习是强调学以致用，强调理论学习和社会生活实践的结合，在学习中认识和追求创造

---

① 《马克思恩格斯选集》第 1 卷，人民出版社 1995 年版，第 59 页。

性、前沿性，从而促进个体生活意义的提升，以学习的创造性、思维方式的创造性来推动生活质量的不断提升。

现代文明修身强调自我学习和自我教育对人们良好生活方式培养的重要价值。当然，这里的学习，绝不是将道德从生活中抽取出来变成与生命无关的专门知识，进而在自我教育过程中用这种知识代替鲜活的生命体验与感悟，将个体的生命淹没在学习知识的符号体系中，而是从社会生活实践中、从人们的生命体验中去感悟生命的价值与生活的意义。通过社会成员之间的相互感应、理解和认同，使人们在学习的同时形成正确的价值取向、个性精神和道德责任，形成生机勃勃的社会精神文化，并成为促进社会风气良性循环、推动社会发展的强大精神动力。自从彼得·圣吉在《第五项修炼》中提出了建立"学习型组织"的理念以后，"学习型政党"、"学习型社区"等一系列学习型实践方式相继出现，对社会成员的发展提供了新的思路。人们在科学价值观指导下进行学习，充分发挥生命潜能、追求心灵的满足和自我价值的实现，本身就是现代文明修身的过程，在这里学习不是单纯的业务学习，也包括思想的适应和道德素质的提高，是社会成员共同创造精神文化的过程。不重视社会环境、先进人物和典型事件以及实践活动对个体思想道德素质的滋养，很难把个体思想道德激发、释放出来，学习的目标与学习型社会建设的任务很难得以真正实现。

现代文明修身重视学习对信仰的重要价值。崇高信仰的形成尽管需要情感因素和生活经验，但生活实践与学习过程中的理性选择则是更为至关重要的因素。正如有的学者所指出："马克思主义信仰不是心灵的自发需要，而是源于社会责任感，因此，学习成为信仰的核心问题"，"学习应当是马克思主义信仰者的终生事业"[1]。现代文明修身所提倡的学习，是在书本知识学习的基础上，开发出了向环境学

①　侯惠勤：《马克思的意识形态批判与当代中国》，中国社会科学出版社2010年版，第474页。

习、向先进人物学习和在实践中学习等新途径，这正是现代社会培养马克思主义理论信仰者的基本路径，因为和平年代的信仰教育，缺乏朴素自然的情感因素，并且不少人也缺乏广泛的社会实践和人生阅历，在现代文明修身过程中自觉结合社会实践、自觉用马克思主义理论武装自己、自觉抵制错误思潮与腐朽生活方式侵袭的学习，才是确立马克思主义信仰的正确路径。

第 五 章

现代文明修身的价值追寻

价值问题是现代文明修身理论和实践的中心问题。马克思指出："'价值'这个普遍的概念是从人们对待满足他们需要的外界物的关系中产生的。"[1] 客体及其属性满足主体的某种需要是价值产生的基本前提。一般地讲，"判断任何价值，必须弄清楚是谁的价值，这一点至关重要，否则就无法确定任何价值。在通常情况下，人们说某物有某种价值，似乎并未涉及任何的主体，但这往往是指在一般情况下对于一般人和社会的价值"[2]。现代文明修身是人们自觉提高精神生活质量和促使理性高尚、能动创造的生活态度和生活方式在生活世界生成的活动，既符合中国文化内求诸己的特色，也反映了个体发展与社会进步的客观要求。现代文明修身价值体现在人把自身作为认识和实践的对象所构成的活动系统中，其主体和客体都是同一个人，这里泛指当代中国人，介体是现代文明修身理论、方法、途径等，环体是包括风俗、社会舆论、宗教信仰、政治法律等因素的社会环境。在此基础上我们可以推断出，现代文明修身价值是指主体的现代文明修身活动在社会关系中呈现出的合乎主体全面发展和人类社会进步目的的

---

① 《马克思恩格斯全集》第 19 卷，人民出版社 1963 年版，第 406 页。

② 肖前：《马克思主义哲学原理》下册，中国人民大学出版社 1994 年版，第 662 页。

一种肯定的意义。

根据不同的标准和角度，现代文明修身价值可以分为不同的类型。按修身主体分，有个体性价值和社会性价值。现代文明修身既是一种个体性活动，又是一种群体互感性活动。按修身途径分，有内在价值和外在价值。内在价值是指人作为价值性存在，可以通过现代文明修身获得作为人的本质精神、内在的道德人格和人性完善，它是人在塑造自身时追求的最高价值，中国古代称为"内圣外王"的理想人格，西方称为"德性"。外在价值是指现代文明修身活动的工具价值，包括修身活动对自己、他人和社会的价值。中国传统修身理论注重内在价值，外在价值主要体现在为阶级统治服务方面。按修身结果分，有建构秩序和追求自由的价值。本书关于现代文明修身价值的研究主要是从建构秩序与追寻自由视角进行阐述的。这里的秩序既包括从人与对象性世界相互作用意义上的社会秩序，也包括精神家园的和谐宁静所形成的心灵秩序；而自由是从人的本性意义上来讲的，人是"自由"的有意识的存在物，它与认识论意义上的自由和政治意义上的自由有明显的区别，"自由本身是一种价值，而且是一种最高价值"①，它涉及人对感性生命的深切关怀，对自由个性的涵养与追寻是人类活动的最终目的。秩序与自由的和谐统一是人们追求的理想价值向度，现代文明修身在某种意义上体现了人们对现实生命的终极关怀意识和对人类社会发展目标的终极趋向。

第一节 建构秩序：社会生活的保障与文明的标志②

提起秩序，许多人会马上联想到具有强制特色的政治规范和法律

---

① 袁贵仁：《价值学引论》，北京师范大学出版社 1991 年版，第 138 页。
② 张国启、王忠桥：《从建设社会主义和谐社会的视野看现代文明修身的价值》，《思想理论教育导刊》2005 年第 9 期，第 53—56 页。

规范。我国传统观念中往往把秩序等同于等级（hierarchy）概念，即等级秩序，似乎秩序必须以一种命令与服从的关系为基础，或者以整个社会的等级结构为基础。这本身是对秩序内涵的片面理解，有些秩序是非等级秩序，比如哈耶克等人所言的"catallaxy"，即"通功易事秩序"，或译"偶合秩序"①。实际上，秩序就是"有条理、不紊乱的情况"②，在《英汉大词典》中，作为名词形式的 order 的含义被归纳为 31 种，概括起来有 3 种基本的含义：顺序、命令、常规或法则。它不仅仅包括外在的秩序，即由各种外在规范和社会制度安排来确立和界定的社会秩序，它还包括人的精神性活动所建构的心灵秩序。外在的秩序主要"表示的是一种在服从或遵从基础上形成的稳定状态或情势"③，而内在的秩序则是人的心理机制作用的结果。外在的秩序是由具象的制度、规则、安排等形成的一系列关系的总和，内在的秩序则是人的性格、气质和心理的综合体现。对于一个社会共同体来说，外在的秩序是总体意义上的，并非局部意义上的，而内在的秩序则个体性特征明显。对于个体来讲，内在秩序与外在秩序的协调程度决定了其生活方式和生活态度，秩序本身就是人的存在方式的体现。

社会主义和谐社会崭新理念的提出，引发了人们对秩序的新思考。如果从现代文明修身的视角来看待秩序，其价值就体现为心灵秩

① "catallaxy"，即"通功易事秩序"，或译"偶合秩序"。它是指那种在一个市场中由无数单个经济（即企业和家户）间的彼此调适所促成的秩序。这是一种特殊类型的自发秩序，是市场通过人们在财产法、侵权法和合同法的规则范围内行事而形成的那种自发秩序。哈耶克指出，秩序是指"这样一种事态，其间，无数且各种各样的要素之间的相互关系是极为密切的，所以我们可以从我们对整体中的某个空间部分或某个时间部分（some spatial or temporal part）所作的了解中学会对其余部分作出正确的预期，或者至少是学会作出颇有希望被证明为正确的预期"。参见哈耶克的《法律、立法与自由》一书。
② 《现代汉语词典》，商务印书馆 1995 年版，第 1493 页。
③ 杨雪冬：《论作为公共品的秩序》，《新华文摘》2006 年第 4 期，第 8 页。

序、生活秩序和生态秩序的建构过程。当然秩序建构价值不是人类发展的终极价值，它是在为实现"自由个性"服务，目的是使人们在实现个人身心发展平衡、良好的社会关系建立和生态和谐发展的基础上，不断地开发内在潜能和涵养个体的主体精神，最终为实现每一个人的自由全面发展服务。在现代社会生活场域中，现代文明修身如何在生活秩序与生态秩序的变迁中建构人的心灵秩序，促使三者的协调发展，尤其是建构人的心灵秩序颇受人们关注。

一、秩序是人类文明形态或文化类型的存在标志

人是文化存在物，每个具体的个体身上都打上文明形态和文化类型的烙印。个体的存在方式受文化的熏陶和形塑，都在不同程度上体现为内在自觉（理性）和存在性限制，即心灵秩序和社会生活秩序。对人类文明来说，每一种文明都在不同程度地体现着社会历史规范的发展，每一种文化类形或文明形态都有着内在的秩序要求。有秩序才有生活，人对生活秩序的追求不仅是社会共同体内部的阶级统治对秩序的要求，也是人们自身在社会生活中形成"文明"存在方式的基本需要。卡西尔指出："人只有以社会生活为中介才能发现他自己，才能意识到他的个体性。但是对人来说，这种中介并不只是意味着一种外部规定的力量。人，像动物一样，服从着社会的各种法则，但是，除此以外，他还能积极地参与创造和改变社会生活形式的运动。"① 没有一个人能够在无序的社会环境中获得真正意义上的生存，没有一种文明形态或文化类型允许人们无序存在。人类不仅需要顺应某种自然的法则而规范地生活在自然生态秩序中，同时还能够根据自身需要去创制社会规范体系从而生活在人为的秩序中，而人对自身价值与生活环境的认识和体验也在无形之中形塑着个体自身的心灵秩

---

① ［德］恩斯特·卡西尔：《人论》，甘阳译，上海译文出版社 1985 年版，第282 页。

序，直接影响和制约着个体的存在方式和人类文明形态的发展。

在《1857—1858 年经济学手稿》中，马克思详细阐述了关于人和社会发展的三大形态或阶段的理论："人的依赖关系（起初完全是自然发生的），是最初的社会形态。在这种形态下，人的生产能力只是在狭窄的范围内和孤立的地点上发展着。以物的依赖性为基础的人的独立性，是第二大形态，在这种形态下，才形成普遍的社会物质变换，全面的关系，多方面的需求以及全面的能力的体系。建立在个人全面发展和他们共同的社会生产能力成为他们的社会财富这一基础上的自由个性，是第三个阶段。第二个阶段为第三个阶段创造条件。因此，家长制的，古代的（以及封建的）状态随着商业、奢侈、货币、交换价值的发展而没落下去，现代社会则随着这些东西一道发展起来。"[①] 马克思的这一重要论述，本质上揭示了人的主体性发展的三大历史阶段，也为研究人类秩序的发展提供了理论基础，指明了发展方向。

在"人的依赖性"阶段，人们的生活秩序单调、抑郁而充满神秘感。以农立国、家国一体的宗法伦理依靠"礼"形塑着社会秩序，通过"制礼作乐"来传承与改造社会文明发展的制度规范，使在血缘关系基础上形成的自然秩序逐步转化为家国一体的社会秩序，人们通过修身活动使"礼"的一套秩序内化，使之成为个体的内在品质与道德修养，并在社会交往中以文明的行为方式体现出来，进而营造出秩序井然的生活世界。在传统修身活动中，"'礼'本身的基本原理就是血缘、伦理、政治三位一体，家庭、社会、国家一体贯通，它遵循的是情理法三位一体的逻辑"[②]。在一定意义上可以说，"礼"反映了"人的依赖关系"阶段人类关于社会生活秩序理性的理解和追求，构成了从自然秩序、生活秩序与国家政治秩序运行的基本原

---

① 《马克思恩格斯全集》第 46 卷（上），人民出版社 1979 年版，第 104 页。
② 樊浩：《文化与安身立命》，福建教育出版社 2009 年版，第 149 页。

理，符合了阶级统治的需要和主流意识形态建构的要求。总的来看，以"礼"为指导修身的过程虽然也有利于协调与缓和阶级矛盾，但更大程度上是对人的主体性的抑制。

因此，"新文化运动"的先驱们强烈批判封建社会所宣扬的宗法伦理是"以礼杀人"，对封建秩序进行有力鞭挞和控诉。传统修身所追求的社会秩序是一种典型的伦理秩序，即使随着封建"礼"、"法"的融合，政治规范和法律规范的秩序建构价值在古代中国也是服从于"家天下"的伦理秩序。修身是为了更好地理解、接受和遵从这些礼法，从而获得统治阶级的认可，统治阶级所需要的社会秩序是首要目标，至于个体心灵秩序的和谐程度，那是居第二位的。孔子就明确指出："克己复礼为仁。一日克己复礼，天下归仁焉。为仁由己，而由人乎哉。"因此他大力提倡"非礼勿视，非礼勿听，非礼勿言，非礼勿动"①。修身的过程就是要求人们自觉约束自己的行为以迎合社会秩序的需要。《中庸》中也记载："君子之道，造端乎夫妇"，中国礼仪之邦和大一统的文化社会秩序，都是从"夫妇"开始，是"有夫妇然后有父子"的宗法主义自然秩序，是一种家国一体的伦理秩序。传统修身正是在"孝弟也者，其为仁之本与"②思想的指导下，引导人们践行"仁"、"礼"原则，促进封建宗法伦理秩序的形成，但压抑和忽视了人的心灵秩序。

在"物的依赖性基础上的人的独立性阶段"建设社会主义和谐社会，重视现代文明修身的秩序建构价值尤其重要。现代文明修身体现了人们在社会生活中能够接受和践履的存在方式，它既要符合时代发展要求，又要有利于实现个体发展和社会发展有机统一，从某种意义上说，现代人的文明修身本身就体现为对心灵秩序、生活秩序和生态秩序的追求和建构。一方面，现代文明修身强调内敛和自我约束的

---

① 《论语·颜渊》。
② 《论语·学而》。

必要性，注重心灵秩序建构；同时又要求人把自身的发展放在现代社会发展的宏观背景中，人的存在方式受道德准则的约束，这种活动本身又体现为生活秩序与生态秩序的重构过程。另一方面，现代文明修身在发挥人的主体性的前提下，促使人把外在的道德规范内化为主体能动的道德修养，确立适应和谐社会发展需要的存在方式，通过生活实践建构社会生活秩序。和谐社会是建立在人的和谐发展和社会发展诸因素的协调发展基础之上，而现代文明修身的价值取向恰恰是建立在对社会与个体自身和谐发展规律的科学认识之上，人们从最基本的社会公德和道德行为做起，将现代文明修身活动置于合规律的基础之上，并在活动中增强自主性和自觉性，通过自觉的有意识的活动去建构和谐社会秩序和促进心灵秩序的和谐宁静，并以实际行动营造和谐的生态秩序。从这个意义上说，人们的现代文明修身状况标志着社会的文明程度。

应当说，现代文明修身的秩序建构价值首先源于"底线伦理道德"的要求。在现代社会生活中，一些人的社会公德、职业道德、家庭美德与个人品德之心缺乏，生活的随意性、功利性程度甚至影响了正常的社会生活秩序建构。因此，现代文明修身中的"文明"一词，在某种意义上带有最低的、底线要求的意味。正如阿格尼斯·赫勒所指出："文明的和不文明的行为也可以存在于同一个世界中，但人们认为在这个自我造就的世界中每一个人最终都可以举止'文明'。举止文明是规范性的（因为举止不文明意味着没有记住举止得宜的规范）。但这是一种最终可以实现的规范，可以体现在'文明世界'所有居民的日常生活中。"① 我们承认和尊重人与人之间的个性差异，儒家修身思想也讲究忠恕之道，但我们通常所说的文明上网、文明行为、文明旅游、文明生活等，在社会生活中多是要求人们遵循

---

① ［匈］阿格尼斯·赫勒：《现代性理论》，李瑞华译，商务印书馆2005年版，第212页。

做人的道德底线，文明用语，做文明人，否则就失去了做人的资格。因此，秩序虽然有强制意味，但在某种意义上也代表着人类社会生活的宽容与条理。

二、文明修身引导人健康生活以建构和谐宁静的心灵秩序

社会的和谐首先有赖于个体的和谐发展，而个体的发展则受精神状态的影响和制约。和谐的精神状态有利于引导个体发展方向，规范个体行为，避免基本价值观的激烈冲突，而道德操守缺失、个体行为失范、拜金主义、享乐主义和极端个人主义盛行则是精神不和谐的体现，在无形之中影响着人的心灵秩序与和谐社会建构。现代文明修身是人把自身作为实践对象，不断认识自我、改造自我、实现自我的精神性活动，是修身主体自律性的体现，即为自己制定心灵的"道德法则"。它的基本命题是："关注的是我们内心的世界应当是怎样的，我们应当建立起一个怎样的主观世界。"① 心灵的秩序不是高深的哲学和形象的艺术所能完成的，而是要看现代文明修身主体在社会生活中的具体行为表现、心态的调整、人格与气质的体现。建构和谐宁静的心灵秩序是现代文明修身的基本出发点和首要价值之所在。

和谐宁静的心灵秩序是适应人们由为生存而斗争的状态进入到休闲高雅生活状态的需要。随着物质文化生活水平的极大提高，人的休闲、娱乐和高尚的精神生活已得到了进一步的发展。但我国社会也出现了经济成分、组织形式、就业方式、利益关系和分配方式日益多样化的现象，人们思想活动的独立性、选择性、多变性和差异性日益增强。这有利于人们树立自强意识、创新意识、成才意识、创业意识，同时也带来一些不可忽视的负面影响。一些人"不同程度地存在政治信仰迷茫、理想信念模糊、价值取向扭曲、诚信意识淡薄、社会责

---

① 樊浩：《文化与安身立命》，福建教育出版社 2009 年版，第 153 页。

任感缺乏、艰苦奋斗精神淡化、团结协作观念较差、心理素质欠佳等问题"①，在生活方式和生活态度上开始追求低级趣味，这与人的自由全面发展的目标相悖离。现代文明修身通过规范和引导个体自身行为、培育和滋养高尚的道德情感，使人在追求身心和谐发展中提高精神生活的愉悦感、幸福感、满意度，促进人们和谐心灵秩序的不断生成。

　　现代文明修身坚持以人为本的基本原则。人作为自然感性的存在体现了个体的功利性质，在发展的过程中会出现一些超出合理范围的欲求。同时，人作为社会的德性的存在体现了"类"整体的伦理道德和精神品质，人的发展要遵循道德的约束，正如马克思所指出："动物只是按照它所属的那个种的尺度和需要来建造，而人却懂得按照任何一个种的尺度来进行生产，并懂得怎样处处都把内在的尺度运用到对象上去。"② 人的德性存在是人之为人的根本，是人建构心灵秩序的重要基础。以人为本的现代文明修身，以符合社会发展方向的伦理道德和精神品格为本位，以健康的方式使个体发展成为适应社会进步和时代要求的人。与德育提高人的思想道德这一外在途径相比，现代文明修身更强调人的道德自觉和文明行为。德育往往是通过教育者的引导解决人的自发问题，具有外在性、不确定性和非持久性。现代文明修身则从根本上克服了这一弊端，是一种自教自律的活动，内在的自觉为心灵和谐提供源源不断的强大动力，对个体而言，修身主体既是教育者，又是被教育者，现代文明修身在个体身上达到了辩证统一；对社会而言，修身主体良好的精神风貌必然影响辐射周围的人，有利于推动和谐、文明的社会秩序建构。

　　现代文明修身为人的健康发展确立了明确的目标。它促使人们对自己的生活进行理性反思和意义追问：自己究竟要成为什么样的人？

---

　　① 参见《中共中央国务院关于进一步加强和改进大学生思想政治教育的意见》，《中共中央文件，中发〔2004〕16号》，2004年8月26日。

　　② 《马克思恩格斯选集》第1卷，人民出版社1995年版，第47页。

追求何种类型的社会生活？亚里士多德曾经指出："我们需要有健康的身体、得到食物和其他的照料。但尽管幸福也需要外在的东西，我们不应当认为幸福需要很多或大量的东西……因为，幸福的生活在于德性的实现活动。"① 在亚里士多德看来，人生幸福要具备身体、财富和德性三个条件，而德性是最根本的条件。一个人如果没有理性和美德，就绝不会有真正的幸福。追求外在的善是一般的或较低级的善行，所以只能是一种有限的幸福；拥有德性才是完全的善行，才是至上的、绝对的幸福。现代文明修身是以善统真的德性尺度追求，主要是通过社会实践活动来实现人生的价值目标，达到德性主体的自觉境界，把修身理论付诸实践，通过内省和践履完成现代自发向现代自觉的转变。这既是一个艰苦、持续地提高人生境界的过程，同时又是一个自我认识、自我教育、自我充实和自我提高的过程，它在人们持之以恒、渐进发展的过程中不断提高人的自觉性，最终实现个体与社会、人类与自然、感性与理性的和谐统一，从而在生活世界中滋养心灵秩序。没有现代文明修身，很难有高质量的精神生活，更谈不上稳定持久和谐有序的社会秩序问题。

现代文明修身体现了人的发展的本质要求。人的全面发展是社会主义新社会的本质要求，重视人的心灵秩序建构有利于不断增强人的全面发展能力。同时，人的全面发展不仅仅依赖于社会物质条件的改善，许多现代性问题都源于人自身，源于人的生存态度、精神境界、价值取向等。因此，建设社会主义和谐社会不仅加强物质和制度层面的建设，建构和谐社会秩序，更应加强人的心理健康和精神层面的建设，寻求精神家园的和谐宁静。现代文明修身把社会发展的共同价值理念逐步内化为人的道德准绳和外化为人的行为标准，为社会主导价值观融入个体的精神生活提供了现实切入点。它通过实践性的思维模

---

① ［古希腊］亚里士多德：《尼各马可伦理学》，廖申白译，商务印书馆2003年版，第310页。

式，以主体精神为对象认识人的本质，探求人的内心世界，使人在社会生活实践中形成良好的心理素质、文明的行为举止、深厚的道德涵养和崇高的理想信念，人们的社会公德和个体美德水平在行为习惯的形成中不知不觉的提高，个体自觉的道德行为和健康的生活理念在无声无息中塑造着人的精神生活，心灵秩序在潜移默化中得以建构。

三、文明修身引导人协调生活以建构和谐的社会生活秩序

在西方国家社会政治生活领域，"传统社会以神意来支撑伦理秩序和政治制度对权威、资源、财富分配的裁定之合法性，由此建立起一种生活秩序；当这种由神意支撑的合法性（元叙述）丧失之后，现代社会的秩序由多元宗教、形形色色的政党、各种利益集团和限制社会成员冲突的代议制政府及其自治性法律制度来构成。但是，正如在社会（无论国家内部还是国际的）成员之间，不存在自然的利益和谐，个体的意趣与利益趋向同样是多种多样的。一旦现代社会的只需以人意（民主）支撑的伦理原则和政治制度对象征资源的分配裁定成为正当性基础，建构自由的秩序简直就是难以想象的"①。与西方国家不同的是，社会主义和谐社会所要建构的社会秩序应当是一种持久和谐的生活秩序，它必须寻求新的途径，那就是要通过人的内在自觉而不是外在强制建构，现代文明修身通过人的精神和谐和内在认同来实现社会秩序的建构，其价值性无疑更值得期待。

精神和谐是人的生命价值追求，也是促进社会和谐发展的力量源泉，在和谐社会秩序建构中起到凝聚性作用。马克思指出："批判的武器当然不能代替武器的批判，物质力量只能用物质力量来摧毁；但是理论一经掌握群众，也会变成物质力量。理论只要说服人，就能掌握群众；而理论只要彻底，就能说服人。"② 现代文明修身在建构人

---

① 参见刘小枫：《现代性社会理论绪论》，上海三联书店1998年版，第60页。
② 《马克思恩格斯选集》第1卷，人民出版社1995年版，第9页。

的和谐心灵秩序的过程中，不断提高人的精神生活质量，凝聚人心的力量逐渐得以体现，在无形之中呈现出了对社会生活秩序的建构价值，并通过个体的日常生活表现出来。现代文明修身对社会生活秩序的建构主要依赖于人们内在的动力和自教自律途径，而不是通过外在规范的灌输和强制，因此，这种秩序一旦被理解、认同和建构，就具有强大的稳定性。邓小平从政治的视角强调了稳定的重要性："中国的问题，压倒一切的是需要稳定。没有稳定的环境，什么都搞不成，已经取得的成果也会失掉。"① 就日常生活而言，稳定本身就意味着秩序，和谐稳定的社会秩序是人们健康生活和良性发展的基本社会前提。

当前，生活方式公共化的扩张对社会秩序的普遍性要求与个体价值取向的多样性趋势构成了现代人生活的内部张力，在一定程度上影响了和谐社会的建设进程。针对这一张力，现代文明修身提倡以人的自由全面发展为目标，促使人的思想道德素质、科学文化素质和健康素质协调发展。人们进行现代文明修身的过程，是科学对待人的活动的规律性与目的性之间关系的过程，它将人的价值取向置于科学认识的基础上，又自觉地以人的发展的价值取向引领科学认识，用发展的价值诉求规范个体行为，在发展中寻求秩序的建构，在秩序建构中促进人与社会的和谐发展，这样才能提高人的生活质量，创造和谐有序的生活，从而提高人们建构和谐社会的能力。具体说来，现代文明修身的这一价值主要体现在以下几个方面：

首先，调节人的精神需求的即时性和终极性之间的矛盾。随着科技的发展和现代传播手段的运用，信息传播速度越来越快捷，人的生活世界里出现了信息的大吞大吐，出现了跟着感觉走，出现了网络世界的符号化和形式化，文化发展呈现出快餐式、世俗化、感觉化、形式化的趋势，人们来不及思考便接受了这种外在的引导，精神消费的即时性明显增强，导致个体独立的判断能力趋于衰退，批判否定的能

① 《邓小平文选》第三卷，人民出版社 1993 年版，第 284 页。

力越来越弱化，从而有向马尔库塞所说的"单向度的人"发展的危险。现代文明修身促使人们通过追求内在的道德准则和践行自我约束的行为，追求植根于现实生活之上的有意义的生活，从某种意义上说，它具有终极性、必然性以及社会导向性，人们通过提高生活方式的道德性和自觉性，培养高尚的品格和持久的精神动力。它召唤和激励人们追求终极关怀和终极理想，鼓励人们科学看待现实和未来的关系，不断完善人格，升华精神境界，协调精神需求的即时性和终极性之间的矛盾，在提高人的生活质量过程中促进社会和谐秩序的形成。

其次，调节人的物质需求与精神需求之间的矛盾。人是精神需求和物质需求的统一体，随着物欲的膨胀和工具理性的强化与扩张，一些人本身逐渐失去了主体性而被对象化，物的增长优先于人的发展，情感受到了漠视，一些人成为物质的奴隶。尤其是市场竞争的功利化倾向使社会贫富差距拉大，个别人由于不能正确理解社会差距，在自发状态下走向迷信和宗教，导致了人的主体价值进一步失落，削弱了社会的凝聚力。马克思对此问题有深刻地认识，在人类学笔记中摘录了摩尔根《古代社会》中的一段话："人类的智慧在自己的创造物面前感到迷惘而不知所措了。然而，总有一天，人类的理智一定会强健到能够支配财富……单纯追求财富不是人类的最终的命运。"① 人作为社会发展的主体，精神需求和物质需求的平衡是人健康发展的前提，也是社会和谐发展的基础。现代文明修身是促进人的身心平衡、精神需求和物质需求平衡发展的重要途径，能使人处于一种健康的、富有生机和活力的状态之中。通过尊重个体的合理利益需求和精神渴望，有利于人们摆脱物质利益的纠缠，给人以充分自由的发展空间，建构和谐的精神家园。当社会的每一个个体的人都重视现代文明修身并形成积极向上的理想信念、科学的价值观和高尚的精神道德追求，

---

① 《马克思恩格斯全集》第45卷，人民出版社1985年版，第397—398页。

就能把全体人民的意志和力量凝聚起来，汇成巨大的精神合力，成为推进社会主义物质文明、精神文明和政治文明协调发展的强大精神动力。当然，现代文明修身的价值不能通过抑制经济和科技的发展来实现，而是寻求同经济和科技那种强劲、快速的发展相平衡，为此，必须不断探索实现现代文明修身价值的新途径。

最后，调节自我发展和社会发展之间的矛盾。一个处于"社会关系总和"中的个体，是其作为人的本质共性与自身个性的统一。在社会生活中，人们拥有不同的职业、地位、文化背景和兴趣爱好，在实现自我发展的过程中，对社会发展的关注程度会产生一定的差距，尤其是个人利益和社会利益发生冲突时。从社会的角度来讲，只有在利益总量的增进中，个体才有可能分享更多的利益，个体的发展必须有利于社会发展。从个体的角度讲，渴望实现自身价值的个人，要充分考虑社会和集体的利益，把个体的发展扎根于社会现实，增强社会责任感和遵守公共生活规范的自觉性，坚持实现自身价值与服务祖国人民的统一。现代文明修身强调个体的发展依赖于社会的发展，要求社会成员用创新思维来改变陈旧落后的价值观念，降低低级欲望和需求，摒弃西方的价值观念和透支的生活方式，在自我教育、自我管理、自我发展中化解和协调人们之间的矛盾冲突，探求中国特色的社会生活方式，追求生活本身的乐趣和提高生活质量。从本质上说，现代文明修身意味着生命以一种不自私的方式延续。

四、文明修身引导人走向可持续发展以建构和谐生态秩序

"人类作为体现主观与客观的结晶，不仅有实现外在价值的特点，而且有追求内在道德价值的特点。人类在道德生活中，总是显现出无限开放的内心境界和意义追求，使道德的视景呈现出神圣崇高的向度。"① 人

---

① 郑永廷：《现代思想道德教育理论与方法》，广东高等教育出版社 2000 年版，第 66 页。

的存在本质上是一种开放性的存在，因此，现代文明修身是一个可持续发展的过程。个体的现代文明修身伴随着个体生命的存在而始终存在，对人类而言，现代文明修身活动是伴随着"人化自然"的过程而得以存在的，人类的存在和发展始终需要文明修身活动。在人与自然的关系上，现代文明修身摒弃了"人类中心主义"的征服思路，体现了人与自然和谐相处的科学发展观与可持续发展战略，它通过人的实践——认识活动来推动和影响可持续发展战略。

　　现代文明修身是从小处着手来实现可持续发展的伟大梦想。可持续发展指既满足现代人的发展需求又不损害后代人满足需求的能力，当前，人们一般从经济、社会、资源和环境保护协调发展等层面理解，认为离个体的日常生活世界很远。其实，可持续发展理论既涉及人与自然环境的"生存生态"关系，也体现为人的日常生活世界的"生活生态"，甚至"生活生态"对可持续发展的影响更大一些（在本书中把人与生活的自然环境的"硬环境"所构成的生态，称为生存生态，如环境恶化、温室效应等，把人与生活的"软环境"所构成的生态环境称为生活生态。如生活节奏的加快和电视广告传播的海量信息对人的心灵、心理和精神的影响所构成的生态。生活生态有点类似樊浩教授所提的"道德生态"概念，但范围要比它稍大一些）。在日常生活世界中，一些人过度追求经济利益而忽视精神领域的投入，所造成的危害已经逐步显现，出现了心躁、迷茫和精神疾病的状况，甚至个别人已经很难进行正常的生活、学习和工作，这很大程度上是思想道德修养不够和文明修身缺乏导致的惩罚。现代文明修身知易行难，人们要结合时代特征和自己所处的生活状况，从身边具体事情做起，着力培养个体良好的道德品质和文明行为，持续营造自我教育的"生活生态"。同时，要以爱国主义精神为重点，培养人们的爱国情怀、创新能力和昂扬向上的精神状态；以理想信念为核心，使人们树立正确的世界观、人生观和价值观。通过实践活动持续营造自我教育的氛围，强化精神动力和自教自律的作用，引导和激励人们奋发向上、自觉成才，用高尚的情操和良好的行为为他人提供实现可持续发展的精神追求和行为模式，引导人们追求有意义的生活，促进社会生态秩序的和谐发展。

现代文明修身意味着我们对后代的责任。从社会生活实践来看，成年人的现代文明修身程度影响着周围的人们和环境，其言行举止对儿童有重要的示范作用，并在潜移默化中转变为他们的思维方式和生活方式，构成日常生活世界的一部分。随着我国社会转型与经济转轨中利益格局的调整和变化，人们在根本利益一致的前提下，出现了利益多样化的趋势和新的利益诉求。为了后代的健康发展，人们要把现代文明修身作为自己在社会上的立身之本，做到谦虚、礼貌、语言文明、举止文雅、行为端庄，形成与时代发展相适应的文化品位和精神风貌，不仅可以为持久和谐的社会秩序提供强大的精神动力和高素质的人力资源，而且也可以为后代的可持续发展创造良好的"生活生态"，提供良好的榜样示范效应。

现代文明修身有助于人们在不断提高生态觉悟的同时形成合理的生态秩序。我国学者樊浩指出："生态觉悟的实质不只是对人与自然关系的反省，而且更深刻的是对世界的合理秩序、对人在世界中的地位、对人行为合理性的反省。"① 换句话来说，生态觉悟本身就意味着对生态秩序重构的思考。资源的稀缺性与人类需求的无限性始终是人与自然之间的基本矛盾，引导人们正确认识和对待这一基本矛盾是现代文明修身的基本历史使命。现代文明修身是人的思想道德素质不断提升的过程，高尚的思想道德素质激发着人们形成科学的生活方式和生活态度。人们在文明修身中不断地认识、理解和实践可持续发展战略，就会形成文明的生活方式，爱护环境从自身开始，从身边小事开始，节约资源，学会与自然和谐相处就逐渐由价值理念转变为实际行动，最后形成良好的生活习惯。现代文明修身过程不断净化着人们

---

① 樊浩：《伦理精神的价值生态》，中国社会科学出版社 2001 年版，第 15 页。

的心灵，指导着他们的社会生活行为，必将使人们进一步深切地认识到环境污染、生态恶化对我们的生活、生命乃至子孙后代的深刻影响。当人们把这种生态意识、生态觉悟逐渐转化为实际行动时，其对自然生态秩序建构的价值就得以显现。

当然，现代文明修身的秩序建构价值不是为了所谓的"为天地立心，为生民立命，为往圣继绝学，为万世开太平"，主要是在发展物质文明的过程中促使人们形成精神家园的宁静、社会秩序的和谐以及生态秩序的良性发展。社会的发展不仅取决于物质水平和技术发展，而且也依赖于社会成员的精神世界和道德品格。面对现代社会丰富性和差异性之间的价值张力，我们必须牢牢把握先进文化的前进方向，弘扬时代的主旋律，从传统文化和现代文化、民族文化和世界文化之中汲取营养，深入到人的心理与精神世界，提高人的精神生活质量，建构人的心灵秩序；并通过社会团体的自觉组织和个体道德自律的方式化解社会矛盾，建构和谐的社会生活秩序和良好的生态秩序。

第二节 追寻自由：人类本性的回归与个性的张扬①

近代以来，关于自由和秩序的研究成果很多，不同的学科领域所界定的内涵各不相同。卢梭针对王权专制论者"人是生而不自由的"命题，提出了"人是生而自由的，但却无往不在枷锁之中"② 的名言，虽然他是从政治意义上阐述自由，但一语道破了自由与秩序的二

---

① 参见张国启：《现代文明修身理论的价值追寻》，《理论与改革》2006 年第 5 期，第 117—119 页。

② ［法］让-雅克·卢梭：《社会契约论》，何兆武译，红旗出版社 1997 年版，第 11 页。

难悖论问题。持同样观点的还有法国学者托克维尔①和德国社会学家马克斯·韦伯，前者虽然提出了"自由的秩序"的思想主题，但其对个体自由的强烈维护和对原子个人主义的严厉批判，已经显示出这种矛盾不可解决的性质；后者所谓的"斗篷将变成一只铁的牢笼"也显示了自由与秩序的两难。然而，"自由的秩序在社会思想中近似目的论的位置并未动摇"②。现代文明修身关于建构秩序和追寻自由的价值，是从生活世界视阈进行研究的，而且能够在人们生活实践中实现自由与秩序的动态平衡的。

一、多维视阈中自由内涵的现代审视

按照《现代汉语词典》的解释，"自由"的基本含义有：①在法律规定的范围内，随自己意志活动的权利；②哲学上把人认识了事物发展的规律性，自觉地运用到实践中去，叫做自由；③不受拘束，不受限制，如自由发表意见。③ 在西方，自由一词源出于拉丁文 liberas，本意指从被束缚中解放出来。英语中"自由"有 liberty 和 freedom 两种表达方式，liberty 指酒神狄俄尼索斯，freedom 指一户人家中除奴隶之外的成员，指区别于奴隶的自由人所具有的独立状态。"自由"一词最重要的功能是表明自己的身份和属性，古典意义上的自由并不能涵盖现代社会的自由状态。总的来看，近代以来关于自由内涵的研究主要集中在四个领域，即政治领域、经济领域、社会心理学领域和哲学领域。

在社会政治领域，自由是与权利及权力相关的词汇，它主要探究人的基本权利和政权合法性问题，如"不自由毋宁死"，"自由就是

---

① 托克维尔（1805—1859），法国历史学家、社会学家。主要代表作有《论美国的民主》第一卷（1835），《论美国的民主》第二卷（1840），《旧制度与大革命》（1856）。

② 参见刘小枫：《现代性社会理论绪论》，上海三联书店 1998 年版，第 60 页。

③ 《现代汉语词典》，商务印书馆 1995 年版，第 1531 页。

做一切不损害他人的行为的权利"。英国政治哲学家鲍桑葵（Bernard Basanguet，1848—1923）在 1899 年发表了《关于国家的哲学理论》，提出了消极自由即"免于……的自由"（be free from）和积极自由即"从事……的自由"（be free to）的概念，并指出："凡是增强个性和维护自我的表现乍一看都是与他人敌对的，而自由，即个性的条件，也就变成了消极的概念，似乎在社会统一体的每个成员周围都要保留最大的空间，以免受一切侵犯。"① 在他看来，消极自由的本质在于要求自我处于正常的状态，免除强制与奴役是消极自由的内在含义，消极自由主要表现为法律自由，而肯定人的自我和个性则是消极自由赖以存在的基础，而所谓的积极自由则是一种采取行动的自由，主要表现为政治自由。基本上持类似观点的还有另一位英国政治哲学家赛亚·伯林（Isaiah Berlin，1909—1997），根据他的统计，人们关于自由内涵的界定已达二百多种，他也是从肯定性自由（积极自由）（Positive Liberty）和否定性自由（消极自由）（Negative Liberty）的视角对自由的内涵进行了新的研究。按照赛亚·伯林的看法，自由包括参与政治生活的自由权利和免于外在（国家）束缚的个人自由。即我们所说的肯定性自由（积极自由）和否定性自由（消极自由）。"前者指当我可以掌握自己的命运时，我是自由的；后者指我的自由只不过是一系列我可以做别人无法阻止或惩罚我的事情。"②

在经济领域，自由是与市场及其资源配置相关的一个概念，主要是研究资源配置的最优化和生产利润的最大化。弗里德曼认为："经济自由本身就是一个目的，也是达到政治自由的手段。"③ 那么何谓

---

① ［英］鲍桑葵：《关于国家的哲学理论》，汪淑钧译，商务印书馆 1995 年版，第 142 页。

② 参见林尚立：《上海政治文明发展战略研究》，上海人民出版社 2004 年版，第 11 页。

③ ［美］米尔顿·弗里德曼：《资本主义与自由》，张瑞玉译，商务印书馆 1986 年版，第 9 页。

经济自由呢？英国古典政治经济学的开山鼻祖亚当·斯密（Adam Smith，1723—1790）的经典论述给出了资本主义经济自由的基本含义："每一个人，在他不违反正义的法律时，都应听其完全自由，让他采用自己的方法，追求自己的利益，以其劳动及资本，和任何其他人或其他阶级相竞争"，它是靠"看不见的手"牵引的（led by an invisible hand）。① 在这里，亚当·斯密认为经济自由包括贸易自由、交换自由、投资自由，而自由竞争是市场经济的基本特征，是促使良好社会秩序自然生成的基本因素。当然，经济自由的前提是应当有一个公正、公平的社会竞争环境，但在资本主义制度下，经济自由根本不可能真正实现。

在社会心理学领域，自由是人的本性的体现，它是与人的个性、心理相关的概念，主要研究生活质量的优化、个性的发展和生命的意义。美国社会心理学的开创者之一库利（Charles Horton Cooley，1864—1929）认为，自由是"获得正确发展的机会"②，因此，"我们不应该把自由看做是某种确定的和终结性的东西，也不应该再把它视为某种可以被把握或一经把握就能一劳永逸地解决了的问题。我们应该学会把自由看做是发展的事物，……它是一个过程而非一种状态"③。显然，仅把自由理解为一种过程是片面的，它既是过程，又是过程中呈现的状态。根据弗洛姆的说法："摆脱束缚，获得自由"和"自由地发展"④ 是两种基本的自由，前者为外在自由，后者为内在自由。在现代资本主义社会，两者之间的鸿沟越来越大，"人挣脱

---

① 参见［英］亚当·斯密：《国富论》，田翠欣、王义华译，河北科学技术出版社 2001 年版，第 87 页。

② ［美］库利：《人类本性与社会秩序》，包凡一、王源译，华夏出版社 1999 年版，第 298 页。

③ ［美］库利：《人类本性与社会秩序》，包凡一、王源译，华夏出版社 1999 年版，第 298—299 页。

④ ［美］埃里希·弗洛姆：《逃避自由》，刘林海译，国际文化出版公司 2000 年版，第 25 页。

了束缚自由的纽带，但又没有积极实现自由和个性的可能性，这种失衡在欧洲的结果便是，人们疯狂地逃避自由，建立新的纽带关系，或至少对自由漠然视之"①。弗洛姆看到了资本主义社会中自由的虚伪性所造成的人的个性丧失，人们要么刻意回避现实，要么陷入"占有"还是"生存"的悖论之中。

在哲学领域，自由是涉及实践、认识与必然等关系的一种人学本体论意义上的自由，主要探讨人的主观能动性。斯宾诺莎在欧洲哲学史上最先提出"自由是对必然的认识"这一认识论命题，他提出："凡是仅仅由自身本性的必然性而存在、其行为仅仅由它自身决定的东西叫做自由。"② 黑格尔则提出"必然性的真理就是自由"③。马克思主义经典作家关于自由的认识主要集中在哲学领域，关于人的自由全面发展理论中的自由也主要侧重于这一维度意义，他们吸取了唯心主义哲学家思想的合理"内核"，提出了关于自由的新内涵。恩格斯指出："自由就是在于根据对自然界的必然性的认识来支配我们自己和外部自然；因此它必然是历史的产物。"④ 毛泽东则进一步指出："自由是对必然的认识和对客观世界的改造。"⑤ 自由是认识、实践的目的，是人的本质属性和追求的理想，人类的历史实际上就是一个不断从必然王国迈向自由王国的历史。

马克思强调自由是人的本质特性，即"人的类特性恰恰就是自由的有意识的活动"⑥。马克思的异化论在关于共产主义本质特征的表述中阐述了自由的新内涵："共产主义是私有财产即人的自我异化

---

① ［美］埃里希·弗洛姆:《逃避自由》，刘林海译，国际文化出版公司2000年版，第25页。

② ［荷］斯宾诺莎:《伦理学》，贺麟译，商务印书馆1983年版，第4页。

③ ［德］黑格尔:《小逻辑》，贺麟译，商务印书馆1980年版，第322页。

④ 《马克思恩格斯选集》第3卷，人民出版社1995年版，第456页。

⑤ 《毛泽东著作选读》下册，人民出版社1986年版，第833页。

⑥ 《马克思恩格斯选集》第1卷，人民出版社1995年版，第46页。

的积极的扬弃，因而是通过人并且是为了人而对人的本质的真正占有；因此，它是人向自身、向社会的（即人的）人的复归，这种复归是完全的、自觉的和在以往发展的全部财富的范围内生成的。这种共产主义……是人和自然之间、人和人之间的矛盾的真正解决，是存在和本质、对象化和自我确证、自由和必然、个体和类之间的斗争的真正解决。"① 从这段论述我们可以得知，马克思的自由观，是通过人为了人而对异化的自我扬弃，自由是着眼于人本身的发展而不是为了占有物。因此，马克思从人的自我生成的视角来理解自由，指出："自由确实是人所固有的东西。"② 他描述了共产主义社会中人的"自由"场景："在共产主义社会里，任何人都没有特殊的活动范围，而是都可以在任何部门内发展，社会调节着整个生产，因而使我有可能随自己的兴趣今天干这事，明天干那事，上午打猎，下午捕鱼，傍晚从事畜牧，晚饭后从事批判，这样就不会使我老是一个猎人、渔夫、牧人或批判者。"③ 他认为要实现真正全面的自由，必须摆脱旧式分工的束缚。马克思阐述了自由的目的论意义，"每个人的自由发展是一切人的自由发展的条件"④。从总体上看，马克思主要是从生存本体论视角谈论自由的，强调人的自由是社会关系中的自由，追求自由是为了培养"自由的个人"，即"有个性的个人"、"真正的个人"。

现代文明修身价值视角的自由含义，主要是侧重生存本体论意义上的自由。正如卢梭所述："这种人所共有的自由，乃是人性的产物。人性的首要法则，是要维护自身的生存，人性的首要关怀，是对于其自身所应有的关怀；而且，一个人一旦达到有理智的年龄，可以自行判断维护自己生存的适当方法时，他就从这时候起成

---

① 马克思：《1844 年经济学哲学手稿》，人民出版社 2000 年版，第 81 页。
② 《马克思恩格斯全集》第 1 卷，人民出版社 1956 年版，第 63 页。
③ 《马克思恩格斯选集》第 1 卷，人民出版社 1995 年版，第 85 页。
④ 《马克思恩格斯选集》第 1 卷，人民出版社 1995 年版，第 294 页

为自己的主人。"① 自由是人的自由，是关系中的自由，是过程中的自由，自由是具体的自由，不是抽象的、超阶级的自由。因此，研究自由的内涵要以人的独立性为前提，自主性是自由的一个基本规定。同时对客观必然性的正确把握是人能够获得自由、实现自由的认识论前提，而现实的自由是人们通过创造性的活动对外在障碍的克服来实现的。当然，现代文明修身所追求的自由，绝不仅仅是消极的自由，正如韦政通在批判中国传统文化中的自由观念时所指出：由于受遁世思想的影响，"竟使中国士人把消极的自由，当做一种精神发展向上的最高状态和人格实现的终极目标。我们真的以为消极的良心的自由得以表现就是人生理想实现的时候，'外在自由'是永远不会出现的。必须把'内在自由'视为自由的起点，'外在自由'才是自由的终点"②。因此，可以将现代文明修身所追求的自由界定为：自由是以人的独立性为前提，以人的自主性选择为基础，通过现代文明修身活动对自我的认识和改造而实现自我解放与自我发展的过程及其在这一过程中呈现出的状态。这个概念的界定基本上仍然是一种哲学认识论意义上的界定，但它反映的是一种生存论或实践论意义的认识论，强调自由是实践中的"自由"。

追寻自由是现代文明修身的最高价值，真善美只不过是自由在生活世界的逐步展开。正如有的学者所指出："追求真，就是要认识世界，在这个意义上，自由就是对必然性的认识。追求善，就是要在认识的基础上改造世界，是指符合于自己的目的，在这个意义上，自由就是对世界的合乎目的的改造和支配。追求美，就是要在认识和改造世界的过程中，更好地发挥自己的主体性，以最无愧于和最适合于人

_____

① ［法］让-雅克·卢梭：《社会契约论》，何兆武译，红旗出版社1997年版，第13页。
② 韦政通：《儒家与现代中国》，上海人民出版社1990年版，第87页。

类本性的方式作用于客体，在这个意义上，自由就是人的潜能的充分发挥，就是人与世界的高度契合与统一。"① 简单地说，真就是人们全面占有自己的本质，善就是人的发展符合人性要求，美就是自我的完满实现，三者最终统一于人的"自由个性"形成过程中。现代文明修身既要促使人们冲破对个体发展的各种束缚获得自由，成为一个独立的"个体"，还要涵养与开发个体的潜能，使个体有能力积极自觉地追求适合个体发展的价值目标和生活方式。追寻自由并非为外在目的的完全内在化，而是源于自我发展的个性化需求。在追寻自由的过程中，生命的中心和目的是人而非外在的社会制度及其秩序，个性的成长与实现是最终目的。

二、文明修身引导人在追寻自由中探求生活意义

人类的全部生活活动的指向与价值，在于使世界满足人类自身的需要和追求人与自然的和谐发展，把世界变成对人来说是真善美相统一的世界，即实现人的自我发展的有"意义"的世界。② 现代文明修身作为引导人们追寻自由的独特机制，不在于直接创造一个新的生活世界，而在于反思人类的现实生活活动和提升人的精神生活质量，使人类形成社会生活最优化的自我意识和行为，实现个体对自身意义的追寻，并把生活世界"意义"的社会意识逐步内化为个体自觉意识。在消极自由的意义上，它是一种意义危机处理机制，不以知识的形式为现代人提供生活的意义，而是批判地反思个体生活活动及其生活世界意义危机的思想和行为。从积极自由的意义上看，现代文明修身反映了人们的理论修养和实践行为的统一，是现代人自觉追求生活意义的精神状态和践履行为。

---

① 袁贵仁：《价值学引论》，北京师范大学出版社 1991 年版，第 142 页。
② 参见孙正聿：《寻找"意义"：哲学的生活价值》，《中国社会科学》1996 年第 3 期，第 121 页。

　　社会转型和价值观念的转化，引起人们生活"意义范式"的转变，造成时代性的意义危机。这种意义危机既会激发个体自我意识的新的感受和领悟、新的期待和追求，也会引发个体自我完善、自我发展、自我实现的新的困惑与迷茫、新的矛盾与冲突。"无论是'我到底要什么'的价值取向和价值认同，还是'我们到底要什么'的价值导向和价值规范，都需要现代生活世界的'普照光'——'意义'的现代社会自我意识。"① 现代文明修身作为人类社会自我发展的自觉思想和行为，对现代人生活的巨大价值首先在于，对时代性的意义危机作出全面的反映、批判性的反思、规范性的矫正和理想性的引导，它是以个体自我意识的使命感去探求生活世界的意义。

　　现代文明修身的过程，是意义危机的消除和人们内化时代精神并逐步外化为行为的过程。在物本主义、器本主义和神本主义的多重价值理念和多元文化的冲击下，人们对时代精神的把握出现了认识性困难和选择性风险，人们甚至还没有静思生活的意义这类形而上的主题，就接受了信息传播的即时性、功利性、多元性价值，因此，后现代主义代表人物之一利奥塔在《后现代道德》一书中针对社会生活的快速变化对道德生活的影响时指出："所有道德之道德，都将是'审美'的快感。"② 一些人流连于丰裕的物质世界，却成了精神家园中"迷途的羔羊"，理想的失落和行为的失范使他们根本无心去追问"今夕是何年"，更不知时代精神为何物。孙正聿教授指出："所谓'时代'，就是人类的全部生活活动及其所创造的生活世界具有相对的质的区别的社会发展阶段。所谓'时代精神'，就是标志社会不同发展阶段的、具有特定历史内涵的生活世

---

① 孙正聿：《寻找"意义"：哲学的生活价值》，《中国社会科学》1996 年第 3期，第 125 页。

② 参见［法］让-弗朗索瓦·利奥塔：《后现代道德》引言，莫伟民译，学林出版社 2000 年版。

界的'意义'。"① 个体进行现代文明修身的过程，就是把握时代精神并把它内化为自己的思想、外化为自觉行为的过程，也是社会性价值自觉个体化的过程。现代文明修身的结果应当是自发观念的消解和意义危机的消除，人们在新的存在方式确立中不断实现生活世界意义的最大化，最终实现对个体生命价值的超越与提升。

现代文明修身引导人们追寻生活意义的过程也是对感性生命的关怀过程。马克思指出："全部人类历史的第一个前提无疑是有生命的个人的存在。"② 生命的价值不仅在于它是人类得以进化和延续的载体，还在于生命的不可替代性。人的生命存在是生活意义追寻的载体，没有生命，自然就没有生活意义可言。现代文明修身不讲生命关怀意识，对生活意义的提升意愿自然会落空。面对感性生命被"功利"价值所包围的现实世界，"生命关怀意识"似乎成了生活世界的盲点，人类为此付出了巨大的代价。生活的巨大压力和生命关怀意识的缺失，诱发了漠视生命观念乃至戕害生命事件的不断出现，为什么一些人会如此漠视生命？为什么我们的思想道德教育却没有唤醒人们的生命关怀意识？可能一个基本的原因是理论与实践的脱节。现代文明修身活动要在理性的反思中给人们带来希望，对意义的追寻不是要满足于宏大叙事式的理性阐释，而是要关注生活实践，至少要使人们意识到对感性生命的关怀对生活是多么重要，并切实在社会生活中实践自己的理论认知。传统道德教育中生命关怀意识的淡漠、对个性发展的忽视以及过分强调人的社会性的道德引导模式，使外在秩序的规训约束与社会责任要求取代了人们追求自由的本性要求，生活中"自由"似乎成了稀有资源，一些人将自己封闭在狭小的自我生活世界中，他们对生命关怀缺乏最起码的常识性了解和思考，不懂得珍爱

---

① 孙正聿：《寻找"意义"：哲学的生活价值》，《中国社会科学》1996 年第 3 期，第 123 页。

② 《马克思恩格斯选集》第 1 卷，人民出版社 1995 年版，第 67 页。

生命。现代文明修身提倡的感性生命关怀意识，根本使命在于唤醒人的生命意识。追寻自由，最基本的是人们要健康地生活，这里的健康是指身体、心理与社会适应能力的完好状态，而不仅仅是没有疾病和虚弱。缺乏对生命意义的正确认识和价值追寻，这是现代人生活遭遇中的最大尴尬。

三、文明修身有助于转变人的思维方式

思维方式的转变是人们获取精神自由与和谐发展的关键。现代文明修身过程，本身体现了现代人的思维方式转变。思维方式作为一个基本范畴具有多义性，学术界通常把思维方式分为哲学思维方式、科学思维方式和日常思维方式三个层次来研究。前面论述中的整体思维、单面思维与和谐思维，主要是从日常思维方式层次而言的，本节所谈的思维方式是从哲学思维方式层次而言，是指"在人类社会发展的一定阶段上，思维主体按照自身的特定需要与目的，运用思维工具去接受、反应、理解、加工客体信息的思维活动的样式和模式，本质上是反映思维主体、思维对象、思维工具三者关系的一种稳定的、定型化的思维结构"[1]。思维方式是人的实践活动的反映，它对任何主体的思维活动都具有先在性意义，从哲学思维层次看，古代中国人在传统修身活动中本质主义思维方式占重要地位。而本质主义思维方式是"近代思维方式的统称，它是一种先在地设定对象的本质，然后用此种本质来解释对象存在和发展的思维模式"[2]。这种思维方式强调事物背后的"本质"，然后推演出事物的现在和未来，在这种思维方式指导下人们容易忽视现实生活、形成保守的生活方式，对修身理论和知识的追求取代对人生存的现实关怀，自由仅仅是一种"渴望"，这种思维方式必然被现代文明修身抛弃。

---

① 高晨阳：《中国传统思维方式研究》，山东大学出版社 1994 年版，第 3 页。
② 高清海：《传统哲学到现代哲学》，吉林人民出版社 1997 年版，第 196 页。

　　现代文明修身实现了人的思维方式由本质主义思维向生成性思维转变。生成性思维方式注重主体、过程、功能、个性、具体，而本质主义思维方式关注的是客体、本质、实体、共性、抽象。在本质主义思维方式指导下的传统修身理论及相关实践，把国家、族群凌驾于个人之上，以抽象的理性原则要求个人主体服从于群体主体，把人当做"活的工具"、"会说话的工具"，引导人们认同不合理的社会现实。这样的修身活动，对个体的现实生活的关注往往是虚化的，依据崇高、永恒的正义尺度，或从某种普遍的道德理想原则出发，去培养所谓的"君子"和"圣人"，人们所获得是"被统治、被束缚的自由"，是以个体生活的依附性和非自主性为前提的自由。现代文明修身以生成性思维为指导，以人们的现实生活为基本出发点，分析、思考和解决问题时，既关注人的共性，也注重培养人的个性，在扬弃传统修身观的基础上，吸收现代社会自教自律与道德修养的科学成果，克服传统修身观自身无法解决的内在矛盾，比传统修身理论更贴近实际、贴近生活、贴近自我。马克思指出："共产主义对我们来说不是应当确立的状况，不是现实应当与之相适应的理想。我们所称之为共产主义的是那种消灭现存状况的现实运动。这个运动的前提是由现有的前提产生的。"① 现代文明修身不是超越此岸的空想理论，更不是精神生活和物质生活分裂的产物，而是改造自我、完善自我的现实活动。明哲保身的价值观念在这里要被彻底消除，人们所追求的自由是主体性的张扬和意义世界的建立。

　　思维方式转变，必然会引起人的价值观变革问题。现代文明修身活动如何引导人们确立与现代生活方式相适合的价值取向，是保证其能否为人的自由发展服务的关键。现代文明修身过程中对自由的追求，要求必须把人作为基本出发点和归宿，人是认识的目的和手段，是认识世界和改造世界的主体，人们不能再把自己的理想寄托于虚无

---

① 《马克思恩格斯选集》第 1 卷，人民出版社 1995 年版，第 87 页。

缥缈的天国和"万能的上帝"，也不能在信仰"金钱万能"和"资本神圣"中艰难度日，而是把个体的自由全面发展立足于社会现实，立足于社会实践，立足于自身素质的提高。尊重人、关心人、理解人是现代文明修身的基本内涵，解放人、发展人、塑造人是它的直接目的，最终目标是每个人的自由全面发展。尊重人的社会价值和个性价值，关心人的合理需求和精神生活，理解人的独立人格需求和能力差别，建立良好互动的人际关系，解放人的思想观念，发展人的创造个性和权利，把人们塑造成具有自由个性的主体。

显然，思维方式的转变有利于人们在消解抽象原则的过程中追求自由。针对传统修身理论及相关实践压抑和制约人的主体性、服从阶级统治的需要、从抽象的原则和固定模式出发试图强加于人的生活的种种弊端，现代文明修身活动则体现了解放人、发展人、塑造人的特点，关注人的现实生活、关注人的自由个性和理想人格培养，不断促使人提高自身素质和促进人的自由全面发展，尊重人的实际创造精神和实践能力，而不是传播抽象的价值观。它扬弃不符合现代社会发展和人的发展的理论体系，以人的主体性为哲学基础，以"现实的、具体的人"的生活实际为基本出发点，确立了新的价值观和思维方式。这里的生活实际"当然不是生活的表层实际，而是我们要追求的内在的和深层的实际，这是一种无形的存在，它需要用感官，更需要用思想才能够把握；而据守经验的人常常要受经验的限制，据守书本的人往往又会为书本所束缚，更不要说还有先入为主的许多观念和情感因素会在这里起作用"①。现代文明修身的过程绝不是引导人们去追求单纯抽象的高尚，而是注重人的生活实际，在社会生活实践中促进人的自由全面发展，忽视生活实践则会重走传统修身的老路。

----

① 高清海：《找回失去的"哲学自我"：哲学创新的生命本性》，北京师范大学出版社 2004 年版，第 42 页。

四、文明修身有助于涵养与开发人的主体性

追寻自由的过程，既是为现代文明修身活动寻找"根据"的过程，也是在日常生活中涵养和开发人的主体性的过程。人是自由的有意识的存在物，是自身活动的主体，人的行为都内含着目的性，人们在现代文明修身活动中追寻自由，一个重要动力就是要不断增强人的生活幸福感，使人们心情舒畅地去生活。主体的思维方式、审美方式和生活方式的形塑与改造，使个体的思想道德素质、健康素质和科学文化素质的培养表现出蓬勃向上的活力，并在日常生活中不断转化为个体对高尚价值追求的自觉性，成为涵养和开发人的内在潜能的不竭动力。幸福感的不断增强、奋斗目标的实现、人际关系的和谐与愉悦性人格所带来的幸福感，不断促使人们追求新的更高层次的自由。现代文明修身是在社会发展中涵养和开发人的内在潜能的过程，鼓励人们创新，培养人的创造性。这样的修身不是必然性的规定，而是应然性的选择与追求，不是压抑人的主体性，而是个性的自我张扬，更多地包含了人的价值追求，它是主动、自主、自愿的活动，包含了可能性目标，从本质上来说，现代文明修身是一种涵养和开发自身潜能的主体性活动。

现代文明修身在激发人们爱的潜能中涵养和开发人的主体性。传统修身理论及相关实践对个体主体性主要是一种约束和压抑，这主要是出于封建统治者对维护阶级统治秩序的需要，现代文明修身解除了人们的思想禁锢，促使人们用心灵和道德解读当下的社会生活，在情感的滋润和道德的引导下去开发人的潜能，人们在现代文明修身活动中有积极的努力方向，有表现并被社会认可的机会，有清晰而必要的事情去做，内心中的压抑感自然而然就会减少，自我张扬的积极性就会越来越高，道德行为所带来的新的社会评价就会对其生活态度与生活方式带来积极的影响，鼓励社会成员继续努力发挥自己的潜能，个体潜能的开发程度既是衡量社会道德环境的重要标志，也是人的主体性涵养与开发的重要内容。当然，涵养和开发人的主体性，现代文明

修身必须引导人们正确对待现实关切,因为"'思想'一旦离开'利益',就一定会使自己出丑"①。合理追求正当的物质利益是现代文明修身的内含之意,现代文明修身对人的主体性的涵养与开发,是建立在现实的物质基础之上。

涵养和开发人的主体性的过程,是一个"按照美的规律来构造"精神生活的过程。"人们所具有的根源于实践的'创造'能力,首先就要体现在精神的创造作用上:人类开创的属于人的新世界,也首先表现为思想为自己开拓的可能性空间之中。"② 人是自在性和自为性的双重存在,现代文明修身追寻的自由价值也相应地体现出两重性:能够帮助人营造自由和谐的潜能开发氛围,也可能使部分人失去进取心而影响创造性发挥。因此,现代文明修身在开创主体精神生活浪漫与富足的自由同时,培养人们对新事物、新问题的兴趣,不断提高人的生活质量和生命的价值,僵化和神圣化了精神生活是现代文明修身的大敌。僵化停滞是没有出路的,人们正在逐步克服陈腐观念,人的主体性已经苏醒和正在发挥,一系列适合主体性发挥的相关机制正在形成,但人的活动也明显地呈现出功利化特点,"我欲故我在"的利己主义思想正在对人的发展发起挑战,并且顽强地表现自己,人们的生活世界无形之中出现了新的断裂和失衡,物欲和精神从两个极端向现代人的生活世界角力,人们的生活世界不时地"向左转,向右转"。因此,涵养和开发人的主体性,绝不是盲目拓展和增强人的"征服欲"和"占有欲",而是道德引领下的人的本质力量的增强,现代文明修身活动视野中主体性的涵养与开发,体现在开创美好生活中最大限度地开发人的主体性。

现代文明修身对人的主体性的涵养与开发,就是要打破由"征

① 《马克思恩格斯全集》第2卷,人民出版社1957年版,第103页。
② 高清海:《找回失去的"哲学自我":哲学创新的生命本性》,北京师范大学出版社2004年版,第44页。

服欲"和"依赖感"所产生的支配和规范人的观念和行为，努力形成人的自由全面发展的状态和境界。现代文明修身中的追寻自由，表面上是一种个体行为，但是它深深地打上了社会的烙印，不可避免对人的思维方式和生活方式产生规范性。个体的发展，总是离不开特定社会关系中的人生价值、公平正义和道德理想等内容，而现代文明修身的过程，总是对具有社会性质的真理标准、价值尺度、审美原则和时代精神等规范人们的理论化、系统化的观念的肯定与否定、认同或拒斥，其结果总是通过社会化的形式自觉显示出来。现代文明修身的独特价值就在于它是个体对生命意义的自觉寻求和理论表征，其过程体现为人的本质力量现实化的过程，也是个体把握世界的基本方式和人与世界的各种对象性关系双重现实化的过程。

五、文明修身有助于促进人的自我解放

追求自由，实质上是解放人、发展人和塑造人。马克思说过："任何一种解放都是把人的世界和人的关系还给人自己。"[1] 许多精神枷锁是人类在发展的历史进程中自己设置的，归根到底还需要人们自己主动去解放，从自我束缚中解放出来，以便每个人都能发挥自己的聪明才智和创造才能，这是消极自由的范畴，也是现代文明修身引导人们追寻自由的基本目标。从根本上说，现代文明修身就是提倡人的自我解放，自己解放自己、发展自己和塑造自己。自由的生活首先是属于自我的，不能依靠上帝恩赐的彼岸天国，也不能靠外在的压力和环境条件，它需要人的内化，即人对外在世界的自我净化和升华，别人不能代替也无法代替建设。实现人的自由全面发展，就要最大限度地解放人，培养和挖掘个体的自主精神和创造精神。个体的潜能在多大程度上得到开发，这是衡量现代文明修身价值的重要标准。从理论上说，现代文明修身的过程本身就是人的思想观念解放的过程，目标

---

① 《马克思恩格斯全集》第 1 卷，人民出版社 1956 年版，第 443 页。

是发展人的自由个性。

思想的解放是自我解放的前提，是自由最基本的内涵。良好的精神状态是发挥人的创造性的基本前提，思想的依赖不利于人的自我解放，现代文明修身引起人们观念的变革，它直接回答了"怎样生活才能快乐"的问题，建立了一套有利于开发人的潜力和发挥主体性的机制，在社会生活实践中不断优化人的日常生活行为、陶冶人的情操、促进精神家园的建构与和谐发展。解放人，就要求人们独立自主地处理自己的日常生活和健康成长，推动人们形成自由平等的人格，这是现代文明修身不可替代的价值所在。几千年来，传统观念严重压抑和制约了人的主体性的充分发挥，使人们形成安于现状的保守思想，造成国人精神家园的萎缩与退化。人们生活在一个封闭狭隘的生活世界，几乎丧失了创造性的想象力，为此，梁启超呼吁人们成为"自除心中之奴隶"的"新民"，陈独秀主张国民应该是"自由进步而非奴隶保守"的"新青年"，无不是对思想观念束缚人的鞭挞。从这个意义上说，现代文明修身理论的提出，既是对中国传统观念的扬弃，又着眼于民族文化特性与人的自由全面发展，避免了人的精神家园的断裂与失衡。

现代文明修身强调的是"现实的、具体的人"的自我解放。马克思在《德意志意识形态》中批判费尔巴哈离开现实世界中的现实手段抽象谈论"人"的"解放"时指出："只有在现实的世界中并使用现实的手段才能实现真正的解放；没有蒸汽机和珍妮走锭精纺机就不能消灭奴隶制；没有改良的农业就不能消灭农奴制；当人们还不能使自己的吃喝住穿在质和量方面得到充分保证的时候，人们就根本不能获得解放。'解放'是一种历史活动，不是思想活动，'解放'是由历史的关系，是由工业状况、商业状况、农业状况、交往状况促成的。"[1] 因此，人的自我解放必须建立在关注现实的社会关系基础上

---

① 《马克思恩格斯选集》第 1 卷，人民出版社 1995 年版，第 74—75 页。

才能实现的。而传统修身观从"抽象的人、虚幻共同体中的人"出发，从非人关系理解人，从非现实关系理解现实生活，追求终极存在、永恒正义、绝对高尚，缺乏对人的现实关怀，使人所披的"命运的斗篷"变成了"铁的牢笼"。要解放人就要破除抽象原则，立足于"现实的具体的个人"，从批判传统修身观中发现并确立现代文明修身观，把关注的焦点转向现实生活世界与个体的解放。

从某种意义上说，人的自我解放也意味着生产力的解放。马克思指出："人们的社会历史始终只是他们的个体发展的历史"①，人的自我解放与创造潜能的开发，有利于提高人的生产、生活能力，人类能够得到更好的发展，而"我们越往前追溯历史，个人，也就是进行生产的个人，就越表现为不独立，从属于一个较大的整体：最初还是十分自然地在家庭和扩大为氏族的家庭中；后来是在由氏族间的冲突和融合而产生的各种形式的公社中。"② 现代文明修身通过个人的"社会化"或"类化"，使个体的文明修身与人类的发展统一起来。这既打破了人身依附观念与狭隘的族群地域界限，也使人们真正融入"世界历史"的发展进程。在遵循个体成长规律和社会发展根本规律的前提下，现代文明修身强化修身活动对人的生活世界的价值，使个人的独立活动真正成为一种自由自觉的活动，从而消除自发性活动的弊端，并在不断解放和发展生产力的过程中促进人的发展。

现代文明修身对人的自我解放，无形之中在培养人的自由个性。人的个性是在个体社会化的过程中逐步形成的，而不是与生俱来的。马克思在分析资本主义社会下的个人自由时指出："在这个直接处于人类社会实行自觉改造以前的历史时期，实际上只是用最大限度地浪费个人发展的办法，来保证和实现人类本身的发展。"③ 他认为，资

---

① 《马克思恩格斯选集》第 4 卷，人民出版社 1995 年版，第 532 页。
② 《马克思恩格斯选集》第 2 卷，人民出版社 1995 年版，第 2 页。
③ 《马克思恩格斯全集》第 25 卷，人民出版社 1974 年版，第 105 页。

本主义制度下人的自由，既以牺牲个体自身丰富的个性为代价，也以牺牲大多数人的自由全面发展为前提。社会主义和谐社会建设为人的自我解放、为培养自主自由的、有个性的个体提供了条件，即把前人所创造的物质财富、精神财富和社会总体的实践能力逐步变成进一步发展自己自由个性的基础。无疑，在社会主义社会中"只有内化的、成为习惯的、成为性格中必不可少的组成部分的各种道德规则与人的自由才是一致的，因为人在自由行动时所依照的标准是已经被内化了的外在道德规则，这些道德规则自然而然地也真正成为了现代人可以依赖的'拐杖'"[1]。有了这些内化的道德规则作为"拐杖"，人们才可能一步步迈向自我解放的阶梯。自我解放意味着人面向自由、自觉的生存状态，即把人从异化和压迫的状态、情景中拯救出来，还原人的本真面目并为最终实现人的"自由个性"服务。

---

[1]　王秀敏：《赫勒关于理性化进程中道德规则重建的思考》，《求是学刊》2010年第1期，第22页。

第 六 章

现代文明修身的实践机制

唯物史观认为，个人始终是他们生活于其中的生产方式和生活方式的产物。面对充满竞争和诱惑的现代社会生活场域，现代人的文明修身之路任重而道远。如何通过现代文明修身活动提升人们的思想道德素质和促进理性高尚、能动创造的生活态度与生活方式在生活世界的生成，这不是一个理论问题，而是一个实践问题。现代文明修身的实践机制就是要探讨促使人们健康和谐生活的现实途径，有效地开发、引导、发挥好人的思想道德素质，自觉地用先进的思想文化来完善自我，把人的自觉行为与社会规范对秩序的要求结合起来，促进社会各主体之间建立一种良好的社会合作关系，创造一种合乎人性发展的社会环境，在提高人的思想道德素质中促进人的自由全面发展，在维护、发展和延续特定文明形态中形成和谐的社会秩序，最终促使人们在秩序理性培育的过程中逐步实现自由个性。

第一节 现代文明修身实践机制的含义及建构原则

党的十七大报告明确指出："在时代的高起点上推动文化内容形

式、体制机制、传播手段创新，解放和发展文化生产力，是繁荣文化的必由之路。"修身是中国传统文化的重要内容，对古代中国人秩序理性培养的基本机制主要是通过抽象的"内求诸己"、"反身而诚"的方式，现代文明修身活动要在关注"内求"理路的同时，更加关注人的社会实践，因为实践是"人生存和发展的基本方式，是人与自然和社会关系的中介物。只有以实践为基础并从实践出发，才能对主客体关系从而对世界和人生作出合理的阐释"①。现代文明修身本身是一种具有很强实践性的活动，在充分扬弃传统修身理论实践机制的基础上，新的实践机制建构要突出人的社会特性和发展可能性，应当体现现实性与前瞻性的有机统一。

一、现代文明修身实践机制的含义及基本特征

研究现代文明修身的实践机制，首先必须研究什么是机制。有的学者认为，机制，"原指有机体各部分的构造、功能、特性及其相互联系、相互作用等。人们把'机制'引入社会生活，主要是指社会机体中某些部门、领域通过建立富有生机活力的制度、体制、程序、规则、督导等，使该系统健康、有序地发展"②。有的学者认为，从一定意义上说，机制就是"选择与实现目标相关联的途径、方式、方法的总称"③。一般来说，"机制，主要是指事物的结构和活动原理。'机制'一词，最早源于希腊文中的 Mēchanē，本意是指机器的构造机器运转过程中各零部件由于某种机理而形成的因果联系和运转方式。后来，生物学和医学借此类比，用生物机制、病理机制等概念，表示有机体内部生理或病理变化中各器官之间的关联、作用和调节方式。机制有多重含义，它泛指一个复杂的工作系统和某些自然现

---

① 陈新夏：《人的尺度：主体尺度研究》，湖南出版社 1995 年版，第 22 页。
② 张耀灿等：《思想政治教育学前沿》，人民出版社 2006 年版，第 257 页。
③ 邱伟光、张耀灿：《思想政治教育学原理》，高等教育出版社 1999 年版，第 242 页。

象的运转原理和活动规律等"①。由此可见，"机制"一词的概念发展经历了从自然科学领域向人文社会科学领域扩展的过程。我国人文社会科学领域使用"机制"一词开展研究学科领域内的基本问题是在改革开放之后，现在不少学科都在开展本学科领域内的相关机制问题研究，用以说明研究对象由其内外有机关联性形成的因果联系、运行方式和运作原理。

现代文明修身的实践机制主要是研究现代人在进行文明修身的过程中，各种内外影响因素之间相互联系、相互作用的关系及其调节形式。在这一过程中，文明修身实践作为一个系统，基于一定的实践原则、实践内容、实践方式和实践目标之间的有机关联性而形成的因果联系和运行方式。本书关于现代文明修身实践机制的研究，主要侧重于实践机制的建构原则、实践路径（即实践过程中修身主体的心理变化与行为方式的选择）、环境条件的研究，换句话来说，现代文明修身的实践机制，主要是研究作为一个实践系统的文明修身活动的基本结构及其活动方式和运行原理。具体说来，它主要有以下基本特征：

1. 规律性

从表面现象来看，现代人的文明修身活动带有较强的主观性，有些人甚至认为它是个体出于控制行为和调适心理而采取的非正常行为，带有明显的偶然性和随意性。实际上，真正意义上的文明修身具有明显的规律性，不是个体的主观意愿的产物，它是由该实践活动产生的社会环境与客观条件所决定的。正如恩格斯所指出："推动人去从事活动的一切，都要通过人的头脑，甚至吃喝也是由于通过头脑感觉到饥渴而开始，并且同样由于通过头脑感觉到饱足而停止。外部世界对人的影响表现在人的头脑中，反映在人的头脑中，成为感觉、思

---

① 吴东莞、沈国权等：《思想政治工作机制论》，军事科学出版社 2008 年版，第 2 页。

想、动机、意志，总之，成为'理想的意图'，并且以这种形态变成'理想的力量'。"① 在这里，恩格斯分析了实践行为产生的科学依据，即高尚化、文雅化、幸福化的"理性的意图"，最终在实践中逐步转化为"理想的力量"。文明修身作为促使人的行为方式道德化、高尚化的一种精神性实践活动，其实践机制的建构显然具有规律性。

2. 动态性

现代人的文明修身实践是不断发展变化的，因此，现代文明修身的实践机制也经常处在发展变化之中。社会主义和谐社会构建的伟大历史进程，需要最广大人民群众的积极参与，波澜壮阔的改革开放历程，为广大人民群众开阔视野提升自身素质提供了广阔的发展舞台，人们的发展空间从来没有也不可能有像现在这样辽阔，在这样的历史境遇中，个体对自我素质提升的期望值在不断增加，这既给社会的繁荣与进步注入了勃勃生机，同时也不断改造着个体的"理想的意图"，使个体的存在方式因"理想的力量"的推动而处在动态的发展进步之中。正如列宁所说："历史活动的规模愈大、范围愈广，参加这种活动的人数就愈多，反过来说，我们所要进行的改造愈深刻，就愈要使人们关心这种改造并采取自觉的态度，就愈要使成百万成千万的人都确信这种改造的必要性。"② 在列宁看来，人类思想觉悟的提高与人类历史活动的规模和深刻性成正比。现代人在改革开放的宏观历史背景下和构建社会主义和谐社会的伟大社会实践中开展文明修身活动，既符合时代的本质与潮流，也意味着新的、科学的思想文化资源和价值理念会源源不断充实到文明修身活动之中。因此，现代文明修身的实践机制显然具有动态性，它必然要随着社会历史的发展和人类自身活动方式的发展变化而发展变化。

① 《马克思恩格斯选集》第4卷，人民出版社1995年版，第232页。
② 《列宁选集》第4卷，人民出版社1995年版，第348页。

3. 创新性

现代文明修身话语体系的提出与实践机制的建构，本身就是对中国传统修身理论尤其是儒家传统修身理论进行系统创新的结果。作为实践机制的现代文明修身，其价值在对文明修身主体的自我教育、自我发展、自我规范和自我完善中得以体现，这一过程无论是对个体主体还是社会进步而言，都体现着创新的内涵，它对个体思想道德素质的提升以及对良好社会氛围的营造无不凸显着创新的魅力和意义。江泽民指出："创新就要不断解放思想、实事求是、与时俱进。实践没有止境，创新也没有止境。我们要突破前人，后人也必然会突破我们。这是社会前进的必然规律。我们一定要适应实践的发展，以实践来检验一切，自觉地把思想认识从那些不合时宜的观念、做法和体制的束缚中解放出来，从对马克思主义的错误的和教条式的理解中解放出来，从主观主义和形而上学的桎梏中解放出来。要坚持马克思主义基本原理，又要谱写新的理论篇章，要发扬革命传统，又要创造新鲜经验。善于在解放思想中统一思想，用发展着的马克思主义指导新的实践。"① 江泽民关于创新真谛的论述，为现代文明修身实践机制的创新指明了努力方向和路径启示，在引导文明修身主体由对社会环境的"不适应→适应→超越"的过程中，实现文明修身实践机制的创新和文明修身主体思想道德素质的提升。

二、现代文明修身实践机制的建构原则

现代文明修身实践机制的建构必须遵循一定的原则，只有在一定原则规范的指导下，才能保证现代文明修身活动真正"文明"地进行并取得"文明"的效果。人们在社会生活实践中进行现代文明修身的过程，本质上是在一定的价值理念和生活目标引导下从事社会生活的过程。人们能否最终呈现出现代文明修身的基本状况和精神境

---

① 《江泽民文选》第三卷，人民出版社 2006 年版，第 538 页。

界，不仅取决于自身所确立的目标的科学性和现实性，在某种程度上更依赖于现代文明修身过程中对基本原则的遵循状况。现代文明修身实践机制建构的基本原则是对现代文明修身活动基本规律的反映，这些原则是人们在社会实践活动中逐步确立的，它也是培育人的秩序理性与实现自由个性的基本要求。当然，"原则不是研究的出发点，而是它的最终结果；这些原则不是被应用于自然界和人类历史，而是从它们中抽象出来的；不是自然界和人类去适应原则，而是原则只有在符合自然界和历史的情况下才是正确的"①。因此，现代文明修身实践机制的建构原则，只不过是对人们现代文明修身的基本规律的正确反映而已。我们认为，现代文明修身实践机制的建构，一般要遵循以下原则。

1. 主体性原则

人类社会生活的过程应当是主体性不断增强的过程。主体性的本质含义是人的自觉能动性，而人的自觉能动性是随着人类社会实践的不断发展和社会关系的不断丰富而不断得到增强的，就这一点而言，西方后现代主义所宣传的"主体性的黄昏"是不符合逻辑的，人类进步和发展的过程本身就是人的本质力量的体现，是主体性不断高扬的结果。马克思在批判机械唯物主义时指出："从前的一切唯物主义（包括费尔巴哈的唯物主义）的主要缺点是：对对象、现实、感性，只是从客体的或者直观的形式去理解，而不是把它当做感性的人的活动，当做实践去理解，不是从主体方面去理解。"② 后现代主义者多是从客体的视角看到了所谓"主体性强化"带来的严重后果，但从主体性本质含义来说，这不是真正意义的主体性，最多可称之为主体性的"表象"而已，因为主体性本身是自觉能动的、代表人类发展趋向的，它应该引导人们走向黎明的新视界。

---

① 《马克思恩格斯选集》第 3 卷，人民出版社 1995 年版，第 374 页。
② 《马克思恩格斯选集》第 3 卷，人民出版社 1995 年版，第 374 页。

　　主体性理论是现代文明修身的基础理论，也是现代文明修身实践机制建构应遵循的基本原则。现代文明修身过程是人的主体精神和主体能力增强的过程，人作为社会实践的主体总是力求掌握和主导自己赖以生存的生活世界，并通过自觉能动的活动来建构自己的精神家园，并企求建立一个和谐、完善的属人世界。现代文明修身实践机制对人的主体性原则的遵循，是通过人们的社会生活实践不断克服自发性活动所造成的精神空虚和道德失范现象而得以体现的。现代文明修身主体的思想道德素质在"实践→认识→实践"的过程中不断得到提升，知、情、意、行在增强主体性的过程中完成转化和开始新的循环。现代文明修身实践活动在引导人不断获得精神自由的同时，引导人们积极地进行社会实践活动，社会实践活动的结果是现代文明修身主体本质的外化和物化，人们在社会生活实践中达到了主体与客体的统一，感性认识和理性认识的转化，因此，毛泽东指出："理性认识依赖于感性认识，感性认识有待于发展到理性认识，这就是辩证唯物主义的认识论。"①

　　现代文明修身实践机制建构要遵循主体性原则，就要促使修身主体在日常生活世界中从小处着手持续提高自身的思想道德素质。思想道德素质的提升是一个"盈科而进"的过程，在建设社会主义和谐社会的伟大历史进程中，现代文明修身主体的思想道德素质提升，一般来说是沿着"一般的社会公德→社会主义的人道主义→社会主义道德→共产主义道德"的步骤逐步进行的。当然，这一提升过程是相对的，而不是绝对的，因为精神和情感的提升是理性与非理性共同作用的结果。根据社会现实的客观要求和个体发展的要求，现代文明修身实践过程应当力求贴近实际、贴近心灵、贴近生活，人们精神生活追求和思想道德素质提升的标准既不能太高，高了容易走形式主义、脱离实际，容易引起反感，又不能太低，低了容易保护、迁就落

---

① 《毛泽东选集》第一卷，人民出版社 1991 年版，第 291 页。

后，缺乏引导力度。换句话来说，现代文明修身实践活动开展的过程既要有利于提升修身主体的思想道德素质而不挫伤其积极性，同时又有利于社会主义主流意识形态和价值观念的传播及其在人们生活世界中认同度的不断增强。

坚持主体性原则，现代文明修身主体就要不断地把崇高的理想信念内化为自己的价值追求和心理需要。理想是人的价值意识的最高形态，是人们在社会实践中形成的具有现实可能性的对未来价值目标的向往和追求，信念则是人们对某种观念和理想坚信不疑并身体力行的精神状态，理想信念是人们的世界观、人生观和价值观在奋斗目标上的集中体现，是建立在实践基础上具有神圣性和崇高性的价值追求。人们的现代文明修身实践活动应当坚持社会主义理想信念的主导性，突出社会的主导价值观，这既与社会主义的方向性、集体主义原则相一致，在本质上也与实现人的自由全面发展的主体性要求相一致。现代文明修身的秩序理性培育和促进自由个性实现的价值正是在立足现实生活和提升价值理想的统一性中获得的。

2. 层次性原则

层次性原则反映的是具体问题具体分析的理论思路。现代文明修身实践活动的主体根据自身的思想状况和觉悟水平，有区别、分层次地进行现代文明修身活动。系统论告诉我们，任何事物都是有层次的结构体，现代文明修身实践也不例外。在现实的社会生活中，社会成员由于先天因素、后天的发展以及在生活中的努力程度等因素的影响，导致生活状况、道德素质、理论水平、精神状况等方面存在着差别，社会主义市场经济体制的确立和全球化进程中多元思潮的影响，社会群体、阶层在分化的同时其利益追求也呈现出多元化趋势，相应地也导致人们的思想意识、价值观念的多元取向与精神生活的多样性特征，人们对现代文明修身理论及其实践的认识、理解和接受程度存在明显的差异性，因此，进行现代文明修身活动也不可能采取整齐划一的标准和模式。邓小平指出："我们在鼓励每个人勤奋努力的同时，仍然不能不承认各个人在成长过程中表现出来的才能和品德的差异，并且按照这种差异给以区别对待，尽可能使每个人按不同的条件向社会主义和共产主义的目标前进。"① 人们要"量体裁衣"，根据自身情况，有针对性地进行文明修身。

层次性原则反映到现代文明修身实践机制建构的理论上，就是要坚持先进性与广泛性相结合的原则。在开放的社会环境中进行现代文明修身，人们既要提升个体的生活质量和精神境界，又要注重社会生活环境的和谐发展，个体生活质量的提升需要人们注重社会公德、家庭美德、职业道德和个人品德的建设与培养，而社会主义和谐社会的建设与发展则要求人们高扬爱国主义、社会主义、集体主义的主旋律。因此，现代文明修身实践机制建构中的先进性主要指人们在现代文明修身活动中要追求崇高的价值理想和生命的终极意义，引导自身自觉树立科学的世界观、人生观和价值观，通过现代文明修身活动形成的人的理性能力，使人获得追求真、善、美的自由和幸福。而广泛性则是现代文明修身实践机制建构的一般性、普遍性要求，它是根据多数人的表现和需要所提出的生活要求，是应当达到而且容易达到的要求，在现代文明修身过程中主要体现为克服愚昧、迷信和宗教对人的压抑，学会选择和践行积极的、有道德的生活。从现代文明修身实践机制建构的目标上讲，先进性就是要塑造社会成员的理想人格和促进人的自由全面发展，是要培养中国特色社会主义事业的接班人；而广泛性则是要引领道德回归现实生活，尽可能避免或者杜绝行为失范现象的出现，它以培养中国特色社会主义事业的建设者为目标。

层次性原则应用到具体的现代文明修身实践活动中，则具有相对性。现代文明修身的层次性原则，不是人为地把人划分为不同的等级，更不是绝对地把人们划分为先进和落后的不同阶层，而只是为了现代文明修身实践更符合文明修身主体的思想道德状况，有利于修身

---

① 《邓小平文选》第二卷，人民出版社 1994 年版，第 106 页。

主体取得积极明显的效果和内心的愉悦、幸福感。在社会生活实践中，社会成员要根据自身实际，要敢于坚持先进性，合理把握层次性，善于把握超越性。既引导自身自觉追求超越性价值，同时也要考虑到社会的现实状况和自身合理的现实需求，在现代文明修身中建构维持性价值。层次性原则体现了先进性和广泛性的结合，同时也把导向性和现实性紧密联系在一起，现代文明修身实践机制建构不是为了企求人们精神生活的抽象超越，而是促使不同层次的人的精神生活质量和思想道德水平在现代文明修身实践过程中都得到一定程度的提升。因此，现代文明修身实践活动开展的过程，既是增强人们对各种价值理念的识别能力和免疫能力的过程，也是涵养和培育人们思想道德和理性精神的过程。人们在现代文明修身实践过程中激励自我、凝聚人心和力量，促进个体思想道德素质提升，为建设社会主义和谐社会提供精神动力和智力支持。

3. 生活化原则

这里的生活化原则主要是指现代文明修身实践机制建构要以现实社会生活为基本载体，在社会生活实践中提升人的思想道德素质和精神生活质量。现代文明修身实践本身是一种"从身边小事做起，从自我做起"的精神性活动，从实际生活出发，在关注自我需要和社会发展中进行自我教育、自我规范、自我发展，净化人的精神家园，促进道德回归和引领生活，这在某种意义上契合了约翰·杜威"教育即生活"和陶行知先生"生活即教育"的理念。早在20世纪20年代，杜威就提出"准备生活的唯一途径就是进行社会生活，离开了任何直接的社会需要和动机，离开了任何现存的社会情境，要培养对社会有益和有用的习惯，是不折不扣地在岸上通过做动作教儿童游泳"①。陶行知先生也指出："没有生活做中心的教育是死教育，没有

---

① [美]杜威：《教育上的道德原理》，载《学校与社会·明日之学校》，人民教育出版社1994年版，第147页。

生活做中心的书本是死书本。所以，只有让道德之花盛开在生活的沃土中，学生的道德生命才会生动、充满。"① 这些观点尽管有些绝对化倾向，但对现代文明修身实践活动的开展具有一定的借鉴意义。现代文明修身实践作为促使人的思想和行为科学化的实践活动，在生活世界承担着促进社会和谐发展和个体自我教育、自我发展的任务，现代文明修身实践机制运用的过程本身就是不断揭示生活意义的过程。

现代文明修身实践机制建构的生活化原则是与抽象化原则和灌输式原则相对应而言的。社会生活是人的生命精神发育之根，是情感体验升华和社会关系丰富的基础，也是个人能力提高和思想道德素质形成的前提。现代文明修身实践机制建构以关注人的现实生活需要和以人们进行自我教育为根本出发点，让人们在现实社会生活体验中逐渐理解、认同和接受体现社会发展进步要求的道德规范，把道德规范逐步内化为自身的道德意识、外化为道德行为。抽象的道德教育或精神引导往往是脱离社会现实生活和忽视个体自我发展的道德需要，是典型的"无土栽培"和"嫁接"，这必然会引起选择性和适应性的问题，往往是浪费了资源而不能取得应有的实效。而灌输式原则是将道德从外在的视角注入个体的心灵和精神生活，在个性张扬的现代社会，容易引起人们的逆反心理而无法被人们所接受。现代文明修身实践活动就是要引导人们在自觉自愿的活动中提升思想道德素质和精神生活质量，在改善个体精神生活环境中寻求与社会环境发展的和谐统一。

现代文明修身实践机制建构的生活化原则强调道德提升为人的精神家园建构服务，而不是将道德消融在生活世界里。它是以现实生活中的心灵体验和情感需求为主，在潜移默化中实现现代文明修身的价

---

① 陶行知：《生活即教育》，载《中国教育改造》，东方出版社1996年版，第150页。

值。社会进步和个体发展所需要的思想道德和价值理想在人们现实生活的比较和体验中逐步得以确立，庸俗而落后的道德和精神产品终将在社会生活实践的检验中被扔进"历史的垃圾篓"。现代文明修身实践所倡导的生活化不是庸俗化，更不是"实用主义的现代谋划"，它只是为了克服教条化的精神生活方式和僵化的"道德专修"模式应运而生的。社会生活本来就是丰富多彩的，丰富的社会生活实践引发了人们对社会道德和精神生活的不断感知、体认和思考，现代文明修身实践活动作为提升人的思想道德素质的现实生活途径，应当而且必须成为现代人自我提高的一种需要、一种追求，人们在现实生活中自觉地践行社会主义道德原则和道德规范，本身就是对已经内化的社会主义道德规范的自觉外化，并在生活中反复实践而形成生活习惯，这一过程虽然不能使所有人都成为"一个高尚的人，一个纯粹的人，一个有道德的人，一个脱离了低级趣味的人，一个有益于人民的人"①，但至少有利于个体社会生活的充实化、道德化，也有利于营造和谐、进步、生机勃勃的社会生活环境。

4. 幸福化原则

现代文明修身实践机制建构的幸福化原则是指现代文明修身的过程和结果以是否增强人的幸福感为主要标准。幸福是人生的最终目的，追求幸福是人类所具有的天赋权利。正如恩格斯所说："在每一个人的意识和感觉中都存在着这样的原理，它们是颠扑不破的原则，是整个历史发展的结果，是无须加以论证的。……例如，每个人都追求幸福。个人的幸福和大家的幸福是不可分割的，等等。"② 恩格斯在《在共产主义信条草案》中的这段关于幸福原则的阐述，给现代文明修身的实践机制建构至少两点启示：第一，追求幸福是颠扑不破的原则。人的社会生活本身就是一个积极追求幸福的过程，尽管许多

---

① 《毛泽东选集》第二卷，人民出版社 1991 年版，第 660 页。
② 《马克思恩格斯全集》第 42 卷，人民出版社 1979 年版，第 373—374 页。

人关于幸福的理解不尽相同，但是，不少人为了"幸福"这一人生目的甚至献出了自己的生命，现代文明修身实践机制建构一定要遵循幸福化原则。第二，个人的幸福和大家的幸福密不可分。事实上，恩格斯在这里为我们指出了马克思主义幸福观的含义和追求路径，现代文明修身作为一种提升人的思想道德素质和精神生活质量的实践活动，其实践机制建构所遵循的幸福化原则，不是侧重于个体幸福论的功利主义原则，而是鼓励个体把关于幸福生活建构与追求的活动融入到为广大人民群众谋幸福的历史实践之中，这样的幸福才是真正的幸福！

在现实生活中，许多人都会追问：什么是幸福？如何才能达到幸福呢？从词源意义上分析，《现代汉语词典》给出的"幸福"解释是，"（生活境遇）称心如意"。费尔巴哈则从心理学和主观体验的视角对信服的含义作出了阐述，他提出："幸福，如道德学家所熟知和常说的那样，是'主观的'，而事实上也是这样。我们的幸福和我们的个性是分不开的，它只属于我而不属于你，也如我们身上的皮肤一样，不是你的皮肤，而是我的皮肤。"① 在费尔巴哈看来，幸福是个人的一种自我的主观体验或主观幸福感。在古希腊思想家中，德谟克里特第一个系统论证了"人生的目的就是幸福"这一命题，而亚里士多德则明确肯定了"至善就是幸福"② 的命题，他指出："我们所说的自足是指一事物自身便使得生活值得欲求且无所缺乏，我们认为幸福就是这样的事物。不仅如此，我们还认为幸福是所有善事物中最值得欲求的、不可与其他善事物并列的东西。因为，如果它是与其他善事物并列的，那么显然再增添一点点善它也会变得更值得欲求。因为，添加的善会使它更善，而善事物中更善的总是更值得欲求，所以

---

① ［德］路德维希·费尔巴哈：《费尔巴哈哲学著作选集》上卷，荣震华、李金山译，商务印书馆 1984 年版，第 163 页。

② ［古希腊］亚里士多德：《尼各马可伦理学》，廖申白译注，商务印书馆 2003 年版，第 19 页。

幸福是完善的和自足的，是所有活动的目的。"① 如何才能达到幸福呢？亚里士多德给出了答案："造成幸福的是合德性的活动，相反的活动则造成相反的结果。"② 在这一点上，我们赞同亚里士多德的观点，现代文明修身活动本身也充分体现了在"合德性"的活动中追寻幸福最大化的原则，只不过我们所阐述的幸福与亚里士多德的幸福观有本质的区别。

现代文明修身的幸福化原则强调现代文明修身鼓励和引导人们追求美好生活和提升人们的生活意义。在现实社会生活中，不少人对幸福的本真含义并不了解，误读了物质利益在社会生中起决定作用的涵义，甚至把对金钱与物质的追求当做了获取幸福生活的唯一指标，正如功利主义的代表人物约翰·穆勒曾经指出："起初钱只是达到幸福的工具，后来钱自身就是个人对幸福的概念之一个主要成分了。"③ 一些人把对财富的追求看成了支撑个人幸福与否的基本理由，在很多种情况下会与幸福的目标背道而驰。现代文明修身实践活动的最终目标是要促进人的自由全面发展，在这一过程中，人们不断地提高自身的思想道德素质和精神生活质量，而精神生活的丰富性和高尚化正是人类生活质量和生命意义提升的具体体现。麦金太尔指出："对人来说善的生活，是在寻求对人来说善的生活的过程中所度过的那种生活，而这种寻求所必需的美德，则是使我们能够更为深入广泛地理解对人来说善的生活的那些美德。"④ 因此，现代文明修身实践活动是通过提升人的生活幸福感和满意度而在潜移默化中实现着对人幸福生活建构的内在价值。

---

① ［古希腊］亚里士多德：《尼各马可伦理学》，廖申白译注，商务印书馆 2003 年版，第 19 页。
② ［古希腊］亚里士多德：《尼各马可伦理学》，廖申白译注，商务印书馆 2003 年版，第 28 页。
③ ［英］约翰·穆勒：《功用主义》，唐钺译，商务印书馆 1957 年版，第 59 页。
④ ［美］麦金太尔：《追寻美德》，宋继杰译，译林出版社 2003 年版，第 278—279 页。

当然，现代文明修身实践机制建构的幸福化原则，主要是强调人们精神生活的丰富性和高尚化对幸福生活建构的重要意义，但并不否定物质生活对精神生活的决定性影响。现代文明修身实践活动的开展必须是在一定的物质生活基础上进行的，物质生活是幸福的基本手段，它是人们获得幸福的必要条件而不是充要条件，作为一种精神性活动，现代文明修身实践机制建构的幸福化原则比较侧重于现代文明修身主体的体验和超越性，当然这种体验和超越性是在社会生活实践中完成的。在社会生活实践中体验幸福感，就要把自身的幸福与他人的幸福、社会的发展结合起来，正如马克思在《青年在选择职业时的考虑》一文中所阐述的幸福真谛："历史承认那些为共同目标劳动因而自己变得高尚的人是伟大人物；经验赞美那些为大多数人带来幸福的人是最幸福的人。"① 现代文明修身实践机制建构的一个基本目标，就是要提升文明修身主体的精神生活质量和思想道德素质，要使大多数人在幸福感和满意度的总量增进中逐步体验人生的幸福意义。

三、现代文明修身实践机制的建构思路

现代文明修身是人们自主、自觉、自愿的活动，其实践机制的建构思路既要体现现实性和实践性，也要突出前瞻性和超越性。在某种意义上说，现代文明修身的实践机制是现代文明修身的基本模式和调控系统的具体体现，它贯穿于现代文明修身活动全过程，体现在现代文明修身活动开展以后的各个环节与各个方面。现代文明修身实践机制的建构，既要有利于现代文明修身活动持续不断地开展，又要有利于主体性原则、层次性原则、生活化原则、幸福化原则的时代内涵与基本要求的有效贯彻，最终的效果通过现代文明修身主体的生活方式和生活态度体现出来。

现代文明修身实践机制的建构，要符合主体在现代文明修身实践

---

① 《马克思恩格斯全集》第 40 卷，人民出版社 1982 年版，第 7 页。

活动中的心理活动规律和行为方式选择理论。一般来说，个体的人或群体的人（指社会团体和社会组织）要进行现代文明修身活动，首先要确定文明修身的基本目标，这就需要建构现代文明修身的目标导向机制；确立目标之后，在现代文明修身过程中要对修身活动依据一定的思维方式进行积极合理的调控，以免偏离了设定的目标，这就需要建构现代文明修身的辩证调控机制；没有资源要素的"嵌入"，现代文明修身活动难以深入开展，但是资源的"嵌入"不是随心所欲的，而是需要那些有利于人的思想道德素质和精神生活质量提升的有形资源和无形资源，尤其是需要优秀的民族文化资源，这就需要现代文明修身的优化整合机制发挥作用；无论是目标的设立，还是思维方式的变化与资源的"嵌入"，都会影响现代文明修身主体的心理变化，因此，对现代文明修身主体进行心理调适就显得非常有必要了，这就需要建构心理调适机制；一旦文明修身主体的心态调适好之后，是现代文明修身主体行为的时候了，因此，主体选择机制的建构就显得尤为重要。在某种意义上说，目标导向机制、辩证调控机制、优化整合机制和心理调适机制，都是为现代文明修身的主体选择机制做准备。具体情况如下图所示：

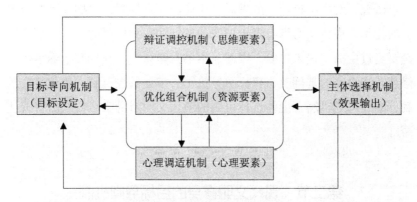

现代文明修身实践机制运行图

现代文明修身实践机制的建构，要体现现代文明修身系统各个要素的优化联结要求。现代社会是一个效率优先的快节奏社会，社会实践活动开展要有利于节约资源和提升效率，当然，这里的资源包括时间资源和物资文化资源，也包括有形资源和无形资源。在现代文明修身活动中，主体的文明修身实践活动构成了一个动态的系统，文明修身的时间要素、精神文化资源要素、日常生活世界的环境要素以及主体的思维方式和心理活动等都要有机连接，使它们相互作用、相互影响、辩证统一地作用在现代文明修身过程之中，目标是以较少的资源投入而能对文明修身主体及社会环境产生持久而强烈的积极影响，实现现代文明修身价值的最大化。现代文明修身实践机制的有序建构目的，是要使现代文明修身主体始终处于自觉、自愿、自动运转的主体能动状态，激励人们积极、健康、文明、高尚地工作、学习和生活，为良好存在方式的确立提供源源不断的精神动力。

在这里必须强调指出的是，现代文明修身实践活动本身没有固定的方法模式，本书也无意为人们提供模式化的建构，一切都是随社会发展变化而发展变化。本书中关于现代文明修身实践机制建构的思考与探讨，不是要为人们提供教条化的活动方式和道德模式，而是希望对适应现代中国社会发展和现代人自由全面发展需要的现实路径作出一点研究，对中国特色人的发展理论作出一点探讨，以期起到抛砖引玉的作用。现代文明修身理论形态的发展和实践机制的运行，最终还是要经过生活实践来检验。因此，本书只是认为，在批判地继承传统修身方法途径的基础上，目标引导机制、辩证调控机制、优化整合机制、心理调适机制、主体选择机制的现代文明修身实践方式值得关注而已。

第二节 现代文明修身的目标导向机制

现代文明修身以人自身为认识和实践的对象，进行人力资源开发尤其是精神动力资源开发研究，面对现代人的精神生活明显滞后于物质生活的现状，其目标体系设置要有利于引导人们在社会生活实践中以健康和谐的精神状态去生活。那么，在社会生活实践中现代文明修身应该具有的目标体系是什么？本书认为，现代文明修身的目标导向机制应当从引领道德回归现实生活、塑造理想人格和人的自由全面发展三个维度进行研究。

一、现代文明修身的目标审视

现代文明修身作为一种精神性实践活动，对个体的发展不是静态的自我约束和规范，而是人们在社会生活实践中朝向一定目标的动态发展过程。其目标导向应当是明确的、具有实现可能性的、理想性与现实性相结合的目标体系。目标导向机制构成了人们进行现代文明修身实践的外在动力，它与情感激励和动机激励等内在动力相结合，促使人们的存在方式随生活实践的发展变化而不断发展变化。当然，现代文明修身的目标体系不是随心所欲的，而是合乎人的身心发展规律和社会发展规律的统一，即合目的与合规律的统一。现代文明修身的目标导向给人们提供的是一种积极的价值追求，是现代文明修身的价值取向和意义的表达，"目标被认可、接受之后，人们能够用目标来引导、调节自己的价值取向，加强体验与理解目标的意义"[①]。

首先，现代文明修身作为一种自我教育的精神性活动，目标导向应突出人的思想道德需求和精神生活需要。没有明确的道德目标和精神追求，人们很难正确处理社会生活中的各种利益关系，容易在思想和行为上各行其是，与社会生活不协调，人们很难实现自身价值、获得幸福生活。"人的道德生活与其他社会生活的不同之处在于：第一，涉及利益关系。这具体包括两个方面内容，即处理个人利益与他

[①]　郑永廷：《现代思想道德教育理论与方法》，广东高等教育出版社2000年版，第252页。

人、社会利益关系以及它对个体自身提升和净化的意义。第二，自由
意志行为。这不仅包括经过理性深思后的自由意志行为，还包括诸如
风俗、习惯等内化造成的非理性的、没有再现为自由意志的自由意
志。第三，依靠风俗、习惯、舆论、良心维系的生活。第四，不仅是
规范的，同时也是创造性的生活。"① 现代社会的发展与转型，使人
们的社会生活失去了原有的平衡感，现代文明修身实践活动所面临的
基本问题是物质生活的丰裕并没有带给人们强烈的幸福感和高尚的精
神生活，人们的道德水平与预期期望值之间存在很大差距，甚至出现
了理想失落、传统失效、行为失范、道德失控的现象。因此，现代文
明修身的基本目标是要让道德回归现实生活，引导人们确立正确的价
值取向和过一种有道德的生活，努力实现精神生活与物质生活的和谐
发展。

其次，现代文明修身作为一种自我规范的精神性活动，目标导向
通过理想人格这一综合特性表现出来。规范是社会集体意志的体现，
给人们提供的是一种行为准则，是人们社会生活实践中应当遵循的基
本尺度。社会规范被人们认可、接受后，人们能够用它来规约、衡量
自己的行为。现代文明修身过程首先是把外在的规范转化为自身内在
准绳的过程，这一过程在某种意义上就是自律。社会发展的基本体制
和制度规范是人们进行现代文明修身的现实前提，它从外在的视角制
约和引导着人们的社会生活实践，而现代文明修身则是通过内在的视
角（包括对情感、意志、信念等非智力因素的统合）来促进人的发
展。现代文明修身活动要在遵循社会主义规范的前提下进行，否则，
思想和行为就会失范，失范当然不是现代文明修身的体现和初衷。社
会主义规范是广大人民群众根本利益和意志的体现，是人们精神生活
中价值取向的外在性条件，但是"由于历史和现实的原因，社会上
还存在一些带有迷信、愚昧、颓废、庸俗等色彩的落后文化，甚至还

---

① 高兆明：《道德生活论》，河海大学出版社 1993 年版，第 12 页。

存在一些腐蚀人们精神世界、危害社会主义事业的腐朽文化。要通过完善政策和制度，加强教育和管理，移风易俗，努力改造落后的文化，努力防止和坚决抵制腐朽文化和各种错误思想观点对人们的侵蚀，逐步缩小和剔除它们借以滋生的土壤"①。因此，现代文明修身实践在弥补制度关怀有限性的同时，一个重要的使命就是在提升人们思想道德素质的过程中塑造理想人格，使人们能够形成与社会发展相适应的个体精神素质和存在方式。当然，如何把外在的规范和目标转化为个体的人格特质，这是现代文明修身的重要任务，也是把社会目标转化为人的目标的基点。

最后，现代文明修身作为一种自我发展的精神性活动，目标导向必须为人的自由全面发展服务。传统修身的目标是"成人"，"成人不在于获取世事功名利禄，也不在于以事功之善来证实自己的社会身份或角色，而在于养成自身的道德品格，在于从人伦关系的道义承担中确证自己的人格。决定'成人'与否的标准不在其行为所带来的外在功效，而在于足以致配其伦理实践的内在品质。因此，在儒家的美德伦理中，德性品质的完善要求优先于道德行为的功利目标，对人伦道义的担待优先于自我一己的目的的实现"②。这种目标导向是以伦理道德原则和血缘关系为基础，突出的是一种群体的目标、社会的目标。现代文明修身强调坚持以人为本的原则，把"人的自由全面发展"作为终极目标，这种目标预设是建立在社会主义发展的本质要求基础之上的。以人为本的原则要求社会的发展和人们的实践活动要以人的自由全面发展作为最终目的，而不仅仅是手段，社会主义发展的最终目标则是实现"每一个人的自由全面发展"，现代文明修身活动理所当然地把"人的自由全面发展"作为最终目标。人的发展总是人的素质在广度和深度上的发展，总是从片面到比较全面的发展

---

① 《江泽民文选》第三卷，人民出版社 2006 年版，第 278 页。

② 万俊人：《现代性的伦理话语》，黑龙江人民出版社 2002 年版，第 235 页。

过程，资本主义社会及其分工所导致的"单向度的人"和"畸形发展"，在社会主义社会应当得到根除。因此，我们的现代文明修身活动"要树立全面的人才观，……要按照全面发展的要求，提高人才自身的思想道德素养和科学文化素养，充分发挥人才的主观能动性和创造精神"①，其目标导向必须突出人的自由全面发展的主题。

二、引领道德回归现实生活

现代文明修身不能只靠形而上的思考或书斋里的理论体系建构，它必须直接面对社会、面对现实、面对生活，在人们的生活实践中展示自己的独特价值。简单地说，现代文明修身必须引领道德回归生活，这是解决人的行为失范和道德缺失的一个基本路径。

引领道德回归现实生活，这是现代文明修身的直接目标。引领道德回归现实生活，其含义不是说现实生活中没有道德，而是针对现实生活中的道德工具化而言。生活的道德性是人类与动物的一个重要区别，它广泛地存在于人的心理意识、生活态度和行为活动之中，通过社会舆论、传统习俗、内心信念（良心）促使人要过一种有道德的生活。然而，正如恩格斯所指出："人来源于动物界这一事实已经决定人永远不可能完全摆脱兽性，所以问题永远在于摆脱得多些或少些，在于兽性或人性上的差异。"② 因此，人的生活既有道德性追求，也有因利益追求而放弃道德标准的可能，所以有人说，"人一半是天使，一半是魔鬼"，甚至霍布斯提出"人对人像狼一样"，近代以来资本主义的崛起充满了血腥，似乎印证了这一点。20 世纪两次大规模的战争剥夺了成千上万人的生命，也不断地拷问着人类的灵魂和道德属性。改革开放以来，人们在获得思想解放和行为自由的同时，自然属性的凸显与张扬，引发了享乐主义、利己主义和极端占有欲等与

---

① 《江泽民文选》第三卷，人民出版社 2006 年版，第 319 页。
② 《马克思恩格斯选集》第 3 卷，人民出版社 1995 年版，第 442 页。

社会发展要求背道而驰现象的发生，人的自然属性、精神属性和社会属性在现实生活中交织着。于是，个体的多重人格就出现了，在不同的场合，道德在个体身上得到多重体现，人们的生活展现出多重性：一种是外在相对的，有可能是充满谎言的、不真实的生活，人们靠它来面对社会、国家和文明；另一种是真实的、内在的生活，人在其中面对的是原初现实，面对的是自己的生命深处。人格分裂在现实社会中客观存在，道德似乎成了个体寻求个人生活利益最大化的工具，"权钱交易"、"钱学交易"和"假冒伪劣"在某种意义上都是道德工具化的表现。

现代文明修身要引领道德回归现实生活，就要避免道德的工具化、形式化和边缘化。这里所说的道德回到生活，"不是只把生活世界之外存在的现存的道德规范拿到人的现实生活中来，而是强调人要在人的现实生活中来发现、发掘高尚的道德观念、道德行为和道德品质，并发挥它们的价值引导作用"①。在现实生活中，异质文化的交流和碰撞、冲突和融合，是道德保持其生命力、实现自我更新和发展的重要机制。现代文明修身作为提高人的思想道德的重要途径，就是要引导人们在面临各种诱惑的多元文化背景中，用"内心的道德律"去指导个体的社会生活实践，避免道德的工具化、形式化和边缘化，克服道德存在同鲜活的现实生活割裂开来的倾向。社会生活实践是道德形成和发展的客观基础，自我意识则是道德形成和发展的主观条件，现代文明修身则为二者的结合提供了一个基本途径和载体，当然不是唯一的途径和载体。人们在现代文明修身过程中践履着道德，同时，社会生活实践也在印证现代文明修身的效果，当人们真正形成自觉的道德意识并在现实社会生活中不断强化自己的思想道德情感、信念和意志，不断践行社会的道德规范和法律规范时，道德才能真正回

①　李培超：《让高尚的道德回归生活、引领生活》，《新华文摘》2006年第18期，第34页。

归现实生活，人们才能真正形成良好的行为习惯和生活态度，而社会也就会展现出良好的秩序和风尚。

现代文明修身要引领道德回归现实生活，就必须反对超阶级、超历史的"永恒道德"论，必须科学反映和践行马克思主义的道德观。恩格斯在《反杜林论》中曾经指出："我们拒绝把任何道德教条当做永恒的、终极的、从此不变的伦理规律强加给我们的一切无理要求，这种要求的借口是，道德世界也有凌驾于历史和民族差别之上的不变原则。相反，我们断定，一切以往的道德论归根到底都是当时的社会经济状况的产物。"① 在恩格斯看来，人的道德生活、精神生活应当与"当时"的社会经济状况相适应。因此，通过现代文明修身引领道德回归生活，不是从固定不变的教条和想象中的抽象原则出发，而只能从人们现实的生活过程中解释社会主义的道德原则、规范，在社会发展的过程中不断开发社会主义道德资源、精神文化资源，以促进人的思想道德素质和精神生活质量提升。扎根于现实生活的道德理论才是人们生活所需要的，才是具有生命力的，才是能够提升人们精神境界的，不能盲目地把道德生活、精神生活政治化、单一化、教条化。当然，现代文明修身在引导道德回归生活时，必须坚持以为人民服务为核心，以集体主义为原则，以爱祖国、爱人民、爱劳动、爱科学、爱社会主义为基本要求，以社会公德、职业道德、家庭美德为着力点，不断充实和开发社会主义道德发展的新内容、新形式，以适应个体健康发展和社会进步的需要。

现代文明修身引领道德回归现实生活，是要促使人们社会生活的协调化、高尚化。物质生活的追求是人们生活幸福的基础，精神生活的道德化、高尚化是人们生活追求的更高境界，物质生活与精神生活的平衡是人们幸福生活的源泉。物质生活的发展主要依赖于人们的生产实践，而现代文明修身则是提高人的精神生活、进而为提高人们的

---

① 《马克思恩格斯选集》第 3 卷，人民出版社 1995 年版，第 435 页。

物质生产实践提供精神动力的重要途径，它既存在于社会生产实践，又存在于社会生活实践之中（这里的生产实践和生活实践是狭义的概念，广义上二者均可称为社会生活实践）。现代文明修身引领道德回归现实生活，"不是简单地迎合现实生活、机械地反映现实生活、滞后地品评生活"①，而是要人们在现代文明修身活动中提炼、整合与开发出优良的思想道德理论资源，并且充分利用丰富的思想道德资源，调动广大人民生产和生活的自觉性、创造性，为人的健康生活和自由全面发展服务。现代文明修身的过程是一个由内在的思想意识道德化转变为生活方式道德化的过程，通过现代文明修身实践活动使道德走进现实生活。现代文明修身引领道德走进现实生活的话语体系，对那些仍然处于自发状态、还没有进行现代文明修身、甚至还没有意识到现代文明修身重要性的人来说具有导向意义，而对于已经在进行现代文明修身的人来说，道德正在自己社会生活领域的各个层面展现，但是道德展现的内容和深度、广度仍在继续深化，它在不同领域的生活层面不断提升着人的生活质量和精神境界。

在当前，引领道德回归生活的一个基本的要求，就是自觉学习并践行社会主义荣辱观。现代文明修身的主体要自觉做到"以热爱祖国为荣、以危害祖国为耻，以服务人民为荣、以背离人民为耻，以崇尚科学为荣、以愚昧无知为耻，以辛勤劳动为荣、以好逸恶劳为耻，以团结互助为荣、以损人利己为耻，以诚实守信为荣、以见利忘义为耻，以遵纪守法为荣、以违法乱纪为耻，以艰苦奋斗为荣、以骄奢淫逸为耻"。社会主义荣辱观的提出，为引领道德回归现实生活提供了基本的行为准则和衡量标准，是社会主义市场经济条件下人的"道德底线"的要求，为现代文明修身活动提供了相对客观的内容，准确地把握社会主义荣辱观的基本内涵，以实际行动来提高个体自身的

---

① 李培超：《让高尚的道德回归生活、引领生活》，《新华文摘》2006年第18期，第35页。

思想道德素质和精神生活质量，自觉为良好社会风气的形成和发展作出自己的努力。

三、塑造理想人格

现代文明修身作为人们自我教育、自我规范、自我发展的一种精神性活动，在现代社会的主要任务是为培养社会主义事业的建设者和接班人服务，因此，其基本目标是要塑造具有理想人格的社会主义公民。

要塑造理想人格，我们必须首先界定人格的基本内涵。学术界对人格的内涵有多种理解，在西方，一般认为人格"personality"一词源于拉丁文"persona"，原意指演员所戴的"面具"（mask），后来引申为人物、角色及其内心的特征（即心理面貌），也表示人的身份、地位和做人的资格。英语中"personality"最简明的注释为"state of doing a person"，意指人的存在状态，或"existence as an individuality"，意指"个性的存在"，后来许多解释都把个性（individuality）与人格当做同义语。据张岱年先生考证："在中国古代没有'人格'这个词，但有'人品'、'为人'、'品格'这些词。在中国古典哲学中，有独立人格的思想。……就是指人自己有一个独立意志，它不受外界势力的压制。"[①]中国古代多以"志"取代，如"三军可夺帅，匹夫不可夺志"，"不降其志"等，中文的"人格"是从日文对英语"personality"的翻译而来，《现代汉语词典》从心理学、伦理学和法学视角给出了人格的含义：①人的性格、气质、能力等特征的总和；②个人的道德品质；③人的能作为权利、义务的主体资格。《中国大百科全书·教育卷》把人格等同于个性（personality），基本上也是从心理学意义上界定的，认为人格是指

---

① 转引自张青兰：《人格的现代转型与塑造》，广东人民出版社2005年版，第38页。

"个人的心理面貌或心理格局，即个人的一些意识倾向与各种稳定而独特的心理特性总和"①。本书认为，人格是以人的自然属性为基础，以个人的社会关系、日常生活方式、角色认知、个性气质、心理需求和价值取向等为基本内容所形成的个性基本特征。本书所阐述的理想人格，是指现代社会成员应具有的适合现代社会生产方式与生活方式的精神素质和行为模式的综合表现，它与传统人格相对应。

理想人格是现代社会的价值理想和时代精神的凝聚。马克思指出："'特殊的人格'的本质不是人的胡子、血液、抽象的肉体的本性，而是人的社会特质。"② 他认为，人格的本质只能从社会关系中获得其合理的规定，孤立的单纯个体生命只是生物个体。一段时期以来，社会的人才标准侧重于智能的开发，忽视了思想道德素质的培养与开发，造成了严重的社会后果，在人格特征上出现了与社会发展不相适应的三种人：一是唯命是从、唯书、唯上的自觉的奴性人格；二是阳奉阴违、言行不一的"伪君子式"的分裂人格；三是什么都不信的道德虚无主义人格。2003年胡锦涛总书记在全国人才工作会议上提出："坚持德才兼备原则，把品德、知识、能力和业绩作为衡量人才的主要标准，不唯学历，不唯职称，不唯资历，不唯身份，努力形成谁勤于学习、勇于投身时代创业的伟大实践，谁就能获得发挥聪明才智的机遇，就能成为对国家、对人民、对民族有用之才的社会氛围，创造人才辈出的生动局面。"③ 在这里，胡锦涛总书记明确把品德放在人才评价标准的首位。因此，理想人格的塑造要以高尚道德的培育为核心，要有利于人的健康生活，重视人性的自我张扬和生命意义的追寻，把增强个体的主体性和创造性作为理想人格塑造的重要内容。现代文明修身就是要引导人们确立以现代意识为前提的自觉的价

---

① 《中国大百科全书·教育卷》，中国大百科全书出版社1985年版，第289页。
② 《马克思恩格斯全集》第1卷，人民出版社1956年版，第270页。
③ 胡锦涛：《以"三个代表"重要思想为指导大力实施人才强国战略　为全面建设小康社会提供坚强人才保证和智力支持》，《光明日报》2003年12月21日。

值追求，使人的类特性、社会特性在个体身上得到充分的体现，追求现代人应然生活的历史规定。

现代文明修身要塑造的理想人格是一种主体性人格，这种人格具有理性、自为、独立、自觉的基本特征。主体性人格是时代精神在个体身上的凝聚与表征，是个体精神素质和行为模式在个体身上的综合体现。现代文明修身过程是人的主体性不断增强的过程，也是主体性人格逐渐形成、依附性人格逐步消解的过程，它"担负着超越世俗化、商业文化、消费文化、大众文化中的浅俗、平庸、单向度、感官刺激、对精神境界追求的缺失等价值追求的责任"[①]。其过程本身体现了人们对自由、尊严和生活意义的追寻，人的主体性道德在这一过程中完成逐步向稳定的人格特质的转变。主体性人格不可能通过外在的强制、灌输来实现，因为"任何人都不能被灌输或施加条件来诚实地讲话或公正的判决，因为实施这些美德都要求一种自觉意识和自由选择的品质"[②]。现代文明修身是人们的一种自觉自愿的行为，与灌输等外在的方式相比较，更容易使人的主体性人格得以确立。

现代文明修身要塑造的理想人格是一种创造性人格。这里的创造性，主要是指人们在改造主观世界的过程中不断促进精神生活质量的提升和道德内容的更新与升华。有的学者直接指出："人格即能力，即创造。能力和创造性之源在于人的道德能动性，它表现为道德意志，构成人格灵魂的本质。"[③] 创造性人格的培养过程，体现为在一种经验生活和"感性活动"中追求一种有意义的生活。马克思指出："可以根据意识、宗教或别的什么来区别人和动物。一当人们自己开

---

① 肖川：《主体性道德人格教育：概念与特征》，《北京师范大学学报》1999年第3期，第25页。

② ［美］麦克莱伦：《教育哲学》，宋少云等译，三联书店1988年版，第325页。

③ 万俊人：《现代西方伦理学史》下卷，北京大学出版社1992年版，第357页。

始生产自己的生活资料的时候，这一步是由他们的肉体组织所决定的，人本身就开始把自己和动物区别开来。"① 在马克思看来，人的生产活动就是创造生命的活动，也是人的生命的超自然性获得的活动。人类的生产不仅有物质生产和生命的生产（繁殖），还有精神的生产。现代文明修身过程是人的道德属性在社会生活实践中的自由展现，其基本意蕴在于对人的精神生活提升，精神生活提升意味着人格的和谐程度提高，现代文明修身不断引导现代人去领悟人生的目的和意义，杜绝因循守旧、心灵空虚、人格畸形现象的发生。它对理想人格的塑造符合按"美的规律"来塑造的内在规律，人们在现代文明修身过程中不断超越物质化、功利化的世俗层面，不断去追求和创造崇高的精神生活，其结果应该是存在方式的科学化和现代创造性人格的诞生。在现代文明修身过程中，人格承担了人的自然生命与社会生命相统一构成的价值生命，现代文明修身的重要成效就是引导人们不断创造超越自然本性的生命特性，理想人格也在现实历史的实践中自我创生。

现代文明修身要塑造的理想人格是一种和谐性人格。和谐性人格对个体的发展和社会的进步至关重要，它是个体健康行为的强大动力，也是促进社会和谐发展的重要因素。和谐、丰富的人格特征及其指导下的生活态度和生活方式，不仅有利于提高个体的生命价值和生活质量，而且有利于形成良好的社会风气和生活氛围。人们在现代文明修身过程中不断提升自己的思想道德素质，思想道德自觉意识的强化又反过来促进人的现代文明修身，有利于形成良性的心灵秩序、生活秩序。邓小平在谈到社会教育忽视人格塑造与和谐发展所导致的"高智能、低素养"甚至人才培养"错位"的现象时指出："十年最大的失误是教育，这里我主要是讲思想政治教育，不单纯是对学校、

---

① 《马克思恩格斯选集》第1卷，人民出版社1995年版，第67页。

青年学生，是泛指对人民的教育。"① 这从另一个角度反映了社会成员现代文明修身程度不高以及理想人格塑造失败所造成的恶果。因此，和谐性人格应当是一种身心平衡、宠辱不惊的高尚人格。

当然，理想人格的塑造是一个永无止境的过程，而且不是仅靠现代文明修身活动就能独自完成的。它既需要个体在社会生活中不断地进行现代文明修身，也需要良好的社会环境和长期的良好教育相配合。理想人格塑造必须是与社会主义市场经济相适应的人格特质，它应当符合现代社会发展规律的客观要求，现代文明修身在引导人们自觉树立科学的世界观、人生观和价值观的同时，将中国修身文化中的积极内容内化于现代人的精神血脉之中，把培养个人美德和公共品质结合起来，使之成为民主社会生活的创造者、多元文化生活的享受者。不断强化个体的道德自律精神和对自我的超越，在合目的性与合规律性的统一中促使个体的潜在意识向自觉行为转变，在社会发展变化和时代变迁中塑造和形成理想人格。

四、促进人的自由全面发展

促进人的自由全面发展是现代文明修身的最高目标，也是其目标导向的理想层次。根据马克思的观点，人的自由全面发展是人的本质的自由全面发展，它主要包括：①人的需要的丰富性和普遍性；②人的能力的多方面发展；③社会关系的丰富性。马克思通过社会三形态理论阐述和分析了人的发展由"原始丰富性的人→片面独立的人→全面自由的人"发展的历史进路。当前，人们仍处于以"物的依赖性为基础的人的独立性"阶段，因此，现代文明修身为了促进人的自由全面发展，除了在理论上引导人们思考生命的意义和生活质量之外，更重要的是要在现实的社会关系中促使人们选择并检验有利于自身发展的社会生活最佳方案。

---

① 《邓小平文选》第三卷，人民出版社1993年版，第306页。

人的本质在其现实性上是一切社会关系的总和，促进人的自由全面发展必须立足于现实的社会关系。马克思在《1857—1858年经济学手稿》中明确指出："个人的全面性不是想象的或设想的全面性，而是他的现实关系和观念关系的全面性。"① 现代文明修身活动以人的自由全面发展为目的，就必须关注和研究现代人所面临的生存环境，根据历史与价值相统一的思维方式，在新的历史条件下以促进个体与社会的和谐发展为基本出发点，不能把人的发展当做一种抽象的逻辑演进而人为地与社会发展割裂，同时，促进人的精神生活和物质生活协调发展，不能像西方那样把人当做"经济动物"或"科技奴隶"。正如江泽民指出："我们建设有中国特色社会主义的各项事业，我们进行的一切工作，既要着眼于人民现实的物质文化生活需要，同时又要着眼于促进人民素质的提高，也就是要努力促进人的全面发展。这是马克思主义关于建设社会主义新社会的本质要求。我们要在发展社会主义社会物质文明和精神文明的基础上，不断推进人的全面发展。"②

人的类特性是"自由的有意识的活动"，促进人的自由全面发展必然要突出人的个性。马克思把实现人的自由个性看做人的自由全面发展的最高目标，而"自由个性，是指个人能作为个人且最根据其意愿充分自由地表现和发挥其创造能力，可以自由地实现自己的个人生活和社会生活"③。应该说，马克思的自由个性概念里面本身包含着人的自我发展与自我规范、自律与他律的含义。现代文明修身要引导人们在现有的社会关系和社会分工前提下，逐步成为"有个性的个人"而不是"偶然的个人"，即促使人们发展成为与社会关系相适应、对社会关系有自主性的个人，而不是与社会关系不相适应、没有

---

① 《马克思恩格斯全集》第46卷（下），人民出版社1980年版，第36页。
② 《江泽民文选》第三卷，人民出版社2006年版，第294页。
③ 黄楠森：《人学原理》，广西人民出版社2000年版，第419页。

自主性、处于被奴役地位的个人。道德的自律和主体性的高扬是实现自由个性的基本要求，现代文明修身使个体成为道德上的自由人，个体的自由行为奠基于理性化良知之中，道德律令的正当性和权威性内在于个体的主体性之中。

人们在不断的创造中确立自己的存在方式，现代文明修身也要在突出人的创新本质中促进人的自由全面发展。现代文明修身活动受社会道德的影响并不断在活动中改造个体的道德，引导人们在社会生活实践中创造道德化的世界和道德化的生活，经验地证明人类是道德存在物。正是因为人们有道德性、社会性和创造性，人们才成为道德生活的主体，现代文明修身才成为在一定的思想道德理念指导下人的有目的性的社会实践活动。人们在现代文明修身过程中把科学合理的社会规范和法律制度逐步内化为自己的思想意识、外化为自己的实际行动，在辨别、理解、选择、认可、接受价值理念的过程中，提升道德素质、增长伦理智慧和形成创新精神，向自由全面发展的目标一步步接近。陶冶情操、激励心灵、塑造品性、规导行为，使人们的生活充满生机与活力，思想道德素质的涵养与开发，精神生活质量的增长和提升，促使人们精神愉快、心情舒畅地工作、学习和生活，有利于社会良好秩序的形成，更是创新精神培养的重要途径。人们在现代文明修身过程中保持强烈的求知欲和上进心，不断向人性所能达到的高度攀升，竭力促进人的自由全面发展。当然，现代文明修身活动不可能使每一位社会成员都达到崇高的生活目的，但有利于培养人们正确地价值理念、道德品行和角色状态，在"天、人、物、我"的和谐关系中确立独特的自由全面发展方式。

第三节　现代文明修身的辩证调控机制

辩证调控机制主要指在现代文明修身实践活动中，文明修身的主

体以辩证思维为指导对自身生活态度和生活方式进行调控与引导。马
克思曾经指出："辩证法在对现存事物的肯定的理解中同时包含对现
存事物的否定的理解……辩证法对每一种既成的形式都是从不断的运
动中，因而也是从它的暂时性方面去理解；辩证法不崇拜任何东西，
按其本质来说，它是批判的和革命的。"① 现代文明修身对个体生活
态度与生活方式的调控，要符合唯物辩证法的基本思维方式，不能仅
看到应然的道德理想与道德实践，还要有自觉的道德防范意识，注意
对立统一规律在现代文明修身实践活动中的应用，在对日常生活批判
中寻求提高现代文明修身的实际效果。具体说来，现代文明修身的辩
证调控机制在当前主要体现为成功与挫折调控方式、风险与机遇调控
方式、冲突与和谐调控方式等。

一、成功与挫折调控方式

成功与挫折调控方式是现代文明修身的一种基本调控方式，它主
要表现为利用辩证思维引导人们正确地看待生活中得失成败问题，能
够淡定从容地面对生活中的悲欢起落。恩格斯曾经指出："因为辩证
法在考察事物及其在观念上的反映时，本质上是从它们的联系、它们
的联结、它们的运动、它们的产生和消逝方面去考察的。"② 在恩格
斯看来，只要认真研究事物之间的普遍联系和发展运动，胜败得失的
端倪早已蕴涵其中，因此，成败得失不过是事物之间或者其内部诸要
素之间的发展变化、互相转化而已。在中国文化传统中，"胜不骄，
败不馁"是对这一调控方式的基本阐述，而"得意忘形"则是对这
一调控方式的背叛。"塞翁失马，焉知祸福"的寓言故事传诵千古，
也反映了古代中国人对辩证调控方式的早期运用状况。在现代文明修
身实践活动中，正确运用成功与挫折的调控方式，对提升文明修身主

---

① 《马克思恩格斯选集》第2卷，人民出版社1995年版，第112页。
② 《马克思恩格斯选集》第3卷，人民出版社1995年版，第361页。

体的思想道德素质至关重要，对于引领道德回归现实生活、培养人的理想人格和促进人的自由全面发展具有重要意义。

每个人都渴望成功，但成功作为一种价值判断，不同的价值观决定了人们对成功含义的不同理解。现代文明修身意义上的成功，是人们经过努力之后获得的心灵满足感、价值实现感。挫折与成功相伴而生，这里主要是指人们生活意义失落感、生命价值失败感的体现。在日常生活中，人们关于成功的话题主要围绕着事业与爱情两大主题，然而，激烈的社会竞争与快节奏的社会生活，使许多人早已丧失了"齐家、治国、平天下"的抱负与理想，"真心真意过一生"、"平平淡淡才是真"等流行语成了不少年轻人关于成功与挫折的评价方式。在一些人看来，伟业再造的宏大叙事离他们似乎很遥远，他们更关心的是幸福生活的现实营造。正如马克思所指出："个人怎样表现自己的生活，他们自己就是怎样。因此，他们是什么样的，这同他们的生产是一致的——既和他们生产什么一致，又和他们怎样生产一致。因而，个人是什么样的，这取决于他们进行生产的物质条件。"① 因此，人们自身的生存与发展状况，不仅仅取决于自身的基本素质和实践能力，还严重依赖现实的社会关系。一帆风顺的人生发展路径仅存在于理想状态中，顺境和逆境、成功与挫折交替影响和主导人的生活世界，现代人如果能够科学运用成功与挫折的调控方式，健康生活、快乐生活，文明修身实践活动的价值就已经得以显现。

成功与挫折的调控方式主要通过个体的现代文明修身活动，为人们提供精神动力和智力支持。在个体物质生活水平相对稳定的前提下，智商（Intelligence Quotient，简称 IQ）、情商（Emotional Intelligence Quotient，简称 EQ）、德商（Moral Intelligence Quotient，简称 MQ）的结构合理性，成为影响个体成功与否的关键因素。在现代社会中，不少人腰缠万贯、生活富足，在许多人看来他们是典型的

---

① 《马克思恩格斯选集》第 1 卷，人民出版社 1995 年版，第 67—68 页。

成功人士，但他们自身却生活抑郁，生活的幸福感和满意度却比较低，一些人甚至以别人无法理解的方式结束了自己的生命。从现代文明修身的视角来看，这些人主要是长期忽视精神生活资源的投入，一味地重视物质领域的得失成败，因此，一旦他们的日常生活相对稳定下来，"高处不胜寒"的感觉令他们不寒而栗。因此，成功与挫折的辩证调控方式要通过完善个体的智商、德商和情商的比例结构，促使人们形成良好的精神境界和道德水平，以最好的图景和最坏的打算建构自己的存在方式，以积极健康的态度去追求成功，以冷静反思的心态去面对挫折，最终寻求成功的最大化，抑制挫折的消极影响，追寻"宠辱不惊"的精神境界和理性高尚的生活态度，并把它转化成能动创造的生活方式，在一定意义上有助于消除现代人精神生活的"贫困"。

二、风险与机遇调控方式

风险与机遇调控方式主要着眼于人的现代化过程中个体思想和行为的现代转变。现代文明修身既要发掘个体发展的机会和条件，又要预防发展中可能遭遇的危机和险境。社会现代化过程中的机遇与风险客观存在，人的自我发展因自身对社会现代化的适应和选择状况不同而呈现出机遇与风险发展的不同视景。"人的适应性、创造性越强，证明人抓住和利用机遇的频率高，排除风险的能力强，否则，人则会坐失良机，频遭风险袭击。在当代社会条件下，人的主观因素在发展过程中的作用，在很大程度上是及时抓住机遇发展自己和随时排除风险争取发展主动。"[①] 对具体现实的个人来说，发展机遇与风险并不存在于人的发展过程之中，而是在主观选择与客观变化中保持动态对峙，它对个体的文明修身活动既是积极性的目标引导，又体现为预防性的行为规范。人们在机遇与风险的选择和预防中不断调整自身的生

---

① 郑永廷：《人的现代化理论与实践》，人民出版社 2006 年版，第 366 页。

活态度与生活方式，最终向适合社会进步与个体发展的路径迈进，尤其是人们在规避风险、创造和利用机遇过程中所体现出来的创新精神和实践能力，对个体发展具有重要意义。

在现代文明修身活动中，风险与机遇调控方式主要是文明修身主体针对不同的人生境遇而作出的自我调控。一般来说，人们对机遇的出现和把握比较有心理准备和行为动机，而对风险的认识和预测存在较多漏洞和不足。从词源学来分析，风险（risk）一词源于拉丁语resceum，意味着"危险"、"巨礁"、"海上危机"；也有学者认为，它源于希腊词 hiza，意思是"悬崖"，喻义"围绕一个危险的障碍航行"。以研究"风险社会"理论著称于世的德国社会学家乌尔里希·贝克（Ulrich Beck）认为，风险是"通过有意采取的预防性行动及相应的制度化的措施战胜种种副作用"①。在乌尔里希·贝克的风险社会理论体系中，风险既是一种观念和意识，也是对现代性进行反思的关键词，甚至成为"系统地处理现代化自身引致的危险和不安全感的方式"②。我们所研究的风险与机遇辩证调控方式，主要侧重于利用文明修身活动引导人们对危险后果自觉控制，对人生机遇做好足够的心理和行为准备，一旦机遇出现则能够较好地把握。换句话说，风险与机遇辩证调控方式主要强调对偶然性因素导致的行为与后果作出及时合理的应对，表明人们能够较为理性地认识和理解相关决定或行为会造成的不可预见后果，甚至可以通过适当的途径与方式控制不可控制的事情。

在现代文明修身活动中，风险与机遇调控方式的理论依据是关注偶然性的重要作用。马克思主义重视必然性在社会生活中的主导作用，强调"必然性在事物发展过程中具有支配地位，偶然性对整个

① ［德］乌尔里希·贝克：《自由与资本主义》，路国林译，浙江人民出版社2001年版，第121页。
② ［德］乌尔里希·贝克：《风险社会》，何博闻译，译林出版社2004年版，第21页。

事物的发展只起加速或延缓以及使之带有这样或那样特点的影响作用"①。但马克思主义从来也不否认偶然性因素对社会生活与人的发展的重要意义，正如恩格斯在批判法国唯物主义中移入自然科学的决定论时所指出："力图用根本否认偶然性的办法来打发偶然性。按照这种观点，在自然界中占统治地位的，只是简单的直接的必然性"②，"确信在这里一切也都是立足在坚不可摧的必然性上面，这是一种可怜的安慰"③。恩格斯的论述为风险和机遇调控方式的形成提供了直接的理论指导。因此，面对复杂多变的现代生活与无限延伸的时空场域，现代文明修身实践活动中所倡导的辩证调控方式，要求人们在高度重视必然性因素主导性作用的同时，也必须高度重视偶然性因素对社会生活与人的发展的影响与建构价值。人们都会记住一句话："机遇总是垂青有准备的头脑"，这尽管是对偶然性因素及其作用的肯定，但偶然性因素的影响始终是边缘性的。毫无疑问，现代社会中意料之外的状况正在越来越多地呈现，给人们的存在方式造成巨大的影响，无法预测和难以预料的因素越来越多，"种瓜得豆"的事情时常出现。风险与机遇调控方式，正是文明修身主体高度重视社会发展及个体发展过程中偶然性因素的结果。

　　人的秩序理性与自由个性的培育与实现都是通过人的社会化过程得以体现的，而人的社会化过程总是受环境制约。风险与机遇调控方式的正确运用，必将深刻地影响着人的发展状态和发展方式，但是市场经济的运行规则和全球化进程的加速，使人的发展更多地打上了物化的烙印，偶然性因素对个体发展的影响越来越大，正如马克思在批判资本主义生产关系下人的生存方式时所言："在现代，物的关系对个人的统治、偶然性对个性的压抑，已具有最尖锐最普遍的形

---

① 肖前等：《辩证唯物主义原理》，人民出版社 1981 年版，第 261 页。
② 《马克思恩格斯选集》第 4 卷，人民出版社 1995 年版，第 324 页。
③ 《马克思恩格斯选集》第 4 卷，人民出版社 1995 年版，第 326 页。

式。"① 人的发展不是抽象的历史进程，自由个性实现的理想状态也充满着现实的、具体的和差异性的诸多因素，加强现代文明修身，正确运用风险与机遇辩证调控方式，有利于个体对自身的发展需要作出较为客观准确的判断。社会生活与人类的实践活动是不断发展变化的，个体的发展与社会的进步也不存在一成不变的发展样态与发展模式。因此，在现代文明修身实践活动中正确运用风险与机遇辩证调控方式，有利于我们通过对偶然性因素的把握，形成对生活于其中的社会作出正确的认知与思考，从而为当代人建构科学合理的存在方式服务。

三、冲突与和谐调控方式

冲突与和谐调控方式是辩证法的历史轨迹和当代走向的具体体现。现实社会生活中资源的有限性和个体发展需求的无限性之间的张力，构成了人们冲突与矛盾的社会根源，在传统社会中解决这一矛盾的基本思维方式是对立和斗争，胜利的一方拥有相应的资源支配权和所有权，失败的一方需求被压抑甚至被消灭，然而，现代社会生活中矛盾冲突的普遍性和不可征服性决定了传统调控方式的失败，必须寻求个体发展的新调控方式，本书认为和谐调控方式值得研究，这种调控方式的基本出发点是通过协商、沟通、双赢、共生的方式取得共同发展，缓和矛盾冲突，使个体发展立足于社会或他人的发展基础之上，以"人人献出一点爱"的方式寻求矛盾冲突的和谐解决方式。冲突与和谐的调控方式反映了人的思维方式由对立统一走向和谐共生，揭示了唯物辩证法的当代走向，这是建设和谐社会与和谐世界的理论依据，也是现代文明修身的重要途径，人们在冲突向和谐的不断转化过程中实现个体的自我发展与社会的繁荣进步。

在现代文明修身活动中，冲突与和谐调控方式的理论依据是差异

---

① 《马克思恩格斯全集》第3卷，人民出版社1979年版，第515页。

性与同一性的辩证关系。马克思主义认为："辩证矛盾作为世界发展的动力和源泉，是通过矛盾的不断发展和解决而表现出来的，因而深入认识矛盾的作用，就要分析矛盾的发展和矛盾的解决。"① 而社会主义社会中大量的矛盾表现为非对抗的矛盾与冲突，属于人民内部矛盾，这样的矛盾与冲突可以通过社会主义制度的自我完善和发展社会生产力加以解决，所以我们必须摒弃"非此即彼"的斗争式思维。塞缪尔·亨廷顿（Samuel P. Huntington）在谈及西方基督教世界与穆斯林世界的冲突时指出："冲突是差异的产物。"② 实际上，差异只是一般矛盾的潜在状态或萌芽状态，它是世界多样性的体现，差异性可能导致冲突但并不必然导致对立与对抗。因此，关注生活世界的差异性，将差异性引起的冲突向同一性的和谐引导方式转化，成为现代文明修身解决生活世界中各种冲突问题的基本思路。转化是和谐调控方式的本质特征，它将差异性所导致的矛盾冲突联结起来，"使问题处于相对稳定的状态，提供冲突双方得以存在与发展的条件，从而孕育着扬弃旧的矛盾的条件"③。个体主体在生活世界中遇到各种矛盾和冲突时，首先要做的不是使之激化而走向对立、对抗，而是在冲突与和谐调控方式的引导下，引导矛盾与冲突向同一性转化，从而最终使冲突以和谐的方式予以解决。

在现代文明修身活动中，冲突与和谐调控方式能够使差异性以多样性样态良序存在。个体的文明修身活动是以目标为导向的思想道德素质提升活动，提升的过程会存在诸多的矛盾因素，这是由个体的社会实践与社会的复杂变迁所导致的，正确认识社会生活的差异性及其

---

① 肖前：《马克思主义哲学原理》上册，中国人民大学出版社 1994 年版，第 250 页。

② ［美］塞缪尔·亨廷顿：《文明的冲突与世界秩序的重建》，周琪等译，新华出版社 1998 年版，第 232 页。

③ 肖前：《马克思主义哲学原理》上册，中国人民大学出版社 1994 年版，第 244 页。

矛盾冲突，能够使人们以一种开朗、乐观、豁达、向上的心态看待自己的存在方式，并且能够以和谐的思维积极引导矛盾冲突的合理转化与解决，对文明修身获得价值性以及个体健康幸福生活的价值性显而易见。然而，正如恩格斯所言："我们只能在我们时代的条件下去认识，而且这些条件达到什么程度，我们才能认识到什么程度。"① 由于历史的局限性和我们自身活动方式的条件性，我们在下一个场合的表现也许并不比这一个场合的表现更聪明，但是，我们至少应该意识到，现代文明修身活动的意义就在于"我们在思想中把个别的东西从个别性提高到特殊性，然后再从特殊性提高到普遍性；我们从有限中找到无限，从暂时中找到永久，并且使之确立起来"。② 换句话来说，我们透过差异性看待多样性，寻找共同性与共在性，把一个个矛盾冲突以和谐的方式予以解决，使个体的文明修身活动不断对个人与社会呈现出新的价值和意义，这也是冲突与和谐调控方式的价值性之所在！当然，这也许是一种理想化的实践机制，但在社会主义和谐社会建设的伟大历史进程中，我们至少应该有义务为社会的和谐发展与个体的自由全面发展作出新的探索。

总之，辩证调控实践机制只是从文明修身活动主体的人生际遇维度而作出的行为方式选择。与其他实践机制相比较，它最突出的特点就是以辩证思维指导现代文明修身活动，并构成现代文明修身活动的重要实践路径。成功与挫折、风险和机遇、冲突与和谐等问题，都是社会生活实践中的触及人们神经和心灵的常见问题，在某种意义上说，它们构成了现代人存在的体验状态。而现代文明修身活动是要促使人们在实践活动中呈现出积极的生命意义与自觉的价值样态，要引导人们克服自在自发与异化受动的存在形式，逐步摆脱生命的不自由存在形式。卡西尔指出："人之为人的特性就在于他的本性的丰富

---

① 《马克思恩格斯选集》第 4 卷，人民出版社 1995 年版，第 337—338 页。
② 《马克思恩格斯选集》第 4 卷，人民出版社 1995 年版，第 341 页。

性、微妙性、多样性和复杂性"①，尽管卡西尔是以唯心主义的立场
来谈人的本性，与马克思主义关于人的实践本性、社会本性、精神本
性有截然区别，但至少他讲对了一点，那就是人的存在样态具有丰富
性、微妙性、多样性和复杂性，这与马克思主义的基本观点是吻合
的。现代文明修身的主要使命是促使人的存在样态向高尚化、文明化
的方式迈进，辩证调控实践机制面临的主要问题就是提升人的存在样
态的丰富性、微妙性、多样性和复杂性，最终在人的秩序理性孕育和
自由个性形成过程中实现其价值。

第四节　现代文明修身的优化整合机制

现代文明修身的优化整合机制借用了美国社会学家帕森斯在
《社会体系和行动理论的演进》（1977）一书中提出的社会整合
（social integration）概念。帕森斯认为，社会整合是社会不同的因素、
部分结合为一个统一、协调整体的过程及结果，它依赖于社会体系内
各部门的和谐关系和体系内已有成分的维持。他认为实现社会整合必
须具备这样两个不可或缺的条件：①有足够的社会成员作为社会行动
者受到适当的鼓励并按其角色体系而行动；②使社会行动控制在基本
秩序的维持之内，避免对社会成员作过分的要求，以免形成离异或冲
突的文化模式。现代文明修身的优化整合机制，要求把文明修身活动
看做一个实践系统，主体在文明修身过程中把所接触的所有资源要素
协调、优化起来，发挥现代文明修身对人存在方式影响的最优最大功
能。在优化整合机制发挥作用的过程中，现代文明修身主体能够自觉
按照文明修身目标优化自身的思想和行为，同时，这种文明修身实践

———————

① ［德］恩斯特·卡西尔：《人论》，甘阳译，上海译文出版社 1985 年版，第 15
页。

机制建构是立足于现实的生活世界和具体现实的个体之上，以社会成员易于接受的民族特色理论影响和指导人们的道德建设和生活态度，进而促使社会成员在现实生活中形成理性高尚、能动创造的生活态度与生活方式。本书认为，现代文明修身的优化整合机制主要涉及文明修身实践活动的效率问题，即资源的投入与产出之比，具体来说，本书所探讨的优化整合机制，主要包括综合利用资源、虚拟与现实中汲取营养、民族特色文化资源的涵养三种基本方式。

一、综合利用资源方式

综合利用资源方式是综合法与资源意识相结合的现代文明修身方式。在纷繁复杂的现代社会，人们要综合利用人类文明中的道德修养、自我完善理论和修身方法，选择最能够实现个体发展与社会和谐进步的现代文明修身途径。而"所谓资源意识，就是价值意识或财富意识"[①]，过去人们讲资源，主要指物质资源和自然资源，是一种有形的财产和财富，而很少将文化精神、思想意识和观念习俗列入资源的范畴。在安东尼·吉登斯的结构化社会理论中，所谓资源是指"这样一些模式，转换关系可以借助它们真正地融入社会实践的生产与再生产"[②]。在现代文明修身活动中，综合利用资源不单指物质资源和自然资源的利用，而是将文化精神、思想意识和观念习俗等精神要素与一些模式列入现代文明修身的资源范畴，以形成现代文明修身实践的合力。现代文明修身过程既要综合利用科学的意识形态、文化精神和价值观念来指导个体的思想和行为，也要学习典型人物与先进事件，这部分资源得不到有效开发和利用，现代文明修身活动很难取得应有的实效。面对思想文化和价值观念的全球蔓延、渗透与碰撞态

---

① 郑永廷：《现代思想道德教育理论与方法》，广东高等教育出版社 2000 年版，第 70 页。

② ［英］安东尼·吉登斯：《社会的构成》，李康、李猛译，三联书店 1988 年版，第 80 页。

势，现代文明修身过程中的综合利用资源方式，强调文明修身主体必须增强资源意识，重视资源的投入与产出之比，即效率。具体来说，就是在现代文明修身过程中要进一步重视意识形态、思想文化和价值观念的资源价值，正确处理好有形资源与无形资源的关系。

在现代文明修身活动中，综合利用资源方式意味着应当坚持社会主义意识形态的主导地位。自科学社会主义诞生以来，意识形态领域实质上一直是社会主义与资本主义、无产阶级与资产阶级的基本对立。这一格局并没有因为"趋同论"、"意识形态终结论"等理论的出现而消解，也没有因经济全球化过程中经济合作的加强而被淡化，因此，综合利用社会主义意识形态优势资源开展现代文明修身活动，是提升我们道德理想和思想境界的重要路径。非社会主义甚至反社会主义意识形态的传播与渗透，难免会对现代文明修身过程产生消极的影响，因此，必须加强社会主义核心价值体系建设，增强社会主义意识形态的吸引力和凝聚力，并在现代文明修身过程中予以贯彻和践行，因为它体现了中国共产党和中国人民的根本利益和共同价值观，始终是社会主义中国的指导思想。在现代文明修身过程中，不同的意识形态跨越了封闭条件下的自我预设，共存于同一时空，出现了意识形态的多样性，客观上给人们提供了进行比较与选择的多种可能性，我们对非社会主义的意识形态不能采取非此即彼的简单排斥态度，而要通过社会主义意识形态资源的科学性来彰显其在人们幸福生活建构与理想人格塑造中的独特价值，促使人们透过现象揭示本质，引导文明修身主体自觉接受社会主义意识形态的指导。

在现代文明修身活动中，综合利用资源方式意味着应当科学对待外来文化和民族文化的关系。现代文明修身活动实质上是个文化熏陶和价值引导过程，目的是通过思想文化、道德观念的感染与传播，使文明修身主体形成个体幸福生活的正确观念，营造文明高尚、和谐进步的社会精神氛围，在潜移默化中提升民族自信心、凝聚力。开放的社会环境使各种文化思潮易于广泛传播和扩大影响，并且以不同的方式、程度影响着文明修身主体的思维方式与行为方式。采用综合利用资源的方式，一方面是为了在弘扬和发展民族文化过程中培养社会成员的价值认同感和民族凝聚力；另一方面也利用独特的民族思想文化资源加速人力资源开发和创新人才培养的步伐。在现代文明修身实践活动中，文明修身主体既要以开放的心态吸收外来文化资源的精华，又要能够保持优秀民族文化资源的"中国特色"、形成健康自信的民族文化心理。现代社会是一个伦理价值观念与精神文化资源高度分化又高度整合的社会，现代文明修身活动必须立足民族，面向世界，高扬爱国主义、社会主义、集体主义教育的主旋律，综合利用各种优秀思想文化资源，培养面向现代化、面向世界、面向未来的高素质创造性人才。

在现代文明修身活动中，综合利用资源方式意味着应当努力促使越来越多的人树立共产主义信仰。信仰对人良好存在方式确立至关重要，正如有的学者所指出："信仰是人的最基本、最深刻的精神活动，体现着人对价值理想建构或最高价值的承诺，关系着人对精神家园和终极关怀的寻觅，因而它在根本上影响人的精神活动和社会活动。"[1] 共产主义信仰是人类最崇高的信仰，但并不是每一个人在社会生活实践中都能自觉地意识到并确立的信仰。现代文明修身是一个引导人们不断追求真善美的过程，只有在文明修身过程中人们不断获得对共产主义信仰的肯定性体验，对共产主义信仰的情感不断升华，才能使人们对共产主义的认识更加深入内心与精神世界，才能形成和坚定共产主义信仰。因此，文明修身主体应当积极主动地学习、吸收马克思主义的思想文化资源，并不断内化（internalization）为自己的道德品质和思维方式、外化（externalization）为自身的生活态度与行为方式。在现代文明修身过程中，综合利用资源方式也意味着文明修

---

① 李萍、钟明华、刘树谦：《思想道德修养》，广东高等教育出版社 2003 年版，第 175 页。

身主体要自觉增强对非马克思主义甚至反马克思主义思潮的识别能力和免疫能力，在关注秩序理性培养中系统学习并践履马克思主义，引导更多的人树立科学的共产主义信仰，为实现人的自由个性服务。

二、虚拟与现实中汲取营养

虚拟与现实中汲取营养是优化整合机制的重要方式。现代文明修身既要注重个体在现实社会关系中思想道德素质提升，也要注重个体在互联网构成的虚拟世界的思想和行为引导。虚拟世界是一种虚拟中的现实，它是现代人社会生活的重要场域，人们在虚拟社会中形成虚拟社群，但"虚拟社群……不会遵循实质社群的那种沟通和互动模式，但它并非不真实，而是在不一样的现实层面上运作。虚拟社群是人际的社会网络，大部分以弱纽带为基础，极度地多样化且专业化，但也能够由于持续互动的动态而产生互惠而支持"①。人们在虚拟社群中与在实质社群的言说方式和行为方式虽有明显区别，但在总体上都是对自身社会生活状况和生活态度的反映，虚拟社会的开放性、交互性、虚拟化与时空压缩等特征，极大地改变了思想观念与文化形态的存在格局，对个体的生产生活方式产生重大影响。片面重视虚拟世界容易导致价值观的失衡，忽视现实生活和虚拟世界的差异容易导致人的冷漠与孤僻，因此，虚拟与现实中汲取营养的现代文明修身方式，既要以提高个体的主体性和思想道德素质为基本目标，又要尽可能避免人类个体化的增强所导致的"绝对个性化"。

在现代文明修身活动中，虚拟与现实中汲取营养主要是强调整合社会结构系统中的优秀思想道德资源和相关模式，为文明修身主体确立良好的存在方式服务。安东尼·吉登斯在《社会的构成》一书中将社会结构区分为"社会整合"（social integration）与"系统整合"

---

① ［美］曼纽尔·卡斯特：《网络社会的崛起》，夏铸久等译，社会科学文献出版社 2003 年版，第 445 页。

（system integration），所谓"社会整合"就是个人如何与微观社会环境实现统一。"系统整合"则表示"不在场"情境下的有机整合，即各个微观社会环境之间的整合。① 在吉登斯看来，社会结构的发展模式是由人的行动与结构在跨越时空上的不同组合而形成的。人既有在现实社会关系中的行动，即人与微观社会环境统一的社会整合，也有因互联网广泛应用而构成的虚拟社会"不在场"的交往关系，无论是在现实生活中还是网络空间的虚拟生活中，都充斥着大量的思想文化信息，在不同程度上影响着人的现实发展与虚拟发展，网络作为人的工具性、生存性和发展性的基本特征，决定了人的虚拟发展最终还是要通过现实的人确立人的生存与发展方式。因此，优化虚拟空间的交往关系，整合虚拟社会的精神资源，使网络空间中人的发展的快速扩展性与现实生活中人的存在的规范性相统一，这是现代文明修身主体更好利用虚拟与现实环境进行自我发展、自我规范、自我完善的基本要求。虚拟社会中丰富的精神营养为人的发展提供了更大的生活舞台与存在空间，但是，网络的符号化、形式化、虚拟化必须服从并服务于人的理性化发展，现代文明修身活动是日常生活世界的自教自律活动，鼓励人们从虚拟与现实生活中汲取营养以促进人的自由全面发展。

在现代文明修身活动中，虚拟与现实中汲取营养的中心任务是促进虚拟精神生活形态与现实精神生活关系的良性互动。现代人一般都存在虚拟发展状态，它与传统社会中人的想象性、虚构性存在完全不同，"是人应用现代科学技术，将自身的现实活动，而不是异己的力量和对象，转化到网络的虚拟空间，实现了人把自己虚拟化、神秘化的梦想"②，网络虚拟性是相对于人的现实性而言的，作为一种存在

① 参见钟明华、范碧鸿：《吉登斯结构化理论对马克思社会历史观的"解构"与误解》，《马克思主义研究》2008 年第 1 期，第 103 页。

② 郑永廷：《人的现代化理论与实践》，人民出版社 2006 年版，第 357—358 页。

状态，它是虚拟中的现实，在那里，人和人的交往关系是客观存在的，而且完全建立在交往主体自觉自愿的基础之上，思想道德、价值理念的相互影响、相互渗透也是客观存在的，并且会通过人的现实生活在现实社会关系中呈现出来。因此，人的虚拟性存在如果脱离现实性过度，其发展的工具化、动物性、反社会倾向就会逐步显现出来，而网络中的虚拟交往不可能取代现实社会中的交往关系。在虚拟和现实中汲取营养，意味着我们可以合理利用现实社会和虚拟空间，遵守现代社会个体人格的道德性规定，将文明修身主体的道德认知、道德情感、道德意志、道德信念、道德习惯在虚拟和现实中有机结合，促进虚拟精神生活形态与现实精神生活关系的良性互动。这既是现代文明修身优化整合机制建构的基本初衷，也为个体自觉内化道德规范和接受德性熏染奠定了心理基础。

三、民族特色文化资源的涵养方式

民族特色文化资源的涵养方式，对人的活动的内在机制或生存方式的形成具有重要影响。在现代文明修身活动中，与综合利用资源方式中民族文化资源在抵御外来文化中显在作用的发挥相比较，民族特色文化资源的涵养方式侧重于对文明修身主体内在文化心理结构的影响，它关注人的本真性存在。正如学者衣俊卿所指出："文化是人历史地凝淀的稳定的存在方式"[1]，它"是历史积淀下来的被群体所共同遵循或认可的共同的行为模式，它对个体的行为具有现实的给定性或强制性"[2]。文化一旦形成就具有很强的自我维护机制，具有很强的生命力，在某种意义上说，个体的思想道德、价值观念和生活方式本身就是文化的产物，我们的言行举止、生活习惯、思维方式和价值

---

[1]　衣俊卿：《文化哲学：理论理性与实践理性交汇处的文化批判》，云南人民出版社2001年版，第168页。
[2]　衣俊卿：《文化哲学：理论理性与实践理性交汇处的文化批判》，云南人民出版社2001年版，第169页。

观念正是民族文化特征的反映。马克思指出："人们自己创造自己的历史，但是他们并不是随心所欲地创造，并不是在他们自己选定的条件下创造，而是人们直接碰到的、既定的、从过去继承下来的条件下创造。"① 传统文化的自在性和给定性既是人们进行现代文明修身的前提条件，又是人们追求理性高尚、能动创造的社会生活的基本源泉。现代文明修身活动既要弘扬优秀的民族文化传统，又要正确处理传统文化本身所包含的内在的超越性与自在性的张力和矛盾，在追求超越性中消除文化自在性的消极意义，发挥其对个体内在心理结构与社会文化氛围塑造的积极意义。在某种意义上说，现代文明修身活动是现代人良好的内在心理结构的建构过程，它是对我国优秀传统文化在实践中的继承和发展，有利于形成中国特色的人的发展理论。

民族特色文化资源的涵养方式，是现代文明修身优化整合机制的重要内容。它通过关注人的本真性（Authenticity）存在彰显其价值。何谓人的本真性？本书比较赞同阿格尼丝·赫勒关于本真性的界定，她指出：本真性"是一个个性词汇，而不是一个道德词汇。正是基于此，它是多面的并且需要过分地解释。但是，无论以什么方式，所有的解释都集中于'成为真实'的意义，而不是成为'复制、伪造'。因此说，本真的人是一个'真正地生存的人'，然而，非本真的人是'不真实的'；如此这样的人仅仅是没有存在，是活着但是没有生活着"②。在赫勒看来，本真性存在的人是有着明确的生活目标、确定性生存的人，现代文明修身是一种德性实践方式，而民族特色文化资源的涵养本身对人才培养目标有清晰的内在规定性，包含了使文明修身主体成为本真性存在的人的基本内涵，关键问题是如何使民族特色文化资源的涵养既体现社会进步的客观要求，培育现代人的秩序

---

① 《马克思恩格斯选集》第 1 卷，人民出版社 1995 年版，第 585 页。
② Agnes Heller, *A Philosophy of Morals*, Oxford：Basil Blackwell Ltd, 1990, p.76.

理性，又要体现人的自由全面发展的目标，有利于实现人的自由个性？

在现代文修身活动中，民族特色文化资源的涵养方式对人的本真性存在的影响，主要包括规范化的社会教化和非规范性的文化渗透两种基本路径。前者主要体现社会文化的强制性与个体自我发展的自觉性，民族特色文化资源对个体的教化主要是通过个体的社会化来完成的。个体在社会生活中不断加工各种民族特色文化资源信息，并逐步把它转变为自己内在的稳定的心理品质和生活方式，并对自我的发展作出不断地调整，从而保证自身处于本真性存在的状态，从这个视角上看，现代文明修身本身就属于文化的社会教化内容。后者是民族特色文化资源的弥散性与个体自我生成的自发性的体现，个体生命本身就是社会文化的产物。个体的社会文化性是与生俱来的，并在生命的长河中不断得到新的发展。生命成长的每一点内容和生活的点滴瞬间都镌刻着民族特色文化的印记，传承着民族特色的文化基因，文化已悄无声息地融入到个体的血脉之中，在这个意义上说，中国人就是被"中国文化"濡化的人。① 在现代文明修身活动中，自觉自愿的文明修身活动与非规范性的文化渗透相结合，通过文化发展的自发性和个体发展的自觉性来共同构造人的心理结构，从而实现民族特色文化资源对人本真性存在的价值。

总之，现代文明修身不是存在于历史典籍和民间创说中的虚幻而抽象的空头理论，而是社会成员现实生活中的文化实践活动。它能否对人的本真性存在产生积极健康的影响，真正被更多的人理解、认同与接受，并自觉地进行现代文明修身，关键是现代文明修身活动的资源投入与机制建构，是否符合现代人的内在心理发展需求，是否具有我国民族特色的活动形式，是否符合人们的思维方式、价值观念和生

---

① 参见张向葵、从晓波：《社会文化因素对心理健康问题的影响》，人大复印资料《心理学》2006 年第 1 期，第 80 页。

活方式。正如斯宾格勒所说："每一种文化都有其特有的一种爱——我们可随意称之为天上的或形而上的——这一文化可以根据这种爱来沉思、理解、并将神性纳入自身之中，可是这种爱对其他一切文化来说却是无法接近而又毫无意义的。"① 我们所推行的人的发展形式如果以民族文化的形式出现，在思想和情感上容易为人们所接受，同时也保持了民族文化的延续性、特色性，因此，它比较容易真正进入人的现实生活，对社会成员的生活方式和精神境界能真正起到作用。面对西方工业文化和真实虚拟的网络文化的传播与渗透，我们必须大力弘扬优秀的中国文化传统以保持我们的民族特色，研究和推进人的现代化的民族化形式。现代文明修身理论应当与中国特色社会主义文化建设相衔接，在鲜活的社会生活中呈现出民族精神的特有内涵，在促进人的本真性存在中弘扬民族文化，在弘扬民族文化中促进人的秩序理性塑造和自由个性发展。

第五节　现代文明修身的心理调适机制

注重心理调适是现代文明修身的重要特征。社会生活的快节奏、竞争的加剧以及互联网的广泛使用，人和人之间的直接交流和沟通逐渐减少，而心理压力和心理负担则与日俱增，面对多维的人生选择，个体难免会出现精神紧张甚至是心理失衡与障碍，严重时会导致心理疾病和精神崩溃，生存的焦虑感严重影响了人们生活质量的提高。在分析这一问题时，保罗·蒂利希从后现代的视角指出："在我们时代，对怀疑与无意义的焦虑压倒了一切。"② 当然，保罗·蒂利希似

---

　　① ［德］斯宾格勒：《西方的没落》下册，齐世荣等译，商务印书馆2001年版，第458页。
　　② ［美］保罗·蒂利希：《存在的勇气》，成显聪、王作虹译，贵州人民出版社1988年版，第154页。

乎夸大了人们焦虑性生存的状态，但他的忧虑不无道理，在我国，不少人在快节奏的社会生活中也出现了焦虑症。因此，在现代文明修身实践活动中引入心理学的方法建构心理调适机制，有利于提高人的心理素质和思想道德素质，促使人们在心理调适中追求一种有道德、有意义的生活，这是保护人的身心健康所必需，也是塑造理想人格、开发人的潜能的有力手段。

一、心理调适机制的内涵阐释

作为现代文明修身重要实践机制的心理调适，主要强调自我调适。它是"个体把握自己的一种调节方式，是自教自律的一种动态方式，是个体应对复杂、快速变化社会的内在调节器，没有它，个体的自教自律就会显得消极被动"[①]。现代文明修身在某种意义上也是一种自教自律活动，尽管它也有一个培养秩序理性的价值导向，但这种自教自律活动不以限制个体的行为为目的，它以培养自由个性为最终价值取向，当然，这种自由是实践的自由，在建构和谐宁静心灵秩序、健康的社会生活秩序和良性生态秩序的过程追求自由个性。然而，现代文明修身活动也不是一副"包治百病"的万能药方，文明修身主体尽管有合理的修身目标导向，也能够通过辩证调控方式对发生在自己人生际遇中各种风险、冲突与挫折进行合理调整，甚至也可通过优化整合机制对文明修身资源与精力的投入予以正确引导，但是，作为一个普通人，也难免会出现精神紧张，甚至会出现心理失衡与障碍的现象，因此，心理调适机制的建构与运行，有助于提升现代文明修身活动的实际效果，当然也有利于现代人的健康生活。一般来说，现代文明修身活动的心理调适机制，其基本内涵主要包括"发展方向上的调整，道德方位上的调节和思想

---

① 郑永廷：《现代思想道德教育理论与方法》，广东高等教育出版社 2000 年版，第 262 页。

方式上的调适"①。

　　发展方向上的自我调整，主要是通过心理调适机制来认识道德的精神动力作用，自我调整个人发展方向上的价值偏斜与价值替代，使个体的现实生活实践与人的自由全面发展的要求相一致。对个体来说，心理调适机制要重视思想道德素质的提高，但应当着眼于人思想道德精神生活实际，在当前，发展方向上自我调整的一个重要使命就是克服个体生活的无意义感。20世纪以来，在"上帝死了"的呐喊中，人的精神生活迎来了世俗化的狂潮，一些人在多元化的道德价值取向中丧失了理想信念，思想意识的腐朽化、功利化倾向空前凸显。改革开放以来，我国社会由计划经济转向市场经济的历程基本完成，个体的存在在方式早已冲破了传统道德的束缚，多元价值取向与道德理想的碎片化、功利化乃至虚无化，严重影响了人们对共产主义的信仰、对社会主义的信念、对改革开放的信心和对党和政府的信任，不少人的精神生活世界中充满了"无所谓"、"过把瘾就死"等理念及由此延伸的无意感，正如英国当代著名社会学家安东尼·吉登斯（Anthony Giddens）所指出："在晚期现代性的背景下，个人的无意义感，即那种觉得生活没有提供任何有价值东西的感受，成为根本性的心理问题。"② 因此，利用心理调适机制，对个体进行发展方向上的自我调整就显得非常有意义。

　　道德方位上的自我调节，主要是通过心理调适机制来引导文明修身主体自觉调整道德追求的广泛性和先进性层次。追求高尚的道德无疑有助于人除去心理的阴霾，但现代文明修身所主张的道德方位上的自我调节，首先是要求道德追求符合现代人的精神生活要求，既应当突出现实性，又要具有一定的前瞻性，要从实际出发，区分层次，着

---

① 郑永廷：《现代思想道德教育理论与方法》，广东高等教育出版社2000年版，第262页。

② ［英］安东尼·吉登斯：《现代性与自我认同》，赵东旭、方文译，三联书店1998年版，第9页。

眼多数，鼓励先进，循序渐进，积极鼓励一切有利于国家统一、民族团结、经济发展、社会进步的思想道德，大力倡导先进分子带头实践社会主义、共产主义道德，引导人们在遵守道德规范的基础上，不断追求更高的道德目标和精神生活。道德方位上的自我调节，一般来说要通过个体认可的道德目标来引领，在现代文明修身实践活动中，其基本着眼点是让社会主义道德引领人的生活。社会主义荣辱观的提出，既从不同层面指明了现代社会生活许多人的道德水平亟待提高的客观事实，同时也为人们践行社会主义道德提出了切实可行的标准，因此，现代文明修身实践活动中关于道德方位上的自我调节，先从践行社会主义荣辱观开始，并在实践的过程中不断提升自己的道德目标，找准差距，调节方位，自觉消除自身道德观念和道德行为中存在的问题，不断激发高尚的道德情感，使自身的文明修身活动一直处在社会主义道德的积极引领之中，那么，思想道德素质的提升与精神生活质量的改善不言而喻。

思想方式上的调适，主要是利用心理调适机制有针对性地对现代人出现的不同层次的精神与心理问题进行理性把握与引导。思想方式上的调适是现代文明修身实践活动中的主要方法之一，它以现代文明修身主体已存在的心理困扰、引起心理冲突而要求得到帮助的内容为对象，通过与人交流或者其他方式来改变自己的思想状态，与人交流过程中建立良好的信任关系，在和谐轻松的交流气氛中将心中郁积的苦闷和痛苦宣泄出来，通过相关的思想引导减轻自身的心理负荷，自觉进行情绪疏导、心态调控，从而使其恢复心灵的和谐宁静和确立正常的生活心态。如：在现代文明修身实践活动中，对郁闷、孤独、心躁等与个体健康发展相背离的心理问题和思想问题，进行自我疏导、自我宣泄、自我导向、自我控制，来消除心理障碍，恢复健康的心理、心态和精神生活。思想方式上的调适主要通过个体自觉进行思想转化，创造适合自我发展的气氛来缓解、减轻心理负荷，激发自我对社会环境的适应能力，"恰当地调整自己的思维方式和行为方式，寻求建立人与自然、人与社会、人与人、人与自身之间关系的科学性、和谐性、丰富性，最终引导个体在现实生活中确立健康的生活方式与营造和谐的生态秩序"①，进而促使个体在提高思想道德素质的同时达到身心健康发展的目的。

二、心理调适机制的逻辑内容

在现代文明修身过程中，心理调适机制的逻辑内容主要分为终极信仰的超越层次、社会实践的交往层次与个人心性的内在人格层次。正如有的学者所指出的："终极信仰的超越层次属于道德形而上学，具有价值导向作用，社会实践的交往层次属于普遍性社会道德规范，而个人心性的内在人格层次则属于美德伦理层次，是对前二者的内化或人格化，从伦理学视角看分别属于信仰伦理、社会规范伦理和美德伦理范畴。"② 就道德信仰来看，它反映了个体基于一种共同价值目标期待之基础上，所共同分享或选择的价值理想或价值承诺，这种层次的心理调适机制具有理想性、持久性和排他性，其本质上是为人的生活确立一种生活价值导向问题。现代文明修身活动中的心理调适机制，终极信仰的超越层次是共产主义道德，它直指人的生命存在和生活方式的最高价值——人的自由全面发展，这是现代文明修身的终极皈依，同时也是心理调适机制建构的本体论依据，心理调适的目的在于使生命得到升华。在现实社会生活中，许多人的信仰已经背离了生命发展的轨道，希望在"上帝"或"金钱"那里寻找到生活的价值和生命的意义，这本质上走向了生命意义的反面，更谈不上信仰的超越性。

在现代文明修身活动中，心理调适机制的重点内容是社会实践的

① 李辉等：《大学生环境适应优化理论与方法》，人民出版社 2010 年版，第 205 页。

② 万俊人：《现代性的伦理话语》，黑龙江人民出版社 2002 年版，第 79—80 页。

交往层次。从词源上看，"交往"（communication）一词来源于拉丁语 communis，原意指"共同的，通常的"，现在人们一般把它理解为"分享思想与感觉"，"交流情感、观念与信息"。在社会实践中，交往几乎涵盖了人类生活的所有领域，它既包括物质交往、精神交往，也包括人们之间的信息交往，同时，人类交往过程中也形成了复杂的人际关系，如血缘关系、地缘关系、业缘关系、趣缘关系、情缘关系等，互联网的广泛应用甚至使虚拟交往走向现代社会的中心舞台，难怪马克思在《德意志意识形态》中高度评价交往的作用，甚至把交往形式等同于生产关系，他指出："按照我们的观点，一切历史冲突都根源生产力和交往形式之间的矛盾。"① 复杂的交往形式和包罗万象的交往内容，构成了个体社会化的基本途径，在促使个体在形成自我意识的同时也创设着社会的心理气氛和人际环境。社会转型带来的精神压力与交往方式的现代转变，使许多人在社会交往实践中迷失了自我，"合约情人"、"蜗居现象"、"即时体验"、"杯水情怀"等感觉主义生活方式开始主导一部分人的生活，而孤独感、抑郁症、自闭症、精神疾病的出现也大多与交往不良有关。因此，现代文明修身活动要消除交往主体的心理负荷超载状况与心理障碍，就必须在社会生活实践中、在交往实践中进行心理调适，引导交往主体从家庭美德、职业道德、社会公德和个人品德的培养和实践中理解生命存在的意义。

在现代文明修身活动中，心理调适机制的基础内容是个人心性的内在人格层次。理想人格的形成本身是心理调适和对生命的呵护和激发过程，心理调适不仅仅是为了让人们认识生命的意义，更重要的是激发人们的生命意义。因此，新儒学的主要代表人物之一梁漱溟曾经指出："生命本性就是莫知其所以然的无止境的向上奋进，不断翻

---

① 《马克思恩格斯选集》第1卷，人民出版社1995年版，第115页。

新，人在生活中能实践乎此生命本性的便是道德。"① 然而，在现代日常生活世界中，由于受竞争环境和多元价值的影响，不少人抱着功利化、投机性的心态进行生活实践与人际关系建构，个人心性的人格塑造中实用主义倾向明显，伪善道德与分裂性人格的现象屡见不鲜，再加上道德教育的工具化、知识化倾向，很难使人们在生活实践中获得真正的道德感悟和心灵体验，理想人格的塑造与培养遇到了前所未有的挑战。现代文明修身提升人的思想道德素质和塑造理想人格的主要途径，作为一种精神性实践活动，它无法真正改变人类的物质生活领域的基本规律和追求，但它可以引导和调适物质生活主体的心理，调节人的需要（Needs）和欲望（Wants），正如在丹尼尔·贝尔那里，"'Needs'产生追求基本生活满足的冲动；'Wants'则产生追求体现自己在社会关系中的优越感和财富的永无止境的积累和积聚的需要满足的冲动"②。在现代社会中，个人心性的人格塑造中一个主要问题就是调适人的心理，引导人们正确认识需要（Needs）和欲望（Wants）的关系，唯有如此，人们才能正确理解和领悟生命存在的本真意义，才会自觉地在现代文明修身中培养和塑造理想人格。

三、心理调适机制的作用发挥

马克思指出："主要的困难不是答案，而是问题"，"问题就是时代的口号，是它表现自己精神状态的最实际的呼声"③。心理调适机制面对的主要问题，是文明修身主体在现代文明修身实践活动中出现的心理不适及其疏导问题。能够积极主动地开展现代文明修身活动，首先可以证明文明修身主体的心理是健康的，具有自觉提高提升精神生活质量和思想道德素质的强烈意愿和实际行动，但是，即便如此，

---

① 梁漱溟：《人心与人生》，上海人民出版社 2005 年版，第 185—186 页。
② 樊浩：《道德形而上学体系的精神哲学基础》，中国社会科学出版社 2006 年版，第 466 页。
③ 《马克思恩格斯全集》第 40 卷，人民出版社 1982 年版，第 289—290 页。

文明修身主体也是普通人，在生活世界中难免遇到压力与困扰，从而在文明修身过程中以心理不适的形式呈现出来。及时研究心理不适的内容和产生根源，有针对性地进行自我心理调适，是文明修身主体应当具有的行为意识和基本能力。现代文明修身是一个道德选择与信仰巩固的过程，心理调适机制在这一过程中调适的问题一般与道德情感有关。道德情感是个人道德意识的主要构成要素，它是"人们依据一定的道德标准，对现实的道德关系和自己或他人的道德行为等所产生的爱憎好恶等心理体验"①。也就是说，由于对道德关系、自身或者他人的道德行为的心理体验的爱憎好恶，使现代文明修身的主体产生了一系列的心理不适问题进而需要自己进行心理调适与疏导。当然，人是一种总体性的存在，生活世界中的其他社会问题也会影响文明修身主体的心理，但这不是本书要研究的重点，故在这里不作具体分析和解答。

在现代文明修身活动中，心理调适机制作用发挥的主要领域是文明修身主体道德情感变化所产生的心理体验。如果现代文明修身主体的道德情感反应是积极健康的，对道德关系、自身或他人的道德行为作出的评价是适当的、正当性的，就能给文明修身主体提供愉悦、幸福的心理体验，从而使其进一步产生提升思想道德素质的强烈愿望与精神动力。反之，就会产生负面的、消极的心理体验与情绪反应，从而促使其对道德关系、自身或他人的行为进行重新审视，如思想道德上的求异心理、自负心理、自卑心态、攀比心理、从众心理等，进而影响文明修身实践活动正常进行，中国传统文化中就有"行高于人，众必非之"的陋习。心理调适机制的主要功能是对道德关系、自身和他人的道德行为传递积极的信号和进行适当的评价，促使个体不断产生积极的道德情感与心理体验，并以群体互感的方式扩充为社会的积极情感和良好心理氛围，从而引领和创设积极的社会道德风尚。在

① 《中国大百科全书·哲学卷》，中国大百科全书出版社1987年版，第128页。

良好的社会心理氛围与人际环境中，心理调适机制的作用会得到进一步积极有效的发挥与实现。

在现代文明修身活动中，道德情感的自我陶冶是心理调适机制发生作用的基本样态。正如有的学者所指出："人的生存是人自觉展开的对象性活动，这一活动是人对对象世界即属人的生活世界的建构，也使人感受对象之属人意义而达到的自我陶冶。"① 我们这里所研究的是现代文明修身过程中的心理调适机制，与其他心理调适机制发挥作用不同的地方在于，它是现代文明修身主体自觉有意识对自身心理不适状态的调节与疏导，在这里，主体具有高度的自觉性，心理调适机制的基本任务是：第一，强化主体对同社会和谐进步和个体健康发展所获得的道德认知与心理体验相一致的道德情感，使主体不断确认自身行为的道德合法性、正当性及对人际关系与社会发展的积极影响，增强主体继续进行现代文明修身活动的信心和心理预期。第二，通过心理疏导、换位思考、角色转换和理想目标引导等方式，设法改变那种与应有的道德认知相抵触的道德情感与心理体验，对于正确的道德关系和自身道德行为不被人理解和认同所遭受的非议、委屈和心理压力，在自我反思的基础上以豁达的心胸与宽阔的视野进行自我安慰、自我宣泄。总之，心理调适机制的目标是促使现代文明修身主体"形成和增强健康的、正当的道德情感，不断要诉诸个人理智，诉诸个人对理想人格的追求，而且更需要个人在实践中经受长期的甚至痛苦的磨炼"②。

在现代文明修身活动中，心理调适机制发挥作用的过程，本身就是把生命的意义寓于为实现人的生活理想而自主、自觉的活动之中。现代文明修身的过程也是人们在心理调适中追求生活质量、追寻生命

① 张曙光：《生存哲学：走向本真的存在》，云南人民出版社 2001 年版，第 104 页。

② 《中国大百科全书·哲学卷》，中国大百科全书出版社 1987 年版，第 128 页。

意义的过程。面对"现代人生活的社会化程度空前扩张，和现代社会自身的制度化组织化秩序日益强化，个人内在德性生活和精神生养的空间被规约化的社会伦理限制在日趋狭小的领域，以至在通常情况下，人们往往因生活的过度社会化而渐渐失却了对自我德性精神的敏感与自律。换句话说，人们自我的道德直觉能力因日益强化的社会伦理约束而慢慢退化，日渐迟钝。由是便自然而然地造成了现代人类道德能力的外在依赖性后果"① 的现状，建立在理性自觉和自由意志基础上的心理调适机制对激发人的自觉能动性精神特质具有重要意义，在社会道德教育不断发展和现代文明修身程度不断提高的前提下，引领道德回归生活、塑造理想人格和促进人的自由全面发展的目标将会逐步得以实现，人的精神生活质量提升和生命意义的彰显与张扬将会不断跃上新的台阶。

第六节　现代文明修身的主体选择机制

现代文明修身在动态意义上是文明修身主体不断进行价值选择和行为实践的过程，在静态意义上，它还是人们价值选择的结果。文明修身主体在确立"理想的意图"以及行为目标之后，必须对自己的行为方式作出选择，以形成关于自己的存在方式是否符合现代文明修身要求和准则的良好判断力。当然，"选择是从多种可能性中作出选择，其前提是多种可能性的存在"②。从一般意义来说，选择主要分为自然选择和人为选择。自然选择主要指生物进化论意义上的"物竞天择，适者生存，不适者淘汰"的现象，它在某种意义上催生了

① 万俊人：《现代性的伦理话语》，黑龙江人民出版社 2002 年版，第 118 页。
② 李为善、刘奔：《主体性和哲学基本问题》，中央文献出版社 2002 年版，第128 页。

自然界的生物多样性及形成了人类生存的生态环境，显然这种选择不是有意识的行为。人为选择是人的主体性的体现，是人作为主体根据客观的可能和主体的需要，通过比较、反复的认识过程而作出的有意识的选择。因此，"从总体上来说，选择是一个内在的和严格的伦理学术语。在较严格意义上，无论哪里存在着'或此或彼'的问题，人们都可以肯定它与伦理学有关。唯一绝对的'或此或彼'就是善恶之间的选择，但这也是绝对伦理的"①。这种说法虽然有些绝对，但它所强调的选择与伦理道德有关的观点是正确的，它贯穿在人的各种活动中，当然现代文明修身活动也不例外。人的主体性内在地包含着主体选择，选择本身就是一种能动自主性的行为，没有选择就谈不上创造。现代社会生活的复杂多变性，对现代文明修身提出了选择性课题，同时，也要求人们运用主体选择的方式进行现代文明修身。本书关于现代文明修身的主体选择机制研究，是相对于随机选择、被动选择而言的，主要分为正向选择方式、比较选择方式和责任选择方式三个方面的内容。

一、正向选择方式

正向选择方式主要是指现代文明修身要着眼于积极、健康、高尚的价值观念和文化形态，以立为主，重在建构。在日常生活实践中，良莠不齐的价值观念和意识形态对个体的生活态度和生活方式都会发生不同程度的影响，个体进行现代文明修身的过程，要以正向、积极、健康、高尚的道德行为和价值观念为文明修身的基本内容，这就需要以科学的理论来指导现代文明修身活动。换句话说，个体的文明修身活动也必须以马克思主义中国化、大众化、时代化的最新成果为基本内容。要用中国特色社会主义共同理想凝聚力量，用以爱国主

---

① [丹麦] 基尔克果：《或此或彼》下部，阎嘉译，华夏出版社 2007 年版，第 822—823 页。

义为核心的民族精神和以改革创新为核心的时代精神鼓舞斗志，用社会主义荣辱观引领风尚，在践行社会主义核心价值体系中获得精神动力和智力支持，使现代文明修身成为"以科学的理论武装人，以正确的舆论引导人，以高尚的精神塑造人"的一条有效途径乃至捷径，使把社会主义核心价值体系融入国民教育和精神文明建设全过程的基本要求，真正转化为最广大人民的自觉追求。这样，以正向选择为基本活动方式的现代文明修身，逐步转化为激发全民族文化创造活力、提升人民群众精神文化生活的主渠道，其对社会发展的推动意义显而易见。

在现代文明修身活动中，正向选择方式的基本出发点不是为了规范，而是为了示范。也就是说，正向选择方式不是从消极的层面规定哪些是我们不应该或者禁止做的，而是以自己的实际行为告诉身边的人或者尚未进行文明修身的人"这样做是好的"，"这样的行为是应当的"，"我应当成为这样的人"。一般来说，规范是以否定性的语气和制度化的要求来限制人们的存在方式，而示范是以鼓励的眼光和目标激励性的价值引导人们的思想与行为，与规范的"刚性尺度"相比较而言，示范的"柔性尺度"更符合现代文明修身的正向选择要求，也更容易被现代人所接受。这样的文明修身活动，为人们提供了符合时代需要的道德化行为方式，给人们指明了未来应当努力的方向，在广大人民群众应然性的精神生活与先进人物或模范群体实然性的精神生活之间架起了一座桥梁，人们可以通过正向选择的方式去无限趋近我们的精神偶像和理想生活，对促使人们在文明修身实践中形成健康良好的社会生活方式具有重要的行为示范和价值引导意义。当然，我们明白不破不立的道理，也明白惩恶与扬善的关系，但有德性的生活应当是一种示范性的生活，而不是规范性的生活。

在现代文明修身活动中，正向选择方式的基本目标不在于批判落后思想道德观念和不道德、不文明的行为，而是着眼于弘扬社会正气和唱响时代主旋律。一般来说，人们思维方式的转变和行为方式的改

变是需要教育和引导的，而且要有一定的社会环境变迁为基础。现代
文明修身作为贴近人们日常生活世界的一项精神性实践活动，其正向
选择方式必然是要贴近群众、贴近实际、贴近生活的，否则就会因失
去吸引力而丧失对人民群众的正向导向价值。因此，现代文明修身的
正向选择方式，是文明修身主体在实践活动中自觉去选择与弘扬主旋
律相吻合的活动方式，凡是"一切有利于发扬社会主义、集体主义、
社会主义思想和精神的活动方式，一切有利于改革开放和现代化建设
的活动方式，一切有利于民族团结、社会进步、人民幸福的活动方
式，一切有利于用诚实劳动争取美好生活的活动方式"①，都是现代
文明修身主体进行正向选择的基本内容和行为指针。因此，现代文明
修身活动是通过弘扬社会正气和唱响时代主旋律来抵制庸俗文化和腐
朽思潮，缩小和限制不文明、不健康的生活方式在人们生活世界中的
影响，引导人们在正向选择思维方式和行为方式的确立和践行中追求
幸福的生活。

　　在现代文明修身活动中，正向选择方式的基本依据不是抽象化的
"内求"理论，而是存在方式高尚化、文明化的实践活动。在现代文
明修身的过程中，文明修身主体是以自己和自己的生活为对象开展对
象性活动，这种活动必须有益于主体分析和理解自身的现状和问题，
并为自己走出所谓的"生存困境"提供信念支撑和行为导向，因此，
这种正向选择方式是面向生活实践的，它体现了文明修身活动对个体
自我的思想解放和"理想动力"的孕育。人们存在方式文明化、高
尚化的内容总是随着时代的发展变化而发展变化的，因此，文明修身
主体正向选择的内容和基本理念也是要与时俱进的，但是，它始终是
要面向主体的生活实践并接受生活实践检验的，否则就会失去对主体
思想道德素质提高和精神生活质量提升的价值。应当说，正向选择是
一个不断地对多元价值和文化形态进行筛选、去伪存真的过程，也是

---

① 参见《"三个代表"重要思想学习纲要》，学习出版社 2003 年版，第 66 页。

文明修身主体自身最终形成适合个体发展与社会进步要求的思想道德素质的必然之路。

二、比较选择方式

比较选择方式主要指面对多元的价值观念和文化形态，现代文明修身主体利用人类的理性智慧和实践检验标准来选择积极、健康、高尚的价值观念和文化形态。生活世界中的价值体系是一种自在自发的存在，积极与消极、高尚与落后、健康与腐朽的价值观念和文化形态浑然杂处，需要人们自身作出理性选择。毛泽东指出："正确的东西总是在同错误的东西作斗争的过程中发展起来的，真的、善的、美的东西，总是同假的、恶的、丑的东西相比较而存在的，相斗争而发展的。"① 现代文明修身要促使理性高尚、能动创造的生活态度、生活方式在生活世界的生成，就必须在比较和斗争中选择和确立科学的世界观、人生观、价值观、道德观，确立以马克思主义为指导的社会文明标准。当人们在社会生活真切地意识到、感受到主导价值观对自己的幸福生活与自由全面发展的促进作用，意识到、感受到腐朽没落的价值观念对自身发展与社会进步的危害时，他就会毫不犹豫地接受和践行现代文明修身。

在现代文明修身活动中，比较选择方式主要是指根据文明修身的时代标准把彼此有联系的修身理念加以对比分析后，选择科学合理的内容加以贯彻的活动方式。众所周知，由于历史和阶级的局限性，传统修身理论的许多内容和德目要求，尽管在现在看来与人们的现实生活非常接近，但是我们在文明修身过程中要用历史分析法和阶级分析法予以剖析，在比较视阈下决定是否加以批判的继承或者予以摒弃。通过比较分析，我们才能进一步了解各种思想理论和社会思潮之间的差异性和本质区别，客观分析它们产生的社会根源和阶级根源，从而

---

① 《毛泽东著作选读》下册，人民出版社 1986 年版，第 785 页。

尽可能避免因误读理论而导致不合理的修身活动以及产生不良的行为方式。在现实生活中，许多青少年由于没有树立正确的世界观、人生观和价值观，再加上社会阅历浅和实践经验缺乏，其思想和行为带有较多的自发性和自在性，甚至在无形之中犯了错误自己却茫然不知。因此，现代文明修身活动中的比较选择方式，要求文明修身主体在行为方式的选择与确立时，做到"三思而后行"，在秩序理性的思维引导下作出符合社会发展要求和有利个体健康生活的行为方式。

在现代文明修身活动中，比较选择方式要求文明修身主体通过社会交往确立积极健康的行为方式。人是自然存在与自为存在的集合体，社会交往是人们产生自我意识和确立自我主体的一面"镜子"，人的存在意义和价值也是通过社会交往得以显现的，并在自然与自为的融合状态中得以展示良好的精神风貌和个性品质。哈贝马斯交往行为理论和主体间性（intersubjectivity）概念的提出，为交往实践和理性反思地进行现代文明修身提供了借鉴视角。在哈贝马斯看来，"交往行为是主体间遵循有效规范，以语言符号为媒介而发生的交互性行为，其目的是达到主体间的理解和一致，并由此保持社会的一体化"①。现代文明修身既是一种以自身为认识和实践对象的活动，同时也是通过主体间性而表现出来的交往行为，在以自身为认识和实践对象的活动中寻求与他人、社会、自然的对话，从个体生命及社会系统繁荣中谋求个体与"类"的共同进步和发展。人的本质在其现实性上是社会关系的总和，人们的交往实践检验着自身与他人的思想道德素质和精神状态，而理性反思则引导着交往实践的合理性，促使个体的思想和行为更加符合个体发展与社会进步的要求。它解决了抽象的"内求诸己"和生活实践的对立分割问题，强调理性高尚、能动创造的生活态度与生活方式的生成离不开人类的理性反思和交往实

---

① 转引自衣俊卿：《20 世纪的新马克思主义》，中央编译出版社 2001 年版，第262 页。

践，二者的有机统一才能培养出具有高尚道德情操和实践能力的创造性人才。

　　在现代文明修身活动中，比较选择方式重视区分自为主体和自然主体的比较性存在方式。现代文明修身主体既能够认识到自己不能完全超越于自然而独立存在，同时也清醒地意识到自己与周围世界中生命存在方式的不同之处，这样，使文明修身主体的存在方式既是一种与自然和谐的生态性存在，也是一种与他人及社会相异的意义性存在。当然，现代文明修身活动中的比较选择方式，除了注重社会交往的比较视阈之外，还高度重视人在自然环境中比较性存在，正如罗尔斯顿所指出："放在整个环境中来看，我们的人性并非在我们自身内部，而是在于我们与世界的对话中。我们的完整性是通过与作为我们对受兼伙伴的环境的互动而获得的，因而有赖于环境相应地保持其完整性。"① 毫无疑问，人的自由个性中蕴涵着自然性、社会性、精神性的存在内容，通过在社会交往与生态系统中的比较性存在，来实现人性活动的自我反省和批判，正是比较选择方式在现代文明修身活动中的重要价值之所在。

　　在现代文明修身活动中，比较选择方式的基本依据是现代人所处的生活环境。与传统修身理论产生的农业文明和人的区域性存在相比，现代文明修身活动是处在时空高度延伸的生活环境之中，人的存在是一种共时化存在，正如阿格尼丝·赫勒在分析现今世界的共时化问题时所指出："由于整个世界变成了现代的和同时的，整个世界享有'现时代'（present age）。这是历史民众所曾背负过的最沉重的'现时代'。其任务是弥合现代性理想与现代性现实经验状态之间的沟壑。这意味着人们为现代负责。"② 在这样的生活环境之中，人的

_____

① ［美］罗尔斯顿：《哲学走向荒野》，刘耳、叶平译，吉林人民出版社 1999 年版，第 92—93 页。
② ［匈］阿格尼丝·赫勒：《现代性理论》，李瑞华译，商务印书馆 2005 年版，第 254 页。

精神生活经常受到异质文化的影响和渗透，这些文化对主流思想文化
不断发起挑战甚至占据了文化传播的许多阵地，如果人们不经过认真
的比较和鉴别，可能因为作出了错误的判断、选择而导致行为失范。
因此，对于文明修身的主体而言，采取比较选择的方式对其健康行为
方式的确立具有重要意义！

三、责任选择方式

在现代文明修身活动中，责任选择方式是文明修身主体对自我存
在方式的自觉意识和行为反应。这里的"责任"一词的含义，类似
于通常意义上的"责任感"。从字面上来理解，"责"意味着要求做
成某事或行为达到一定的标准和规范，"任"是担当、承受的意思，
"责任"一词一般包含两重含义：第一，分内应做的事，即"应尽的
责任"；第二，因没做好分内之事而必须承担的过失或责罚，即"应
追究的责任"。在日常生活中人们所讲的法律责任和道德责任，一般
包含上述两种含义，它反映了外界条件对行为主体的外在约束与规
范，而责任感则表明行为主体不仅意识到了这种外在约束与规范，而
且愿意自觉地把它转化自身行为的内在动力和思维方式。卡尔·米切
姆则明确指出："责任就是使我们成其为人和高尚者的基石。"[1] 责任
选择方式是文明修身主体对"什么是现代文明修身，如何进行现代
文明修身"这一问题深刻认识和践履的具体表现，是主体理性精神
和自觉意识的反映。可以说，没有责任选择的实践机制与活动方式，
就谈不上真正意义的现代文明修身。

责任选择方式是同人的本质规定、职责、使命和任务联系在一
起的。人生活在社会之中，作为社会的一员总要承担一定的责任和
义务。马克斯·韦伯曾经指出："一个依据责任伦理（the ethic of

---

① ［美］卡尔·米切姆：《技术哲学概论》，殷登祥等译，天津科学技术出版社
1999 年版，第 104 页。

responsibility）行事的人，就会评估可用的手段，衡量当时的情况，计算一下人性无可避免的弱点，考虑到各种会产生的后果。准此，他为手段、缺失和可预见的后果（无论是利或弊）负责。"① 在马克斯·韦伯看来，是否具有责任感是一个人成熟与否的标志，"真正能让人无限感动的，是一个成熟的人（无论年纪大小），真诚而全心地对后果感到责任，按照责任伦理行事，然后在某一情况来临时说：'我再无旁顾；这就是我们的立场。'这才是人性的极致表现，使人为之动容。只要我们的心尚未死，我们中间每一个人，都会在某时某刻，处身在这种情况中"②。马克斯·韦伯的责任伦理理论，为现代人采取责任选择方式进行文明修身活动提供了借鉴意义。

在社会生活中，责任选择方式通常表现为个体选择的社会责任感和修养观念。马克思在《青年在选择职业时的考虑》中指出："如果我们选择了最能为人类福利而劳动的职业，那么，重担就不能把我们压倒，因为这是为大家而献身；那时我们所感到的就不是可怜的、有限的、自私的乐趣，我们的幸福将属于千百万人。我们的事业将默默地但是永恒发挥作用地存在下去。面对我们的骨灰，高尚的人们将洒下热泪。"③ 马克思为我们阐释了现代文明修身的责任选择方式的基本内涵，我们在行为选择上是自由的，但作为人类的一份子，我们的行为要符合个体自由全面发展与社会进步的要求，通过责任选择进行现代文明修身是必要的甚至是必需的，因为"只有在个人既作出选择，又为此承担起基本责任的地方，它才有机会肯定现存的价值并促进它们的进一步发展，才能赢得道德上的

① ［德］马克斯·韦伯：《学术与政治》，钱永祥等译，广西师范大学出版社2004年版，第95页。
② ［德］马克斯·韦伯：《学术与政治》，钱永祥等译，广西师范大学出版社2004年版，第272页。
③ 《马克思恩格斯全集》第40卷，人民出版社1982年版，第7页。

称誉"①。在当前基本的责任选择内容就是培养自己的家庭美德、职业道德、社会公德与个人品德，以促使个体自觉地进行正确的自我定位，为建构社会良性秩序与实现人的自由个性提供现实增长点。

总的来看，在现实的社会生活场域中，一些人的确出现了理想失落、道德失效、行为失范的现象，现代文明修身主体选择机制的建构，正是为了满足科学应对这些现实问题的需要，并为人类的发展提供了获得反省性智慧和自我完善的现实途径。作为从人的生活实践出发研究和观照生活世界的现实活动，现代文明修身实践活动通过不断增强人的主体性以实现人的价值生命，它指向人生，追求生活的意义是人们进行现代文明修身的不竭动力。当然，现代文明修身所增强的主体性，不是人超越对象世界而无限度地张扬自己，而是在秩序理性培育与实现自由个性的过程中谋求文明修身主体的发展自由，正如有的学者所指出："人的自由也就是人作为主体在认识和实践中追求和表现出的一种能动、自主、自为的状态。"② 应当说，自主性阐明了人的选择权利，而能动性反映的是人的选择和实践能力，自为性则意味着人为其自身的目的，他为自己的选择承担责任。在主体选择实践机制的建构中，人们通过积极的正向选择、深度的比较选择与充实的责任选择，建构和谐的社会关系和展示自身的生存体验，使主体选择的程度与精神生活的充实程度成正比，与思想道德素质的提升速度成正比，从而在生活实践中不断展现现代文明修身主体选择机制的价值和意义。

---

① ［英］哈耶克：《经济、科学与政治：哈耶克思想精粹》，冯克利译，江苏人民出版社 2000 年版，第 62 页。

② 袁贵仁：《教育——哲学片断》，北京师范大学出版社 2002 年版，第 255 页。

结　语

　　人的自由全面发展是现代理论研究和社会实践的中心课题。马克思指出，发展最终对无产者来说"失去的只是锁链。他们获得的将是整个世界"①，他从历史观即"主要是从如何取消外在强制与束缚的视角研究人的自由全面发展，发展的主要标志就是看受不受强制性的限制，是否给人以自主发展的社会空间和自由时间"② 的高度来阐述人的发展。我们对现代文明修身话语体系的研究，主要从形而上的视角进行人的发展理论的中国化研究与分析，而现代文明修身的实践机制则是在现实的社会生活中形成的，它要受到社会各方面因素的影响和制约。因此，人们对现代文明修身规律的深刻把握和自觉应用，应当反映现实的物质文化生活水平，要与社会主义的制度规范建设相互配合，同时，个体的现代文明修身活动应当与社会团体的自觉组织相结合。这既有利于中国特色的人的发展理论的逐步形成，也体现了其对社会主义道德体系内容的丰富和拓展，有利于促进个体秩序理性的培育和自由个性的实现，同时对实现个体发展和社会和谐进步的良性循环也具有重要意义。

---

　　① 《马克思恩格斯选集》第 1 卷，人民出版社 1995 年版，第 307 页。
　　② 丰子义：《如何理解和把握人的全面发展》，《新华文摘》2003 年第 2 期，第 32 页。

一、现代文明修身：人的发展的话语体系和实践机制

目前学术界关于人的发展研究的主要维度有：①从生产关系维度研究人的发展，就是"同传统的所有制关系实行最彻底的决裂；毫不奇怪，它在自己的发展进程中要同传统的观念实行最彻底的决裂"①，把丰富人的社会关系看做是人的发展的基本内容。②从交往关系维度研究人的发展，哈贝马斯的交往行为理论从培养主体间性、克服自身局限、职业局限、地域局限、民族局限等方面探讨人的自我发展。③从制度创新维度研究人的发展，如新制度经济学派的诺斯等人，强调人的发展必须同体制改革与制度创新相结合。在当代中国，这一维度的研究提倡既打破"官本位"的社会运作机制，又要建立和健全优秀人才脱颖而出的培养流动机制、选拔任用机制、分配激励机制、福利保障机制和其他相关制度体系。④从人的存在方式维度研究人的发展，即主要从人的生活态度与生活方式生成维度研究，如杜威"教育即生活"和陶行知的"生活即教育"的理论。马克思强调指出："一句话，人们的意识，随着人们的生活条件、人们的社会关系、人们的社会存在的改变而改变。"② 因此，从人的存在方式维度研究人的自由全面发展更具有基础意义和现实针对性，本书正是从这一维度开始研究人的自由全面发展的。

从存在方式维度研究人的发展，必然要面对生活世界中的传统失效、理想失落、道德失范甚至行为失控现象。如何积极引导个体自身去求生、谋生和乐生，成为研究人的发展的基本层面问题。当许多学者把追寻的目光投向西方的现代化理论并为此乐此不疲的同时，本书作者把研究的兴趣投入到对中国传统文化的现代价值追寻之中。修身理论是中国人学思想的一朵奇葩，在某种意义上奠定了古代中国人的存在方式。虽然由于时代和实践的原因难免具有历史局限性，但是，

---

① 《马克思恩格斯选集》第 1 卷，人民出版社 1995 年版，第 293 页。
② 《马克思恩格斯选集》第 1 卷，人民出版社 1995 年版，第 291 页。

它对我们这个民族的影响已经深深地融铸在我们的血液里。以马克思主义理论为指导进行修身理论的现代价值研究，是进行现代文明修身研究的基本出发点，本书把人的秩序理性培养与自由个性实现作为现代文明修身的终极旨趣。但是，现代文明修身的当下目标，主要是引领道德回归生活和塑造理想人格，以引导人们在多元价值激荡中提高生活质量，追寻生命意义。每个民族都有自己独特的文化积淀，它之所以长盛不衰，总是由它的内在价值支撑。因此，关于人的发展理论的关注，我愿意从中国的传统文化研究开始，从人的存在方式研究开始。

文明修身是一种古老而又常新的话语体系，也是中国特色的人的现代化理论的一种表达方式。作为一种话语体系，该"理论本身被看成了一个相对自足的构成过程，与现实的所指世界自觉保持了一种不可逾越的界限"①，它为我们考察传统文化在现实社会中的话语表达提供了一条具有启发意义的思维线索。文明修身理论是我们民族文化中的瑰宝，是人们比较容易理解、认识和接受的传统文化的现代承接，是在扬弃传统修身理论的基础上，尝试着对新时期人的发展理论作出的一点有益探索。目前，许多高校正在提倡和践行的文明修身活动，不断地检验和表征着现代文明修身的价值。现代文明修身是当代中国人追求生活质量和生命价值的独特表达方式和话语体系，它在引领道德回归现实生活、塑造理想人格、促进人的自由全面发展的过程中，体现人们对现实生活的认识方式和思维方式，这是人们在自我启蒙、自我教育、自我规范、自我发展中去认识生活、理解生活和创造新生活的过程，人的现代性特质在这一过程中不断生成，人的现代化由理论逐渐化为现实。

现代文明修身是人的生命存在的一种实践机制，其基础在于人们

---

① 孟登迎：《意识形态与主体建构：阿尔都塞意识形态理论》，中国社会科学出版社 2002 年版，第 72 页。

对美好生活的向往。奥伊肯曾经指出："一种精神个性的获得形成一个崇高的目标，只有通过相当大的努力，并且往往要有相当多的自我改造和自我约束才能实现。"① 生命存在的过程就是人的自我创造、自我生成的过程，对生命的现实关怀是现代文明修身的根本动机和基本要求。在当下的生活世界中，现代人要提高生活质量和精神境界，主要的不是靠外在地"教"与"灌输"，而是靠生命自身所进行的实践活动。人们在现代文明修身过程中正确认识和处理个体与社会、精神与物质、心理与生理、科技与人文之间的关系，和谐、创造、愉悦的心灵体验与社会实践，把人们对生命、生活和生态的热爱潜移默化地融化为生命本身的内在要求，为人的道德情操塑造和潜能开发提供了良好的情感氛围和生活基础。现代文明修身在培养人的"自由个性"与促进人与社会的和谐发展中，实现个体自身的生命意义追寻。

现代文明修身是以道德感为内核的人格养成和精神生命不断生成的活动。针对当下社会中一些人对身外之物的过度迷恋，提倡现代文明修身，促使人们形成和谐的主体意识和朴素的责任感尤其具有紧迫性。在建设社会主义和谐社会的伟大历史进程中，人们应当具有高尚的生活情趣和价值追求，在人类本性的回归和个性的自我张扬中追寻生命的价值和意义，在自由的思考中带来对和谐生活的深刻体认，使人的生命活动回归本真生命的规定性，成就"丰富的人"。马克思指出："富有的人同时就是需要有总体的人的生命表现的人，在这样的人的身上，他自己的实现表现为内在的必然性，作为需要而存在。"② 现代文明修身的立足点不是理性世界，而是转向现实生活，在社会生活实践中人们探讨个体怎样认识和理解生活方式的回答，人的生成、发展和完善是它的最高追求，对人的解放、自由和发展的关注是现代

---

① [德] 鲁道夫·奥伊肯：《生活的意义和价值》，万以译，上海译文出版社1997年版，第70页。

② 马克思：《1844年经济学哲学手稿》，人民出版社2000年版，第90页。

文明修身活动的中心内容，在成就"丰富的人"的过程中不断向人的"自由个性"目标前进。只要没有实现"自由个性"和"自由人的联合体"，现代文明修身就有存在的价值。

二、坚持现代文明修身与提高人的物质生活水平相结合

思想道德素质、科学文化素质与身心健康素质的协调发展，是实现人的自由全面发展的基本内容。个体生命的存在及其意义，必须建立在一定的物质生活水平的基础之上，因此，现代文明修身的过程也不是抽象进行的，必须建立在现实的物质生活条件的基础上进行。正如恩格斯所指出："在历史上出现的一切社会关系和国家关系，一切宗教制度和法律制度，一切理论观点，只有理解了每一个与之相应的时代的物质生活条件，并且从这些物质条件中被引申出来的时候，才能理解。"① 追求物质生活的改善、健康的身体素质与精神生活的幸福体验是人的基本需要，三者的健康、协调与可持续发展才能使人们真正品尝生活的乐趣，真正体验生命的价值与意义，才能真正促进人的自由全面发展。当然，我们之所以研究现代文明修身对人的思想道德素质与精神生活质量提升的重要意义，就已经贯彻了马克思主义关于"社会意识具有相对独立性"、"社会意识对社会存在具有反作用的"基本原理，但是，强调现代文明修身对人发展的重要性，绝不是否定或者偏离"社会存在决定社会意识"、"物质生活制约着人的精神生活"的唯物主义基本原理，而是强调在现实的物质生活水平基础之上对人的发展的合理化引导。

提高人的物质生活水平是现代文明修身活动能够持续取得实效的基本前提。物质生活水平的提高依赖于生产力的发展，依赖于人们社会实践能力的提高，依赖于人们改造自然、改造社会的积极的物化成果。现代文明修身的主体是"现实的人"，他必须依赖一定的物质生

---

① 《马克思恩格斯选集》第 2 卷，人民出版社 1995 年版，第 38 页。

活资料才能保持生命的存在与延续，从这个意义上说，没有物质生活，就没有现代文明修身活动，更不会有理性高尚的生活方式与生活态度的出现。因此，邓小平指出："物质是基础，人民的物质生活好起来，文化水平提高了，精神面貌会有大变化。"① 毫无疑问，人的精神生活发展具有相对独立性、不均衡性，物质生活水平的相对低下不一定没有高尚的精神生活，我们正是基于这一点，提倡越来越多的个体与社会组织成员，开展现代文明修身活动，既能愉悦身心为个体的发展提供强大的精神动力，又能展示个体良好的精神风貌，有利于营造和谐、友爱、高尚的社会精神氛围。作为一种精神性活动，现代文明修身正是通过对社会实践的主体——人的生产实践活动，为人的发展提供源源不断的精神动力和智力支持，实现了"物质变精神，精神变物质"的不断转变。

改变人的生产实践条件，是实现人的自由全面发展的重要保证。生产实践是人与自然、人与社会之间的物质交换过程，它一方面为社会存在和人的存在创造巨大的物质财富与生活基础；另一方面，它为个体提供展现自己全部能力（体力和智力）和实现自由全面发展的机会，正如马克思所指出："生产劳动给每一个人提供全面发展和表现自己全部，即体力的和脑力的能力和机会。这样，生产劳动就不再是奴役人的手段，而成了解放人的手段，因此，生产劳动就从一种负担变成一种快乐。"② 现代文明修身是人与他人、人与自身之间的精神要素的转变过程，它与生产实践互为前提、相互制约，形成人的现实社会关系。在现实的社会关系中，离开了物质生产实践人们难以生存，缺乏了精神生产人们就丧失了生活的意义，因此，现代文明修身通过精神动力作用与对人的智力开发来提升人们进行物质生产实践的能力，进而提高物质文化生活水平。同时，人们也应当自觉在物质生

① 《邓小平文选》第三卷，人民出版社1993年版，第89页。
② 《马克思恩格斯全集》第20卷，人民出版社1972年版，第318页。

产实践中进行现代文明修身，以提升人的生活质量和生命价值，炼养新的品质，正如马克思所说："在再生产的行为本身中，不但客观条件改变着，……而且生产者也改变着，他炼出新的品质，通过生产而发展和改造着自身，造成新的力量和新的观念，造成新的交往方式，新的需要和新的语言。"①

三、坚持现代文明修身与制度规范建设相结合

现代文明修身是人们在生活过程中能动地改造主观世界并指导人们现实生活的活动。现代文明修身活动的主体既要在发动、协调和控制人们生活实践的过程中注重自身美德的培养，又要遵循一定社会的基本规范，从某种意义上说，制度规范的存在先于个体的存在，现代文明修身的过程是现代文明修身主体在一定社会制度规范下提高自身思想道德素质的活动，甚至某些合理的制度规范本身就是现代文明修身的重要内容。新制度学派的主要代表人物道格拉斯·C. 诺斯指出："制度是一系列被制定出来的规则、守法程序和行为的道德伦理规范。"② 在诺斯看来，制度是一种规则，是用来限定人们行为的准则，但是他也看到了制度与道德的密切联系。现代文明修身是一种内在的、积极式的行为引导，制度规范是一种外在的、否定式的行为引导，前者告诉修身主体什么是善的、应该做的，后者则从反面的视角作出引导，什么是不好的，不应该做的。合理的制度规范是现代文明修身的最基本层次的内容，即基础文明，而现代文明修身的主要目标是促进人的道德修养与自由全面发展，二者在某种意义上以规范伦理和美德伦理的形式共同构成现代文明修身的内容，从不同的维度和领域促进人的发展。

---

① 《马克思恩格斯全集》第 46 卷（上），人民出版社 1979 年版，第 494 页。
② ［美］诺斯：《经济史中的结构与变迁》，陈郁等译，上海三联书店 1991 年版，第 225—226 页。

　　有的学者指出："美德伦理代表着传统道德文化的基本理论形态和道德思维方式。它注重的是人格理想完善基础上的道德目的的圆满实现，具有内在自律的'自我约束'性道德力量和'自我完善'型内在价值取向。与之相对，作为一种典型的现代性道德理论类型，规范伦理学实际上表达着现代理性主义的客观知识化和普遍同质化的价值权威诉求。它关注的是社会基本层面的伦理规范和公共伦理秩序，甚至只是某种形式的可普遍化'底线伦理'（the minimalist ethics，又译为'最小主义伦理'）。因此，它总是或多或少地表现为某种齐一化的普遍性社会道义要求和外在约束，甚至常常诉诸于社会权利与义务的制度化安排，成为政治伦理和法律规范的直接表达形式。"① 现代文明修身是以美德伦理的形式引导人们的社会生活行为，面对一些人理想失落、行为失范的现实，现代文明修身活动的最基本出发点是引导人们作出基础文明（在某种意义上说是底线伦理所要求的内容）的行为，然后在社会生活实践中向更高的道德修养层次努力，使现代文明修身主体的生活方式和生活态度符合人的自由全面发展方向，在提高生活质量和追寻生命意义的过程中，不断形成高尚的精神生活以及促进个体潜能的开发。

　　社会主义制度规范既构成现代文明修身的实践场域，也为现代文明修身提供直接的保障。"制度问题更带有根本性、全局性、稳定性和长期性"②，而规范又是"人们为实现自己的理想，根据自己的观念制定的、供一个社会群体诸成员共同遵守的行为规则和标准，它限定人们在一定情境中应当怎样行动（包括思维和感受）"③。社会主义的制度规范是反映社会群体意志的社会整合手段和方式，具有强制性和相对稳定性，它构成了现代人的秩序理性培养的基本内容。现代

---

① 万俊人：《现代性的伦理话语》，黑龙江人民出版社 2002 年版，第 28 页。
② 《邓小平文选》第二卷，人民出版社 1994 年版，第 333 页。
③ 袁贵仁：《价值学引论》，北京师范大学出版社 1991 年版，第 389 页。

文明修身是主体自觉自愿的活动，具有动态性、发展性，它与制度规范一起分别从内在和外在视角引导人的生活方式，引导社会走向良序发展。当然，人们在遵循制度规范时容易形成模式化、保守化的思想和行为，而现代文明修身的过程则使文明修身主体的生活态度和生活方式不断合理化、高尚化，并在社会生活实践中不断向理想人格的生成与自由个性的实现迈进。因此，人们进行现代文明修身活动，一方面要不断实现对社会制度规范中存在的合理价值观念理解、认同和接受；另一方面要不断促进现代文明修身主体的观念文明、语言文明、行为文明和能力创新，促进社会良序发展与个体自我发展的和谐统一。

　　我们提倡现代文明修身，绝不是要引导大家放弃对法律法规和其他制度的遵从。新政治自由主义的代表人物罗尔斯认为："离开制度来谈个人的道德修养和完善，甚至对个人提出各种严格的道德要求，那只是充当一个牧师的角色。"① 他看到了制度建设对个人发展的重要性，但片面否定了个体内在修身的价值，我们也认为，制度规范调节的范畴不可能完全由现代文明修身来解决，但现代文明修身是从内在视角通过道德调节对人的生活方式和生活态度发生作用，在某种意义上，二者有明确的分工，可以说是"上帝的归上帝，恺撒的归恺撒"。当然，我们也不能把二者绝对割裂，而是要通过内在的现代文明修身活动和外在的制度规范建设有机结合中，引导现代人确立良好的存在方式，以促进生活质量的提升和自由个性的发展。

四、坚持个体文明修身与社会团体的自觉组织相结合

　　现代文明修身首先是以一种个体性活动的形式出现。但是"人是一个特殊的个体，并且正是他的特殊性使他成为一个个体，成为现

---

　　① ［美］罗尔斯：《正义论》，何怀宏、何包钢、廖申白译，中国社会科学出版社1988年版，第22页。

实的、单个的社会存在物，同样，它也是总体，观念的总体，被思考和被感知的社会的自为的主体存在，正如他在现实中既作为对社会存在的直观和现实享受而存在，又作为人的生命表现的总体而存在一样"①。在现实生活中，人总是特定社会关系中的个体，通过和别人的交往以及社会的评价感知自己的存在价值。因此，"在传统社会中维持着人们之间秩序的是别人的舆论，舆论促使着人们做一个道德的人，一旦做了坏事，人们就会产生'羞愧感'，会觉得在他人面前无法做人，人们生活在他人的'注视'下"，甚至严重时"一切言行都以他人的评判为标准"②。在现代文明修身活动中，应当在群体活动中突出个体性、主体性，形成群体活动的生动活泼局面，其作为提高个体思想道德素质的重要途径，也具有明显的群体价值和社会意义。每个人在社会生活中都具有多种社会角色，一般也生活在多个团体之中，重视社会团体的自觉组织与个体的现代文明修身活动相结合，更有利于提高现代文明修身活动的实效性。

坚持个体文明修身与社会团体的自觉组织相结合，是现代社会关系丰富性发展的必然要求。马克思明确指出："社会关系实际决定着一个人能够发展到什么程度。"③ 在马克思看来，丰富的社会关系既是人自由全面发展的基本内容，也构成了人自由全面发展的基本手段。社会关系的丰富性，意味着人们在社会生活多个领域的交往，摆脱狭隘的"地域性存在"状态。随着人们社会关系的丰富性的发展，各种社会团体对人们生活的影响越来越大。人们在社会关系中生活，一个重要的体现是人们在社会团体中生活，团体成员之间的相互感应、理解与认同，有利于人们形成统一的价值取向、团体责任和道德责任，人们在形成团体文化的过程中容易形成积极向上的精神生活，

---

① 马克思：《1844 年经济学哲学手稿》，人民出版社 2000 年版，第 84 页。

② 王秀敏、张国启：《阿格妮丝·赫勒的道德理论诉求》，《道德与文明》2009年第 5 期，第 58 页。

③ 《马克思恩格斯全集》第 3 卷，人民出版社 1972 年版，第 295 页。

在团体活动中逐步获得归属与爱的满足，获得了尊重与自我价值的实现，充分发挥社会团体的自觉组织功能，有利于现代文明修身活动的广泛开展，也有利于营造良好的社会精神氛围。因此，把个体的现代文明修身活动与社会团体的自觉组织相结合，更容易实现现代文明修身的价值，人们生活的幸福感和满意度会在群体互感中进一步得到提升。

当然，社会团体如企业、社区、各种社团等的自觉组织，要符合社会发展和人的发展的实际需要而不是"虚假的需要"，尤其是要尊重和满足人的本质发展的需要，引导人们确立积极的世界观、人生观、价值观。那种为了一己私利甚至是蒙蔽群众的组织，如邪教组织、迷信组织等，不仅不能促进人的发展，反而成为人们提高生活质量和进行能力创新的严重阻碍。因此，个体的现代文明修身与作为群体的社会团体的自觉组织，在促进个体发展与社会进步的共同目标前提下的结合，才是我们所提倡的，从这个意义上说，社会团体的自觉组织是现代文明修身活动的群体组织形式。

综上所述，仅从现代文明修身维度来研究现代人的存在方式和探讨人的发展理论是远远不够的。提高人的思想道德素质、促使理性高尚、能动创造的生活态度、生活方式在生活世界的生成，还需要从生产力发展、人的综合素质提高、社会制度体系的完善、社会团体的自觉组织等多个视角进行综合研究，毫无疑问，社会的发展变化，尤其是生产力和生产关系的矛盾运动，是解决社会发展过程中矛盾的根本动力，也是对人的自由全面发展起到重大影响的因素。但是在现有的生产力水平基础上，在现有的社会制度条件下，从人的内在发展即现代文明修身的视角来研究人的发展问题也是一个重要的研究进路，正如毛泽东所指出："唯物辩证法认为外因是变化的条件，内因是变化的根据，外因通过内因而起作用。"①

---

① 《毛泽东选集》第一卷，人民出版社 1991 年版，第 302 页。

主要参考文献

一、著作

1.《辞海》，上海辞书出版社 1999 年版。

2.（汉）许慎：《说文解字》，（宋）徐铉校定，王洪源新勘，社会科学文献出版社 2005 年版。

3.《现代汉语词典》（汉英双语），外语教学与研究出版社 2002 年版。

4.《中国大百科全书·教育卷》，中国大百科全书出版社 1985 年版。

5.《现代汉语词典》，商务印书馆 1995 年版。

6.《心理学百科全书》（第 2 卷），浙江教育出版社 1995 年版。

7. 余英时：《中国思想传统的现代诠释》，江苏人民出版社 2003 年版。

8. 黄楠森：《人学原理》，广西人民出版社 2000 年版。

9. 陈志尚：《人学原理》，北京出版社 2004 年版。

10. 赵敦华：《西方人学观念史》，北京出版社 2004 年版。

11. 李中华：《中国人学思想史》，北京出版社 2004 年版。

12. 郑永廷：《人的现代化理论与实践》，人民出版社 2006 年版。

13. 郑永廷：《现代思想道德教育理论与方法》，广东高等教育出版社 2000 年版。

14. 郑永廷等：《社会主义意识形态发展研究》，人民出版社2002年版。

15. 郑永廷、张彦：《德育发展研究》，人民出版社2006年版。

16. 郑永廷：《思想政治教育方法论》，高等教育出版社1999年版。

17. 张耀灿、郑永廷等：《现代思想政治教育学》，人民出版社2001年版。

18. 张耀灿、郑永廷等：《现代思想政治教育学》，人民出版社2006年版。

19. 郑永廷：《毛泽东思想政治教育的理论与实践》，武汉大学出版社1993年版。

20. 靳诺、郑永廷等：《新时期高校思想政治教育理论与实践》，高等教育出版社2004年版。

21. 郑永廷、江传月等：《宗教影响与社会主义意识形态主导研究》，中山大学出版社2009年版。

22. 郑永廷、高国希等：《大学生自主创新理论与方法》，人民出版社2010年版。

23. 张国启、王秀敏：《现代思想政治教育发展研究》，黑龙江人民出版社2008年版。

24. 侯惠勤：《马克思的意识形态批判与当代中国》，中国社会科学出版社2010年版。

25. 万美容：《思想政治教育方法发展研究》，中国社会科学出版社2007年版。

26. 衣俊卿：《现代化与日常生活批判》，黑龙江教育出版社1994年版。

27. 衣俊卿：《20世纪的新马克思主义》，中央编译出版社2001年版。

28. 衣俊卿：《文化哲学：理论理性与实践理性交汇处的文化批

判》，云南人民出版社 2001 年版。

29. 樊浩：《中国伦理精神的现代建构》，江苏人民出版社 1997 年版。

30. 樊浩：《伦理精神的价值生态》，中国社会科学出版社 2001 年版。

31. 樊浩：《道德形而上学体系的精神哲学基础》，中国社会科学出版社 2006 年版。

32. 樊浩：《文化与安身立命》，福建教育出版社 2009 年版。

33. 孙立平：《社会现代化》，华夏出版社 1988 年版。

34. 孙立平：《传统与变迁》，黑龙江人民出版社 1992 年版。

35. 孙立平：《失衡：断裂社会的运作逻辑》，社会科学文献出版社 2004 年版。

36. 李辉：《现代思想政治教育环境研究》，广东人民出版社 2005 年版。

37. 龙柏林：《个人交往主体性研究》，广东人民出版社 2005 年版。

38. 骆郁廷：《精神动力论》，武汉大学出版社 2003 年版。

39. 石书臣：《现代思想政治教育主导性研究》，学林出版社 2004 年版。

40. 张青兰：《人格的现代转型与塑造》，广东人民出版社 2005 年版。

41. 鲍宗豪：《当代社会发展导论》，华东师范大学出版社 1999 年版。

42. 孙英：《幸福论》，人民出版社 2004 年版。

43. 李萍、钟明华、刘树谦：《思想道德修养》，广东高等教育出版社 2003 年版。

44. 李萍：《现代道德教育论》，广东人民出版社 1999 年版。

45. 钟明华、李萍等：《马克思主义人学视阈中的现代人生问题》，人民出版社 2006 年版。

　　46. 李萍、钟明华：《走向开放的道德》，中山大学出版社 1994 年版。

　　47. 李萍、钟明华：《伦理的嬗变：十年伦理变迁的轨迹》，人民出版社 2005 年版。

　　48. 袁贵仁：《人的哲学》，工人出版社 1988 年版。

　　49. 袁贵仁：《价值学引论》，北京师范大学出版社 1991 年版。

　　50. 袁贵仁：《教育——哲学片断》，北京师范大学出版社 2002 年版。

　　51. 刘鄂培：《孟子选讲》，北京古籍出版社 1990 年版。

　　52. 韩庆祥：《思想是时代的声音：从哲学到人学》，新世界出版社 2005 年版。

　　53. 韩民青：《哲学人类学》，当代世界出版社 2000 年版。

　　54. 陈宴清：《当代中国社会转型论》，山西教育出版社 1998 年版。

　　55. 郭齐勇：《龚建平、梁漱溟哲学思想》，湖北人民出版社 1996 年版。

　　56. 王先谦：《荀子集解》，中华书局 1988 年版。

　　57. 陈独秀：《独秀文存》，安徽人民出版社 1988 年版。

　　58. 虞崇胜：《政治文明论》，武汉大学出版社 2003 年版。

　　59. 万斌：《论社会主义文明》，群众出版社 1986 年版。

　　60. 阮炜：《文明的表现》，北京大学出版社 2001 年版。

　　61. 韩震：《生成的存在：关于人和社会的哲学思考》，北京师范大学出版社 1996 年版。

　　62. 张岱年：《文化与价值》，新华出版社 2004 年版。

　　63. 宋希仁：《西方伦理思想史》，中国人民大学出版社 2004 年版。

　　64. 包利民、[美] 斯戴克豪斯：《现代性价值辩证论：规范伦理的类型学及其资源》，学林出版社 2000 年版。

65. 杨大春：《感性的诗学：梅洛-庞蒂与法国哲学主流》，人民出版社 2005 年版。

66. 汪民安：《身体的文化政治学》，河南大学出版社 2003 年版。

67. 葛红兵、宋耕：《身体政治》，上海三联书店 2005 年版。

68. 周与沉：《身体：思想与修行——以中国经典为中心的跨文化观照》，中国社会科学出版社 2005 年版。

69. 张再林：《作为身体哲学的中国古代哲学》，中国社会科学出版社 2008 年版。

70. 梁漱溟：《梁漱溟全集》（第 1 卷），山东人民出版社 1989 年版。

71. 梁漱溟：《梁漱溟全集》（第 3 卷），山东人民出版社 1990 年版。

72. 梁漱溟：《人心与人生》，上海人民出版社 2005 年版。

73. 梁漱溟：《东西文化及其哲学》，商务印书馆 1999 年版。

74. 梁漱溟：《梁漱溟先生论儒佛道》，广西师范大学出版社 2004 年版。

75. 辛志凤、蒋玉斌等：《墨子译注》，黑龙江人民出版社 2003 年版。

76. 王夫之：《船山全书》（第 1 册），岳麓书社 1996 年版。

77. 冯友兰：《冯友兰选集》（上卷），北京大学出版社 2000 年版。

78. 王建疆：《修养 境界 审美：儒道释修养美学解读》，中国社会科学出版社 2003 年版。

79. 贺善侃：《当代中国转型期社会形态研究》，学林出版社 2003 年版。

80. 贾英健：《全球化与民族国家》，湖南人民出版社 2003 年版。

81. 许崇正：《人的全面发展与社会经济》，安徽教育出版社

1990 年版。

82. 单兴缘、陈尤文、赵嘉荫:《开放社会中人的行为研究》,时事出版社 1993 年版。

83. 刘曙光:《人的活动与社会历史发展规律的关系》,民族出版社 2002 年版。

84. 王雅林:《生活方式概论》,黑龙江人民出版社 1989 年版。

85. 中共中央宣传部理论局:《2005 理论热点面对面》,学习出版社 2005 年版。

86. 王士舫、董自励:《科学技术发展简史》,北京大学出版社 1997 年版。

87. 邹诗鹏:《生存论研究》,上海人民出版社 2005 年版。

88. 陈振明:《法兰克福学派与科学技术哲学》,中国人民大学出版社 1992 年版。

89. 陈新夏:《人的尺度:主体尺度研究》,湖南出版社 1995 年版。

90. 肖前:《马克思主义哲学原理》(上下册),中国人民大学出版社 1994 年版。

91. 郑也夫:《走出囚徒困境》,中国青年出版社 1995 年版。

92. 刘小枫:《现代性社会理论绪论》,上海三联书店 1998 年版。

93. 刘小枫:《沉重的肉身》,华夏出版社 2007 年版。

94. 林尚立:《上海政治文明发展战略研究》,上海人民出版社 2004 年版。

95. 高清海:《人的"类生命"与"类哲学":走向未来的当代哲学精神》,吉林人民出版社 1998 年版。

96. 高清海:《找回失去的"哲学自我":哲学创新的生命本性》,北京师范大学出版社 2004 年版。

97. 高兆明:《道德生活论》,河海大学出版社 1993 年版。

98. 高兆明:《社会失范论》,江苏人民出版社 2000 年版。

99. 梁荣迅：《社会发展论》，山东人民出版社1991年版。

100. 张尚仁：《社会历史哲学引论》，人民出版社1992年版。

101. 唐凯麟、张怀承：《成人与成圣：儒家伦理道德精粹》，湖南大学出版社1999年版。

102. 沈亚生：《人格 自我与个体性》，吉林人民出版社2005年版。

103. 张春兴：《现代心理学》，上海人民出版社1994年版。

104. 费孝通：《社会学概论》，天津人民出版社1984年版。

105. 《论语》，山东友谊出版社1990年版。

106. 骆自强：《传统文化导论》，上海古籍出版社2003年版。

107. 郭湛：《主体性哲学：人的存在及其意义》，云南人民出版社2002年版。

108. 张曙光：《生存哲学：走向本真的存在》，云南人民出版社2001年版。

109. 韩庆祥、邹诗鹏：《人学：人的问题的当代阐释》，云南人民出版社2001年版。

110. 高晨阳：《中国传统思维方式研究》，山东大学出版社1994年版。

111. 陈怡、程钢：《〈老子〉〈论语〉》今读，高等教育出版社2003年版。

112. 贺麟：《文化与人生》，商务印书馆1999年版。

113. 陈奇猷：《吕氏春秋校释》（第4册），学林出版社1984年版。

114. 周光庆：《中国读书人的理想人格》，湖北教育出版社1998年版。

115. 李为善等：《主体性和哲学基本问题》，中央文献出版社2002年版。

116. 储培君：《德育论》，福建教育出版社1997年版。

117. 张灏:《幽暗意识与民主传统》,新星出版社 2006 年版。

118. 祁志祥:《中国人学史》,上海大学出版社 2002 年版。

119. 孟登迎:《意识形态与主体建构:阿尔都塞意识形态理论》,中国社会科学出版社 2002 年版。

120. 陶富源:《终极关怀论——人的哲学之悟》,安徽大学出版社 2004 年版。

121. 郭为禄:《走向市场经济的人与道德》,上海交大出版社 1996 年版。

122. 叶南客:《边际人:大过渡时代的转型人格》,上海人民出版社 1996 年版。

123. 李兴武:《社会转型与人格再造》,黑龙江人民出版社 1992 年版。

124. 张德胜:《儒家伦理与秩序情结》,台湾巨流出版公司 1993 年版。

125. 詹石窗:《新编中国哲学史》,中国书店 2002 年版。

126. 修毅:《人的活动的哲学》,中国大百科全书出版社 1994 年版。

127. 罗荣渠:《现代化新论:世界与中国的现代化进程》,商务印书馆 2004 年版。

128. 吴东莞、沈国权等:《思想政治工作机制论》,军事科学出版社 2008 年版。

129. 罗国杰:《伦理学》,人民出版社 1998 年版。

130. 黄济:《教育哲学导论》,山西教育出版社 2004 年版。

131. 陈小鸿:《论人的自由全面发展》,人民出版社 2004 年版。

132. 鲍宗豪:《网络与当代社会文化》,上海三联书店 2001 年版。

133. 张振甫:《社会优化原理》,社会科学文献出版社 2000 年版。

134. 沈德立、阴国恩：《非智力因素与人才培养》，教育科学出版社 1997 年版。

135. 周海林、谢高地：《人类生存困境：发展的悖论》，社会科学文献出版社 2003 年版。

136. 傅治平：《和谐社会导论》，人民出版社 2005 年版。

137. 冯虞章、李崇富：《毛泽东人生价值理论研究》，中共中央党校出版社 1993 年版。

138. 陈根法、汪堂家：《人生哲学》，复旦大学出版社 2004 年版。

139. 周祖谟：《尔雅校笺》，云南人民出版社 2004 年版。

140. 欧阳谦：《20 世纪西方人学思想导论》，中国人民大学出版社 2002 年版。

141. 张立文等：《传统文化与现代化》，中国人民大学出版社 1987 年版。

142. 葛晨虹：《德化的视野：儒家德性思想研究》，同心出版社 1998 年版。

143. 万俊人：《伦理学新论：走向现代伦理》，中国青年出版社 1994 年版。

144. 万俊人：《现代性的伦理话语》，黑龙江人民出版社 2002 年版。

145. 薛德震：《人的哲学论纲》，人民出版社 2005 年版。

146. 雷红霞：《西方哲学中人学思想研究》，湖北人民出版社 2005 年版。

147. 万光侠：《市场经济与人的存在方式》，中国人民公安大学出版社 2001 年版。

148. 祖嘉合：《思想政治教育方法教程》，北京大学出版社 2004 年版。

149. ［法］让-弗朗索瓦·利奥塔：《后现代道德》，莫伟民译，学林出版社 2000 年版。

150. ［法］阿尔都塞:《保卫马克思》,顾良译,商务印书馆 1984 年版。

151. ［美］孙隆基:《中国文化的深层结构》,广西师范大学出版社 2004 年版。

152. ［英］罗素:《罗素道德哲学》,李国山译,九州出版社 2004 年版。

153. ［英］安东尼·吉登斯:《现代性的后果》,田禾译,译林出版社 2000 年版。

154. ［美］詹姆斯·H. 米特尔曼:《全球化综合症》,刘得手译,新华出版社 2002 年版。

155. ［美］罗兰·罗伯森:《全球化:社会理论与全球化》,梁光严译,上海人民出版社 2000 年版。

156. ［美］马斯洛:《人的潜能和价值》,林方主编,华夏出版社 1987 年版。

157. ［英］齐尔格特·鲍曼:《通过社会学去思考》,高华等译,社会科学文献出版社 2002 年版。

158. ［美］威尼·威顿:《现代生活心理学》,吴存民等译,河南人民出版社 1995 年版。

159. ［德］路德维希·费尔巴哈:《费尔巴哈哲学著作选集》(上卷),荣震华、李金山译,商务印书馆 1984 年版。

160. ［英］约翰·汤姆林森:《全球化与文化》,郭英剑译,南京大学出版社 2002 年版。

161. ［美］塞缪尔·亨廷顿:《文明的冲突与世界秩序的重建》,周琪等译,新华出版社 1998 年版。

162. ［俄］别尔嘉耶夫:《论人的使命:悖论伦理学体验》,张百春译,学林出版社 2002 年版。

163. ［美］欧文·拉兹洛:《多种文化的星球》,戴侃、辛未译,社会科学文献出版社 2001 年版。

164. ［英］拉雷恩：《意识形态与文化身份：现代性和第三世界的在场》，戴从容译，上海教育出版社 2005 年版。

165. ［德］赖纳·特茨拉夫：《全球化压力下的世界文化》，吴志成等译，江西人民出版社 2001 年版。

166. ［美］卡尔·米切姆：《技术哲学概论》，殷登祥等译，天津科学技术出版社 1999 年版。

167. ［德］赫尔穆特·施密特：《全球化与道德重建》，社会科学文献出版社 2001 年版。

168. ［美］马尔库赛：《单向度的人》，刘继译，上海译文出版社 2006 年版。

169. ［美］约翰·奈斯比特：《大趋势》，梅艳译，中国社会科学出版社 1984 年版。

170. ［美］尼葛洛庞帝：《数字化生存》，胡泳、范海燕译，海南出版社 1997 年版。

171. ［美］爱因斯坦：《爱因斯坦文集》（第 3 卷），许良英等编译，商务印书馆 1979 年版。

172. ［美］迈克尔·海姆：《从界面到网络空间：虚拟实在的形而上学》，金吾伦、刘钢译，上海科技教育出版社 2000 年版。

173. ［美］鲁思·本尼迪克特：《菊与刀》，吕万和等译，商务印书馆 2005 年版。

174. ［古希腊］亚里士多德：《尼各马可伦理学》，廖申白译，商务印书馆 2003 年版。

175. ［英］休谟：《道德原则研究》，曾晓平译，商务印书馆 2001 年版。

176. ［英］鲍桑葵：《关于国家的哲学理论》，汪淑钧译，商务印书馆 1995 年版。

177. ［奥］弗洛伊德：《精神分析引论新编》，高觉敷译，商务印书馆 1989 年版。

178. ［英］亚当·斯密：《国富论》，田翠欣、王义华译，河北科学技术出版社 2000 年版。

179. ［法］让-卢梭：《社会契约论》，何兆武译，红旗出版社 1997 年版。

180. ［德］黑格尔：《小逻辑》，贺麟译，商务印书馆 1980 年版。

181. ［德］马克斯·韦伯：《儒教和道教》，王容芬译，商务印书馆 1995 年版。

182. ［德］马克斯·韦伯：《新教伦理与资本主义精神》，于晓等译，生活·读书·新知三联书店 1987 年版。

183. ［德］马克斯·韦伯：《学术与政治》，钱永祥等译，广西师范大学出版社 2004 年版。

184. ［英］齐格蒙特·鲍曼：《个体化社会》，范祥涛译，上海三联书店 2002 年版。

185. ［俄］别尔嘉耶夫：《论人的奴役与自由》，张百春译，中国城市出版社 2001 年版。

186. ［英］安东尼·吉登斯：《现代性与自我认同》，赵旭东、方文译，生活·读书·新知三联书店 1998 年版。

187. ［日］福泽谕吉：《文明论概略》，北京编译社译，商务印书馆 1997 年版。

188. ［美］麦克莱伦：《教育哲学》，宋少云译，生活·读书·新知三联书店 1988 年版。

189. ［美］麦金太尔：《追寻美德》，宋继杰译，译林出版社 2003 年版。

190. ［美］诺斯：《经济史中的结构与变迁》，陈郁等译，上海三联书店 1991 年版。

191. ［德］斯宾格勒：《西方的没落》（下册），齐世荣等译，商务印书馆 2001 年版。

192. ［德］恩斯特·卡西尔：《人论》，甘阳译，上海译文出版社 1985 年版。

193. ［美］阿历克斯·英格尔斯：《人的现代化》，殷陆君编译，四川人民出版社 1985 年版。

194. ［美］埃里希·弗洛姆：《逃避自由》，刘林海译，国际文化出版公司 2000 年版。

195. ［德］鲁道夫·奥伊肯：《新人生哲学要义》，张源等译，中国城市出版社 2002 年版。

196. ［美］库利：《人类本性与社会秩序》，包凡一、王源译，华夏出版社 1999 年版。

197. ［美］彼得·圣吉：《第五项修炼：学习型组织的艺术与实务》，郭进隆译，上海三联书店 1998 年版。

198. ［美］杜维明：《儒家传统与文明对话》，彭国翔译，河北人民出版社 2006 年版。

199. ［英］布莱恩·特纳：《身体与社会》，马海良等译，春风文艺出版社 2000 年版。

200. ［德］康德：《康德文集》，郑保华主编，刘克苏等译，改革出版社 1997 年版。

201. ［法］福柯：《主体解释学》，佘碧平译，上海人民出版社 2005 年版。

202. ［匈］阿格尼丝·赫勒：《现代性理论》，李瑞华译，商务印书馆 2005 年版。

203. ［德］黑格尔：《哲学史讲演录》（第 1 卷），商务印书馆 1981 年版。

204. Zygmunt Bauman, *Modernity and Ambiralenc*, Cambridge: Polity Press, 1991.

205. Thomas S. Kuhn, *The Structure of Scientific Revolutions*,

Chicago：University of Chicago Press，1996.

206. Paul Tillich，*The Courage To Be*，New Haven：Yale University Press，1965.

207. Joanne Entwistle，*The Fashioned Body*，Cambridge：Polity Press，2000.

208. R. Hutchins，*The Learning Society*. Frederic A. Praeger Inc.，publishers，1968.

209. Anthony Giddens，*The Consequences of Modernity*，California：Stanford University Press，1991.

210. Althusser，*Lenin and Philosophy and other essays*，trans. by Ben Brewster，New York：Monthly Review Press，1971.

211. Raymond Vernon，*Sovereignty at Bay*：The Multinational Spread of U. S. Enterprises，New York & London：Basic Books，Inc Publishers，1971.

212. Kenichi Ohmae，*The End of Nation State*：The Rise of Regional Economies，NewYork：the Free Press，1995.

213. Agnes Heller，*A Philosophy of Morals*，Oxford：Basil Blackwell Ltd，1990.

二、论文

1. 郑永廷:《我国科学技术与社会主义意识形态面临的发展性课题》,《现代哲学》2004 年第 2 期。

2. 郑永廷:《马克思主义理论学科建设定位研究》,《马克思主义研究》2006 年第 10 期。

3. 东方朔、新元:《仁性：价值之根与人的自觉——儒家仁性伦理与二十一世纪的文明格局》,《社会科学战线》1996 年第 4 期。

4. 张金桃:《儒家修身观及其现代意义》,《武汉大学学报》（哲学社会科学版）2005 年第 3 期。

5. 欧阳康：《哲学视野中的现代性问题》，《社会科学战线》2005 年第 3 期。

6. 眭依凡：《大学的理想主义与人才培养》，《教育研究》2006 年第 8 期。

7. 杨海蛟、王琦：《论文明与文化》，《学习与探索》2006 年第 1 期。

8. 孙正聿：《寻找"意义"：哲学的生活价值》，《中国社会科学》1996 年第 3 期。

9. 肖川：《主体性道德人格教育：概念与特征》，《北京师范大学学报》1999 年第 3 期。

10. 王海铝：《广告诱导下的修身养性观》，《贵州社会科学》2003 年第 9 期。

11. 张再林：《作为身体哲学的中国古代哲学》，《人文杂志》2005 年第 2 期。

12. 李培超：《让高尚的道德回归生活、引领生活》，《新华文摘》2006 年第 18 期。

13. 陈伯君：《修身，中国文化的人生价值取向》，《中华文化论坛》2002 年第 2 期。

14. 王南湜：《日常生活理论视野中的现代化图景》，《天津社会科学》1995 年第 5 期。

15. 曹德本：《中国传统修身文化研究》，《清华大学学报》（哲学社会科学版）2004 年第 5 期。

16. 高德胜：《走向生命和谐——道德教育与生命教育的摩擦辨析》，《教育学》（人大报刊复印资料）2006 年第 6 期。

17. 杨雪冬：《论作为公共品的秩序》，《新华文摘》2006 年第 4 期。

18. 肖群忠：《传统道德资源与现代日常生活》，《甘肃社会科学》2004 年第 4 期。

19. 叶汝贤：《每个人的自由发展是一切人的自由发展的条件——〈共产党宣言〉关于未来社会的核心命题》，《中国社会科学》2006 年第 5 期。

20. 董朝刚：《儒学文化特征及当代价值判断》，《山东社会科学》2006 年第 6 期。

21. 徐柏才、魏大江：《中国传统修身思想对当代公民道德建设的启示》，《西南民族大学学报》（人文社科版）2008 年第 6 期。

22. 王秀敏：《阿格妮丝·赫勒的生存选择理论及当代意义》，《世界哲学》2010 年第 2 期。

23. 王秀敏：《赫勒关于理性化进程中道德规则重建的思考》，《求是学刊》2010 年第 1 期。

24. 张国启、王忠桥：《从经济全球化视野看思想政治教育的资源意识》，《思想理论教育》2007 年第 3 期。

25. 张国启、王忠桥：《从社会主义核心价值体系的视角看思想政治教育学科建设理路》，《思想理论教育》2008 年第 1 期。

26. 张国启、王忠桥：《论大学生自我适应优化的内涵及基本路径》，《学校党建与思想教育》2009 年第 3 期。

27. 张国启、崔颖：《论现代思想政治教育的发展向度》，《学校党建与思想教育》2010 年第 1 期。

28. 张国启：《文明修身内涵的理性审视》，《南通大学学报》（社会科学版）2006 年第 6 期。

29. 张国启：《儒家修身理论的现代转化向度》，《南通大学学报》（社会科学版）2010 年第 1 期。

30. 张国启：《身体哲学视域下修身理论价值的现代阐释》，《南通大学学报》（社会科学版）2008 年第 1 期。

31. 张国启：《精神生活质量提升的秩序建构价值》，《南通大学学报》（社会科学版）2009 年第 2 期。

32. 张国启：《传统修身理论基本内涵的现代阐释》，《理论与现代化》2007 年第 5 期。

33. 张国启：《现代文明修身理论的哲学阐释》，《长江论坛》2007 年第 4 期。

34. 张国启：《现代文明修身理论的价值追寻》，《理论与改革》2006 年第 5 期。

35. 王忠桥、张国启：《新时期大学生思想政治教育发展的理路选择》，《湖北社会科学》2006 年第 4 期。

36. 张国启、王忠桥：《从建设社会主义和谐社会的视野看现代文明修身的价值》，《思想理论教育导刊》2005 年第 9 期。

37. 张国启：《修身理论的基本特征及当代价值判断》，《江汉论坛》2007 年第 1 期。

38. 王秀敏、张国启：《存在方式视野中现代文明修身的时代内涵》，《广西社会科学》2007 年第 3 期。

39. 王秀敏、张国启：《论现代化进程中人的生存困境问题》，《佳木斯大学社会科学学报》2005 年第 5 期。

40. 王秀敏、张国启：《阿格妮丝·赫勒的道德理论诉求》，《道德与文明》2009 年第 5 期。

41. 张国启：《论现代文明修身的时代特征》，《思想理论教育》2008 年第 21 期。

42. 张国启：《现代人精神生活质量提升面临的时代课题》，《甘肃理论学刊》2008 年第 2 期。

后　记

　　本书是在我的博士毕业论文基础上修改而成的。在此书即将付梓之际，我又想起康乐园难忘的三年生活时光，正是在这里，一个懵懂的学子开始迈出了蹒跚的学术步履。三年中，这里的鲜花、草坪、树木、楼宇，都在和谐有致地滋润着我的心田，令我心醉；这里的领导、老师、同学和朋友都曾无微不至地关注着我的成长，令我感动。从心怀梦想到康乐园报到的第一天起，我就深深地爱上了这片神圣的菁菁校园，真切地感受到了这里浓厚的学术氛围。这里的老师学识渊博、和蔼可亲，听一次报告我就被深深地征服；这里的学子志存高远、勤奋聪颖，聊一回生活我就被默默地吸引。是啊，"家事、国事、天下事"，无不在广大师生的生活中凝聚，因此，心灵的震颤是常有的，我单调而平凡的生活也在无形之中被感化、被滋润、被升华，今生能有机会在这里度过三年的求学时光，真好！

　　梦想成真是我们生活中最美好的祝福之一，当它真切地呈现在我的面前时，我还真的难以置信。没有导师的厚爱与垂青，我到中山大学读书的梦想是很难实现的。因此，我在这里首先要感谢导师郑永廷教授。郑老师是国内思想政治教育学科领域的领军人物之一，是参与创办我国思想政治教育专业的著名学者之一。早在我读硕士研究生之初就非常渴望得到郑老师的指导和教诲。虽然经过了自身的不懈努力，但由于水平有限，成绩不很理想，是郑老师的宽宏与垂爱，使我这个愚钝的弟子才有机会忝列师门，才有机会来到中山大学这座学术的殿堂。郑老师对学术的执著追求和对前沿问题的敏锐把握，不但铸就了丰硕的学术成果，而且在无形之中激励着弟子们。我怀着一颗忐忑不安的心来到郑老师身边，深恐自己的愚钝和无知有辱师门。然而，郑老师的和蔼可亲和特有的学术气质很快打消了我的忧虑和自卑，他的话语虽简明扼要，思想却在深邃中闪耀着真知灼见，总能在我迷茫、困惑和苦恼时燃起一盏希望明灯，给我信心、给我力量，照耀着我前方的路，催我奋进。"学高为师，身正为范"，学术思想的引导和启迪是老师对学生最深厚的馈赠，日常生活的关心与照顾是老师对学生最细微的爱护。在繁忙的工作之余，郑老师时时都不会忘记关照弟子们的饮食起居、生活习惯，并多次鼓励我锻炼身体，教导我学会调节生活。三年中，我深深地体会到了导师严谨求真的学术风格、豁达真诚的学者风度和德启后人的大师风范。更为可贵的是，博士毕业以后，郑老师还时时刻刻关注着我的成长与生活，通过各种途径和场合对我进行指导、激励、鞭策和爱护，这份舐犊之情，永远铭记在心！在郑老师的辛勤培育和教导下，我真正理解了什么叫"博学、审问、慎思、明辨、笃行"，并愿意把它镌刻在灵魂深处。

毫无疑问，一个优秀的导师团队更有利于青年学子的成长。我很幸运，在中山大学能够遇到这么多优秀的老师：美丽而智慧的李萍教授、儒雅而渊博的钟明华教授、严谨而和蔼的李辉教授，聆听他们的教诲，如沐春风，发人深思，给人启迪，非常感谢他们为我的学业发展和人生幸福所作的谆谆教导。在这里，我要再一次特别感谢年轻有为的李辉教授及其爱人赵红艳老师，李老师学问功底扎实，为人热情诚恳，既是我的良师益友，又是我学习的榜样和楷模，三年中，他和赵红艳老师对我学术思想的引导和日常生活的关照令我至为感动。师恩如海，我会永远铭记在心。

三年中，我的同窗好友见证了我的成长，并为我在康乐园的生活增添了许多乐趣，他们对我的帮助我将终生难忘。他们是：魏传光、唐土红、张静、刘社欣、罗明星、荐志强、吴炜、何睿、张雪、匡和平、程京武、李新慧、姜正宇、赖黎明、冯永忠，作为我在中山大学生活中的好伙伴、好兄弟、好姐妹，我们曾经经常在一起畅谈理想、研讨学术、嬉笑逗乐、品评人生，校园的角角落落，几乎都留下了我们的足迹。三年中，他们给了我无微不至的关怀和帮助，并为我树立了学习、生活的榜样，正是因为有了他们，我才可以很快地适应中山大学的学习与生活，甚至产生了"身在异乡，疑是故乡"的感觉，这份友情永记心中！同时，还要感谢诸多师兄、师姐、师弟、师妹给予我的帮助，感谢我的硕士同学陈彦辉、王红梅、邓光芒、亓丽和华南师范大学的王岩、罗品超、咸立强以及东莞理工学院的唐元松等好朋友，他们在我攻读博士学位期间给我太多的关爱和帮助，谢谢！

感谢哈尔滨师范大学的王忠桥教授、徐晓风教授和政法学院的同事们。王忠桥教授是我的硕士研究生导师，也是我进入思想政治教育学科领域的引路人，没有恩师的关怀、眷顾与提携，就不会有我今天的学识与成长！徐晓风教授是马克思主义学科领域的知名专家，也是我所在工作单位的领导；他们和政法学院的同事们一起，对我的工作、学习和生活给予了极大的关怀和帮助，谢谢！

感谢我的妻子王秀敏女士，正是由于和她相知、相恋和相爱，使我在北国冰城度过了温馨甜蜜的硕士研究生生活，并下定决心毕业后留在哈尔滨！感谢她这么多年以来一直对我默默的支持与鼓励！

最后，要特别感谢人民出版社的夏青老师！从书稿的题目遴选到最后的出版，无不包含着夏老师的辛勤汗水，没有夏老师的无私帮助，本书不可能如此迅捷地面世。在此，对夏老师及人民出版社各位老师为本书出版所付出的辛勤劳动致以崇高的敬意！

这里需要强调指出的是，本书借鉴、参考和引用了一些专家、学者的研究成果，在此表示敬意与感谢！由于本人学术水平有限，书中肯定会存在疏漏和不足之处，有些观点或许不够成熟，敬请专家、学者和读者批评指正！

　　本书的出版，不是一个开始的结束，而是一个结束的开始，我将秉承理想开始新的研究、新的生活。尽管学术之路充满艰辛、充满荆棘，我相信，只要努力，终究会迎来一片属于自己的天地！

张国启

2010 年 8 月 12 日

责任编辑:夏　青

图书在版编目(CIP)数据

秩序理性与自由个性——现代文明修身的话语体系与实践机制研究/
张国启 著. -北京:人民出版社,2010.12
ISBN 978 - 7 - 01 - 009435 - 9

Ⅰ.①秩…　Ⅱ.①张…　Ⅲ.①道德修养-研究-中国　Ⅳ.①B825

中国版本图书馆 CIP 数据核字(2010)第 219239 号

秩序理性与自由个性

ZHIXU LIXING YU ZIYOU GEXING

——现代文明修身的话语体系与实践机制研究

张国启　著

人民出版社 出版发行

(100706　北京朝阳门内大街 166 号)

北京龙之冉印务有限公司印刷　新华书店经销

2010 年 12 月第 1 版　2010 年 12 月北京第 1 次印刷
开本:710 毫米×1000 毫米 1/16　印张:22.5
字数:330 千字　印数:0,001-3,000 册

ISBN 978 - 7 - 01 - 009435 - 9　定价:48.00 元

邮购地址 100706　北京朝阳门内大街 166 号
人民东方图书销售中心　电话 (010)65250042　65289539